普通高等教育"十一五"精品课程建设教材

北京高等教育精品教材

家畜环境卫生学

刘凤华　主编

中国农业大学出版社

主　编　刘凤华(北京农学院)

副主编　刘继军(中国农业大学)
　　　　　齐德生(华中农业大学)

编写者　王　军(华南农业大学)
　　　　　潘晓亮(新疆石河子农业大学)
　　　　　王新谋(中国农业大学)
　　　　　施正香(中国农业大学)
　　　　　鲁　琳(北京农学院)
　　　　　李　昂(福建农业大学)
　　　　　赵立欣(中国农业科学院)

审稿者　王新谋(中国农业大学)

序　言

　　家畜环境卫生学是研究家畜与环境的相互关系、改善家畜生活和生产环境的科学。30多年以前，我国传统的畜牧生产，由于品种、饲料和疫病问题均未得到解决，家畜环境问题更是提不上日程；始于20世纪70年代的规模化、集约化畜牧生产在我国的迅速发展，品种、饲料和疫病防治问题受到重视，并得到了一定程度地解决，畜舍环境的改善也受到了相应的关注，因而显著提高了生产水平，开创了我国畜牧生产的新阶段；20世纪末至今，随着人类社会的进步，工农业生产和科学技术的发展，越来越暴露出集约化畜牧生产带来的家畜应激、环境污染、非典型疫病的发生和传播、某些疫病的国际性大流行、畜产品品质和安全等畜牧业可持续发展问题，世界各国都在关注和解决这些问题，我国也不例外。随着我国加入WTO，贸易壁垒被技术壁垒所取代，使我国畜产品出口屡遭封杀（例如，作为养猪生产第一大国，肉猪出口量尚不及产量的1%），此外，香港地区、内地畜产品造成多人中毒的事件亦有发生，这些严峻的现实教育了我们，保护环境、食品安全、动物福利、社会和经济的可持续发展等问题也就当然地摆在了家畜环境卫生学科的面前。我们的家畜环境卫生学教学、教材以及我们培养的学生，该如何应对生产实践和学科发展向我们提出的要求和挑战？

　　本教材的编者试图从教材到教学手段对上述要求和挑战作出反应，努力在家畜应激和动物福利、牧场消毒和疫病防治、粪便污水处理利用和清洁生产等内容上，来体现畜牧业可持续发展的理念，无疑这是一种可贵的有益尝试，它将在教学、科研和生产实践中经受考验并得到充实、提高，也望同行们关心它、帮助它，让它在本学科发展的新进程中发挥一定的作用。

王新谋

2004.9.24

前　言

　　本书是北京农学院申报的2001年北京市教委精品教材项目,项目编号2001-2-09-003。2000年8月中国畜牧兽医学会家畜环境卫生学分会四届代表大会期间,与会的27所农业院校任课教师提议原有教材应尽快修订,以适应我国现代化畜牧生产发展的需要,鼓励教材多样化。因此,为满足当前畜牧生产实践和学科发展需要,本书在编写中做了大胆尝试。本书将全部内容共9章分为两大部分:上篇阐述环境卫生学的基本理论(适应和应激理论、热平衡理论及环境生理内容)以及应用这些理论改善和控制畜牧生产环境的技术和措施;下篇是保障畜牧业可持续发展的畜牧场环境评价、畜牧场设置以及环境卫生防护。

　　本书主要特色体现在:

　　1. 强调教材内部体系的结合　作为一门应用型的专业基础课,强调了基本理论与应用技术之间的内在联系,使环境控制技术的每一项措施都有据可依。

　　2. 具有鲜明的时代与科技特色　一是主要内容与"从土地到餐桌"的全程无公害养殖生产实践相结合,把可持续发展的概念贯彻到养殖生产中的每一个环节,在畜牧场规划、设计、环境管理、生产工艺、设备设施及畜牧场废弃物的处理和利用等方面,力求体现可持续发展和畜禽养殖观念的更新,强调以畜为本、动物福利及相应饲养管理方式的改变,为家畜创造良好的生活生产环境;二是将标准化的概念引入本教材,按照畜牧业的国家标准对畜牧场生产进行规范化管理,使畜牧场在环境管理上有据可依。三是根据目前适度规模的集约化养殖场、公司加农户等新的养殖模式发展的需要,增加了应激、牧场环境评价(空气、土壤、水的卫生学评价等)以及环境消毒等操作性强的内容。

　　3. 编制了配套电教材料以改善教学手段　电化教学中多媒体、VCD等教学手段的应用将增加单位学时的信息量,使教学更加形象生动,减轻课时压缩对本课教学的影响。

　　4. 实验部分的调整　主要体现在各项环境指标的监测方法上,本教材优先采用国家标准、行业标准和地方标准,使环境监测与无公害养殖生产实际相结合,学为所用。

　　本书主要框架在2002年家畜环境卫生学分会新疆会议期间与参编老师进行了讨论,王新谋教授对大纲做了修改,编者及其撰写章节分别为:北京农学院刘凤华撰写绪论、第一、四、六、七、九章;中国农业大学刘继军撰写第五章;武汉华中农业大学齐德生撰写第二章;新疆石河子大学潘晓亮撰写第八章;华南农业大学王军撰写第三章。北京农学院鲁琳、中国农业大学施正香、福建农业大学李昂、中国农业科学院赵立欣参加了部分章节的编写。实验部分(另外出版)由鲁琳、刘凤华编写。

王新谋教授百忙中为全书的审校付出了耐心细致而繁重的工作。老先生严谨治学、一丝不苟的工作作风,扎实、广博的专业素养使本书在编写中受益匪浅,在此编写组表示衷心的感谢。

由于编写组多为年轻教师,编写中难免有疏漏和错误之处,望读者批评指正。

刘凤华
2004 年 9 月

目　　录

下篇　可持续发展畜牧业的规划及环境卫生防护

绪　论

　　家畜环境卫生学是研究外界环境因素与家畜相互作用和影响的基本规律，并依据这些规律制定利用、控制、保护和改造环境的技术措施，发展可持续畜牧业的一门科学。是农业环境保护学以及预防兽医学一个重要的分支。研究家畜环境卫生学的目的在于按照家畜生理和行为需要并考虑社会和经济条件，为家畜创造出适宜的生活和生产环境，以保持家畜健康、防止畜产公害、保障人类健康、预防疾病及充分发挥生产潜力，实现安全优质无污染的畜产品生产，同时也要对畜牧生产中产生的粪、尿、恶臭、污水及噪声等污染物进行控制和处理，以保护自然环境，满足人民生活和国内外市场对优质畜产品日益增长的需要。

　　狭义的家畜环境一般指与家畜关系极为密切的生活与生产空间及其中可以直接、间接影响家畜健康与生产性能的各种自然的和人为的因素的总和。一方面环境影响家畜的健康与生产；另一方面，家畜生活与生产过程中所产生的粪便和生产污水以及其他废弃物可能成为环境污染和各种疫病流行的源头，因而也要研究对环境的防护。家畜环境科学是研究和发展现代集约化畜牧业的重要基础理论之一，离开了环境科学，就不可能有现代化的畜牧业；忽视了环境问题，畜牧业就不能健康持续地发展。

一、家畜环境卫生学的意义

　　优良的品种、完善的动物营养、兽医防疫体系及家畜适宜的生活生产环境是现代化畜牧业四大技术支柱。其中前三项经过20多年广泛深入的研究，成果卓著，而家畜环境由于人为难以控制的气候变化、集约化畜牧生产所带来的环境恶化、经济和技术条件的限制、人们的重视程度等原因尚未得到彻底解决，致使优良畜禽品种的生产性能不能充分发挥；营养完善的全价饲料达不到应有的转化效率；而兽医防疫体系中，环境问题也已成为各种疫病发生、发展的诱因。因此，良好的环境是养殖业健康可持续发展的基础。按照木桶理论，木桶的装水量取决于最短的那一根木板的高度，而环境就是我们畜牧业最薄弱的环节，这最短的一根整体性地制约着畜牧行业的发展水平。

　　现代化畜牧业发展20多年来，集约化、工厂化养殖技术日趋完善，每年为市场提供大量的畜产品,不仅丰富繁荣了市场,也为广大农民提供了科技致富的途径,并成为我国国民经济的重要组成部分。回顾过去,着眼未来,我们需要不断总结经验教训,针对目前畜牧行业发展中出现的国际贸易中主要出口国的封关危机、国内外的新疫情危机、我国党和政府最关心的食品安全问题,认真思考和反思我国的家畜环境问题并力争在重大问题上有所突破以促进畜牧业健康发展。

二、家畜环境卫生学的主要内容

根据本学科内容,大致可划分为两大部分:上篇为环境卫生学的理论及应用上述理论改善和控制环境措施的应用;下篇为畜牧业可持续发展规划及畜牧场的环境评价与卫生防护。具体内容如下:

(一)上篇:家畜环境原理及应用

(1)家畜的环境、应激与适应。

(2)温热因素(thermal factors)如太阳辐射、空气温度、空气湿度和气流等如何单独地或综合地影响机体的生理(热调节)进而对家畜的健康和生产力发生影响的过程。

(3)空气中有害气体、微粒和微生物对家畜的危害及其控制措施。

(4)水、土壤、噪声对家畜的作用规律。

(5)根据上述环境因素对家畜的作用规律,研究畜舍环境的控制措施。从畜舍的结构设计和建筑材料选择以及日常的环境管理上,为家畜创造出满足其生理需求的温热环境,达到防寒、隔热、通风换气、采光、排水和防潮等目的。

(二)下篇:可持续发展畜牧业的规划及环境卫生防护

(1)根据畜牧业可持续发展的理论,在牧场场址选择规划时,首先进行环境评估,为今后的安全优质无污染的畜牧生产打下良好的基础,开展建成投产后畜牧场的环境卫生监测。

(2)根据多学科交叉的原则,将标准化的概念、可持续畜牧业的概念引入环境卫生管理中。根据ISO 9000认证原则及有关生态畜牧业的相关标准,针对畜牧场生产管理的硬件及软件进行标准化管理。在畜牧场规划、设计、环境管理、生产(饲养)工艺设施等方面,强调以畜为本,健康养殖,为动物创造良好的生活、生产环境。

(3)畜牧场的环境卫生防护,既要防止外界工业三废、农业化肥及农药、居民生活、交通运输对畜牧场的污染,也要妥善处理和利用家畜粪、尿,防止畜产公害,防止污染周围环境。

(4)畜牧场在环境管理措施特别是环境的净化和消毒措施中,贯彻无公害养殖中兽药使用准则,规范消毒程序、重视长期消毒中的环境毒性,并把上述措施落实到饲养管理的日程上。

三、家畜环境卫生学在动物科学和动物医学中的地位

家畜环境卫生学是一门综合性、交叉性很强的学科,以许多理论科学如物理学、化学、气象学、气候学、微生物学、生理学、生态学、行为学、病理学等为基础,同时与许多学科如饲养学、繁殖学、育种学、牧场经营管理学、畜牧机械化、农业工程学、临床医学和家畜各论等又有密切联系。

家畜环境卫生学是畜牧、兽医两专业的基础课,创造适宜的家畜生活、生产环境,改善和控制环境条件,保证家畜的健康和提高生产力,是两个专业的共同要求。

就动物生产而言,家畜环境卫生学是根据外界环境因素对家畜生活、生产的影响规律,规划、设计不同类型牧场和畜舍,制定各种家畜的合理饲养管理工艺的理论基础,也是实施安全优质畜牧生产的保障。

在现代化、集约化畜牧生产条件下,家畜处在几乎完全人为的环境中生活和生产。所采用的设备、生产工艺、环境管理办法,其着眼点无一例外地都出于简化或减轻人的劳动、便于管理,以提高劳动生产效率和畜舍、设备利用率,很难不违背家畜的生理状况和行为习性。畜牧业集约化程度越高,环境的制约作用越大;生产规模越大,对环境的要求也越高。因此环境科学的倡导“健康”养殖,“以畜为本”,以动物福利的观念为指导,为畜禽创造一个舒适的生活生产环境,保持家畜健康,提高生产力。在当前硬件设施不尽人意的客观条件下,我们强调环境管理,特别是环境的改善和环境安全,提倡把环境管理、卫生管理作为饲养管理的主要工作内容,并作为养殖企业实施标准化管理的重点来对待。

我国加入WTO后,与国际接轨实施标准化管理势在必行。养殖企业的标准化管理中认证标准一般为ISO9000、GMP、HACCP。认证范围是全程从“土地到餐桌”,认证的难点是养殖过程的认证。它从畜牧场环境评估开始到畜牧场规划设计、畜舍设施、畜禽品种、生产工艺的实施、饲养管理过程、饲料加工、环境管理过程、兽医防疫体系及兽药使用规程、养殖场废弃物管理、产品加工、运输、营销过程、信息化管理等。从上述列举的内容不难看出,环境在其中占有的地位,特别是环境卫生管理和养殖场废弃物管理过程。标准化管理的实质是要求养殖企业的管理者提高管理素质,学会用数字、表单表达整个企业计划、规章制度、生产管理过程、质量管理过程、监察过程、纠偏过程等相应的管理文件,使我们的养殖全过程数字化、标准化、科学化,具有可追溯性。当环境管理列入我们畜牧业管理者的重点管理日程时,

我国养殖行业水平将进入一个清洁生产、健康发展的高水平,以此为基础生产的优质畜产品将足以面对与国际接轨后的市场竞争。

就动物医学而言,家畜环境卫生学是一门预防医学,家畜疾病的发生、发展和消亡过程,均与其生存环境密切相关,研究疾病的首要问题是病因和病原与环境的关系。这里特别要注意环境因素中应激及应激引起的一系列疾病;注意环境卫生的防护和监测,防止气源、水源、土壤等传染疾病。

现代畜牧业疫病的发生已不仅是那些可以用疫苗、血清、抗生素防治的典型的特异性疾病,而且还出现一些非典型疫病、典型疫病新的亚型、各种病毒与细菌、细菌与细菌混合发生的疾病、慢性的逐渐加剧的综合性病症,这些疾病往往影响着兽医诊断、用药的正确性,在此情况下,化药、抗生素等预防量添加、治疗量加倍等既造成病原微生物耐药性增加,也仍然不能避免畜禽的发病率、死亡率提高及巨大的经济损失。究其原因,环境应激以及应激引起传染病占主要方面。了解家畜环境及其控制理论,可从根本上探讨疾病发生、发展和消亡的深层次原因,保证家畜健康及高水平生产力。

我国兽医防疫体系主要包括生物防治——疫苗免疫、环境消毒以及药物防治,在过去的十几年中行之有效,对养殖业的发展起到了重要作用。但近年来,一些疫病防不胜防,其中环境问题已成为多数学者的共识。环境消毒作为环境管理的重要内容目前处于一种混乱状况,目前兽医教学中还没有一本专门用于畜牧行业的实用消毒学教材,环境消毒从理论到实践处于依附于某一学科的状况。一些畜牧兽医工作者还没有完善地掌握消毒学的理论知识,各类消毒药品的性质、各种具体情况下用物理、化学或生物学方法消除环境中可引起畜禽疾病的各种病原微生物、阻断疫病传播以及带畜消毒的消毒学技术。同时行业内也缺乏相应的消毒科学研究。因此,环境消毒作为兽医防疫体系中的基础和弱项,同样也制约着体系的稳固性。特别是在一些新疫病不断涌现的形式下,切断传染病流行的中间环节,加强环境消毒更显得重要。

四、家畜环境卫生学的研究手段和前沿

国内外家畜环境卫生方面的主要研究手段有理论和应用两方面。

(1)根据各地区的自然气候特点,建立人工气候室,模拟现场气象因素以现代科学手段通过对家畜生理生化指标、神经-内分泌-免疫系统的相应指标以及分子生物学水平的基因表达谱等深入研究,探讨家畜热平衡以及应激规律,全面了解环境因素对家畜健康和生产力的影响,以期利用这些规律制定各种满足家畜生理需

要、行为需要的环境参数。

（2）在畜牧业可持续发展理论指导下，按照对某一地区生态环境的客观状况和需求，合理规划畜牧场；合理设计建筑物布局和场内公共卫生设施。通过研究动物福利要求，以畜为本，设计生产工艺及设施参数，为创造、改善和控制家畜环境提供理论基础。

（3）与改善和控制家畜环境相关的标准化工艺设备，如标准化畜栏、通风设备、降温设备、照明设备等。

（4）畜牧场的环境卫生防护。按照畜牧业可持续发展原理，研究畜牧生产废弃物的处理工艺、技术和设备，如先进的家畜粪便处理工艺、污水处理工艺。通过食物链加环或废弃物的二次利用如利用牛粪、鸡粪等栽培蘑菇、草菇，饲养蚯蚓，培养虫蛆生产优质蛋白等，是腐屑食物链在农业上应用的实例；而有机肥复合肥方面的研究是对农田进行配方施肥、发展精准农业方向的又一亮点。

（5）与家畜环境相关的新产品。如消除有害气体使用的除臭剂；空气、环境消毒剂；抗应激营养及药物添加剂；与废弃物处理相关的有益菌群——EM 等。

（刘凤华）

上　篇

家畜环境原理及应用

第一章　家畜环境与应激

本章提要：本章主要阐明家畜环境、应激、适应等基本概念，并对环境因素的分类、家畜应激机理及其对家畜的影响、家畜对环境的适应做了介绍，要求同学掌握家畜应激的机理和发生规律，了解在生产管理中应激的预防和调控措施。

第一节　家畜环境的概念

一、家畜的环境

广义的家畜环境是指除家畜机体的遗传因素以外的一切因素（表1-1），包括内部环境和外界环境。内部环境指家畜机体的器官、组织乃至细胞生存的条件，即组织间液或细胞外液的物理学的（温度、渗透压）、化学的（化学成分、离子浓度、pH值等）、生物学的（体内微生物）因素，家畜的内环境是相对恒定的，生理学上称为"体内平衡"或"内稳态"（homeostasis）。通常所说的家畜环境，一般是指外界环境。家畜的外界环境，可分为自然环境和人类社会环境两大类。自然环境包括空气、土壤、水的物理化学特性和动物、植物、微生物等生物学特性。人类社会环境是指与动物生活、生产相关的政策法规、农业制度、人们的宗教信仰、风俗习惯；畜牧场生产工艺、饲养管理、对家畜的选育和利用、设备条件、技术水平、产品的储运加工等，家畜的外界环境是不断变化的。

家畜在不断变化的外界环境中，靠自身的适应机构（包括动员应激机制）来适应环境的变化，保持其内环境的相对恒定，但其适应能力是有限的，当环境变化超出其适应范围时，则体内平衡遭破坏，生产力和健康受到不同程度的影响，严重时可导致死亡。

表1-1　家畜的环境

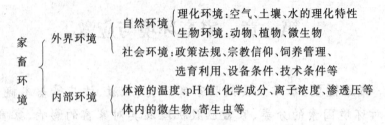

二、热环境及气象概念

热环境是指直接影响家畜体热调节的气象因素,包括热辐射、空气温度、空气湿度、气流四要素。热环境因素是影响家畜的生理机能、健康状况和生产水平的重要环境因素。

气象是指大气对流层所发生的冷、热、干、湿、风、云、雨、雪、霜、雾、雷、电等各种物理现象。而决定这些物理状态和物理现象的因素称为气象因素,包括气温、气湿、气压、气流、云量和降水等。气象因素在一定时间和空间内变化的结果所决定的大气物理状态如阴、晴、风、雨等称为天气(weather)。气候(climate)则是指某地多年所特有的天气情况。小气候(micro-climate)则是指因地表性质不同或人类和生物的活动所形成的小范围的特殊气候,如农田、牧场、温室、畜舍、住房等的小气候。

三、环境对家畜的作用

家畜与一切生物一样,每个个体一生都在一定的环境中生存,每时每刻都与外界环境进行着能量和物质的交换,并保持动态平衡,形成机体与环境的统一。因此,在制约畜牧生产的品种、饲料、疫病、环境四大技术要素中,环境在某种意义上起着决定性作用,有资料表明,家畜生产力20%～25%取决于品种,45%～50%取决于饲料,20%～30%取决于环境。这是因为,品种只决定了家畜高生产性能的遗传潜力,而生产力属于数量性状,其遗传力较低,能否充分发挥遗传潜力则取决于环境;全价饲料是畜牧生产的物质基础,但没有适宜环境的保障,饲料的营养物质大量用于维持消耗,其转化效率就会降低;疫病是畜牧生产的最大威胁,而环境恶化则是疫病发生、传播的主要原因,当环境适宜于病原微生物繁衍、不良环境引起家畜应激而抵抗力和免疫力下降时,常出现疫病暴发,此外,病原微生物一般以空气、水、土壤等环境为传媒造成疫病的大面积传播和流行;至于环境对家畜的直接影响则是畜牧生产中显而易见的,如"季节性产蛋"、"一年养猪半年长"……。

　　某种动物在其长期系统发育过程中形成了对环境的要求和对环境变化的适应能力,环境变化作为刺激作用于动物,会引起机体相应的适应性反应,来保持其内稳态及其与环境之间的平衡和统一,即对环境产生适应。当环境在其要求的适宜范围内变化时,动物仅靠特异性的适应性反应即可获得适应,不仅生命活动正常,生产力也处于较高水平;随着环境变化的加剧,动物在进行特异性调节的同时,还动员非特异性反应(应激,代偿)来适应环境变化,如能获得适应,则可以保持其内稳态及其与环境之间的平衡和统一,生命活动仍可正常进行,生产力将受到不同程度的影响,动物能够适应的这一环境变化范围叫做"适应范围",遗传学上称为"反应范围";当环境变化超出动物的适应范围时,机体已不能保持体内平衡,生产力下降或丧失,生命活动进入病理状态,最后导致死亡(图1-1)。应当指出的是,目前国内外家畜疾病的形式已发生很大变化,不仅大量发生那些可以用疫苗、血清、抗生素防治的特异性疾病,更多的是出现了慢性的逐渐加剧的综合性病症,这些疾病往往难以诊断,常造成很高的发病率和经济损失。而这些现象很多都属于应激范畴。

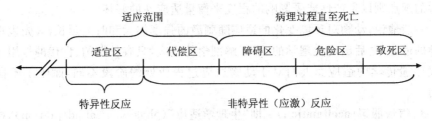

图1-1　家畜对环境变化的适应性反应

第二节　家畜的适应

一、适应的概念

　　适应(adaptation)是指家畜受到内部和外界环境的刺激而产生的生物学反应或遗传学改变。这些反应和改变可以使家畜个体不断保持着与环境之间的动态平衡和统一,使动物能在变化的环境中正常地生存与繁衍后代,并保证物种的不断进化,获得动物群体的遗传学适应。动物对环境刺激产生的生物学反应和遗传学改变,分别称为生物学适应(或表型适应)和遗传学适应(或基因型适应)。

1. 表型适应   动物为了保持机体内稳态,对所受到的刺激产生的生理学的、生物化学的、行为学的、形态解剖学的变化,这些适应性变化使动物能够在不断变化的环境中更好地生存。在通常情况下,表型适应只限于个体一生,不遗传给后代,且大多数变化随刺激消失而恢复。

2. 基因型适应   在长期的自然选择与人工选择中,不断淘汰不适应环境变化的个体,筛选和保留适应于新环境的个体,这就使畜群的基因型和基因频率、基因型频率发生了改变,并将对某一特定环境的适应性能遗传给后代,这种遗传学适应是导致生物进化、育种进展的主要因素。

在动物不同的种、品种和个体之间,对环境的适应能力存在一定差异,一般地说,良好的适应表现为在不利的条件下(如各种应激中营养缺乏、气候应激、运输应激等)体重下降最少,繁殖力不受影响,幼畜生长发育影响不大,抗病力强,发病率低,生产能力正常。反之,不良的适应具体表现在生长率、生产力、繁殖力、抗病力等都下降。以生物学的观点衡量适应能力是以生存与繁殖两项作为主要指标,而以畜牧学的观点则以生产性能受影响的程度来衡量适应性的好坏。

一般地说,动物对环境变化的适应随刺激的强度加大和时间延长,首先表现行为学的适应,之后出现生理学的、形态解剖学的适应,只有长期的、世代的作用才可能发生遗传学的适应。人们对于动物适应过程所处的阶段不同,赋予了不同的称谓。

3. 气候服习(acclimation)   即"生理学适应"(physiological adaptation),指本来对某种气候不适应的动物,因反复或较长期处于该动物生理所能忍受的气候环境中,在数周内发生的生理机能的变化,使动物习惯了这种气候环境,失常的生理指标和生产性能也逐渐恢复并趋于正常的过程。

4. 气候驯化(acclimatization)   如果家畜"服习"的时间延长,会进一步引起形态、形态解剖学的改变(如换毛、体脂储存等),使家畜因不良气候所致的各种生理变化和受影响的生产力又恢复或趋于正常。这种气候驯化,其时间从几周到几个月。当不良的气候条件消失之后,动物又恢复原来状态,例如,动物顺应一年四季的气候变化而换毛,进入高海拔地区出现的呼吸和心血管系统的生理和形态解剖变化等。

服习和驯化实质上也是一种从生理学到形态解剖学的调节过程,它们可以减轻或消除不良环境的有害作用,它们是由遗传基础决定但又是后天获得的,一般是不能直接遗传给后代的,如冬天长出绒毛的母畜生出的仔畜,虽具有生长绒毛的遗传基础,但刚出生并无绒毛,只有在寒冷环境中生存一定时间后才生长绒毛。服习和驯化两者有时也很难截然分别,在服习过程中已开始驯化,在驯化过程还带有服习,前者偏重于生理机能的改变。

5. 适应(adaptation)　这里所说的适应,与前述适应有所不同,仅指动物在长期生存竞争中为适合外界环境条件而表现出的基因型和基因频率、基因型频率的改变。在这三种适应的称谓中,适应倾向于是经过若干年、若干代自然选择和人工选择的结果,在行为、生理、解剖和形态上已发生根本的改变,并能遗传给后代。

二、适应的机理

(一)行为学适应

动物行为是动物对某种刺激的反应或与其所在环境互作而形成的生活方式。行为是快速而有效的适应方式,动物用来抵御敌人、不良气候、疾病和寄生虫,觅食饮水、寻找配偶、保护后代、躲避应激等等,以有利于自身或种群的生存。

动物行为是由遗传因素和个体生命过程中对各种刺激积累的经验而形成的。遗传因素决定的行为是长期自然或人工选择形成的天赋行为,通常称为"本能",如仔畜吮乳、雏鸭游水、性成熟后的性行为等。在动物个体一生中,某些刺激的反复作用,在大脑皮层参与下,通过学习、记忆和积累经验而建立条件反射,可形成相应的行为,如哨声可集合散养家畜喂食、挤奶,驯兽师可使动物学会十分复杂的动作等。通过对某些行为的定向选择,也可以培育出具有该种行为的动物品种,如赛马、斗鸡、牧羊犬等。

不同种类、品种、性别、年龄的动物有着不同的行为,但大体可分为:摄食行为、排泄行为、性行为、母性行为(妊娠和临产行为、哺乳行为、亲子行为等)、群居行为(合群行为、恐吓行为、谦卑行为、争斗行为等)、探究行为、适应逆境行为(体热调节行为、寻找庇护行为、求援行为等)等。

在动物的正常行为受到抑制、环境刺激过于强烈持久或缺乏刺激等情况下,可能会引起某些异常行为,如用奶桶喂奶阻断了亲子行为和哺乳行为,常导致犊牛相互吸吮脐带、外耳、阴囊等行为,猪的咬尾行为发生原因还不十分清楚,但实践证明饲养密度过大、猪舍空气污浊、水泥地面和金属设备阻断猪的拱咬行为,可能是引发咬尾、咬耳的重要原因,动物园禁锢的环境是造成动物呆板行为(踱步或重复某种动作)的主要原因。

在畜牧生产中,掌握家畜行为,可以合理制定生产工艺、合理设计畜舍和设备,在饲养管理中,可以利用家畜的某些行为,改善环境和提高饲养管理水平,如利用模仿行为顺利进行驱赶转群或装车,训练猪定点排粪尿等,利用母仔识别和护子行为,为仔猪找保姆等。此外,也应当避免影响生产的异常行为的发生。

(二)生理学适应

内外环境的变化作为刺激作用于动物的内外感受器,通过传入神经纤维传入中枢神经系统,经中枢神经系统特别是大脑皮层的分析、整合,产生进行适应性调节的指令,并由传出神经纤维将指令下达到器官、组织、腺体、骨骼和肌肉等效应器,启动神经、内分泌调节功能,使动物的行为和生理活动发生改变,以适应环境的变化,保持内稳态和机体与环境的平衡和统一。环境刺激千差万别,适应性生理活动也千变万化,除体热调节等后叙章节将论述相关生理适应的机制外,以下仅举几例。

1. 对营养条件的适应　在物质代谢过程中,动物体内的化学反应须借助酶的生物催化作用,酶的生成与分泌调节就成为对营养条件适应的重要方面。例如,仔畜的主要日粮是奶,其小肠中能生成分解乳糖的乳糖酶,而成年家畜的日粮成分没有奶,则其小肠不产生乳糖酶,如在其日粮中加入乳糖,则成年畜的小肠也生成乳糖酶。

在营养物质缺乏的情况下,动物也能生存若干时间,如果动物得不到某些重要的营养或在一定时间内得不到任何食物而处于半饥饿或完全饥饿状态,机体将不得已而动员体储进而消耗自身组织,此时,首先被消耗的是那些对生命活动必要性较小的物质和身体部位,如先是肝糖、储备脂肪,其次是器官脂肪,最后将消耗自体蛋白来提供维持生命所需的能量,而且首先消耗尾巴、躯干等生命必要性相对较小的器官的组织蛋白。在饿死之后,体脂肪可仅剩原来的3%,某些重要器官如眼睛、神经系统、中枢组织、心脏等,还存留有许多脂肪,消化器官、肺、心血管和神经系统的蛋白修补物质几乎不被消耗。

2. 水的平衡　水是构成体液(胞内液和胞外液——血浆和组织间液)的主要成分,动物体内的一切反应只有分子和离子在水溶液中才能进行,缺水造成的血浆浓度升高会导致心血管系统障碍而死亡,因此,缺水对生命活动的破坏比饥饿快得多。家畜所需的水可通过饮水摄入,亦可在碳水化合物、脂肪和蛋白质氧化分解过程中形成(称为代谢水,一般约占总摄入水量的5%~10%),每氧化100 g上述三种营养物质可分别生成55 g、107 g和41 g代谢水。体内的水经尿、粪便、皮肤和呼吸排出。各种体液在各组织间的不断交换和水的摄入及排出,都须保持动态平衡,这是保障生命的内稳态内容之一。

在水摄入不足或排出过多的情况下,血浆浓度升高,水分由细胞内向胞间转移,使大脑、心血管等重要器官功能出现障碍,可迅速导致死亡。机体的适应性调节首先是减少粪尿量和加大粪尿浓度,开始是减少采食量以减少须排出的废物而减少粪尿排泄量,继而因循环血量、细胞外液量减少和血浆浓度升高,引起垂体后叶抗利尿激素和肾上腺皮质酮分泌加强,前者促进水在肾脏重吸收,后者加强肾脏对钠离子的重吸收,以保障水、电解质和酸碱平衡。

上述生理调节(反向)也可以使动物适应过量饮水,幼年动物可在4～5 h内排除体内过多的水分,成年动物该过程要缓慢得多。

3. 心脏和血液循环　心血管系统在动物生理适应中起着重要作用,不仅在生理代偿中保障组织的营养供给,排除物质代谢的分解产物,在激素调节、体热平衡、高海拔适应等方面也都有重要意义。

心脏总是本着最节约的原则保障各器官完成其功能所需的血量,任何器官在重荷情况下其供血量可借助心血管系统的调节而得以保障,如在肌肉紧张工作、胃肠强度消化、高温环境皮肤血流量增加等情况下,其供血量可成倍增加。

位于延髓的植物神经中枢调节着心血管系统的功能,除直接作用外,植物神经系统还通过对内分泌的调控来调节心血管系统功能,如争斗时交感神经兴奋,肾上腺素和去甲肾上腺素分泌加强,心血管系统对肌肉供血量增加,以保证争斗行为中对肌肉的供能;动物进入高海拔地区,除呼吸加快变深外,心搏加速,每搏输出血量和循环血量增加,以保障对器官组织供氧,适应缺氧环境。

(三)形态解剖学的适应

动物的身体形状和大小、被毛特点和体脂分布、某些器官的构造等,在很大程度上是长期适应某种气候条件的结果。

19世纪,许多学者通过对动物(包括家畜及家禽)的适应性进行研究,概括出一些形态解剖学适应的规律或法则:

1. 格罗杰(Gloger,1833)法则　格罗杰认为,生活在温暖潮湿地区的哺乳动物及鸟类,其皮肤中的黑色素多;生活在干旱地区的动物则黄色与红棕色的色素多。他特别强调温度和湿度的共同作用,随着温度的递增,皮脂分泌增多,使被毛有了反射性与保护性的光泽,能更好地防御太阳辐射。需要指出的是在长期自然选择与人工选择中,畜禽的毛色与人们的喜爱和生产需要密切相关,如白色的羊毛有利于纺织加工,则细毛羊几乎都是纯白色;肉鸡品种有黄羽、白羽、黑羽等色。

2. 白纳德(Bernard,1876)法则　这个法则提出:随着气候的变化,畜体内部也呈现一定反应与变化。动物身体的外周部位(耳、四肢、蹄冠、脚等)的温度,是借助血液循环来进行调节的。他研究时发现,兔子耳朵的血管在炎热时血流量增加以加快散热,寒冷时则减缓血流量以保持体温。后来芬德里(Findley)提出,牛及其他动物也都具有这种"血管调节机能",所以其身体的外周末梢部位能够耐受极低的温度。

3. 威尔逊(Wilson,1854)法则　这个法则主要论述动物表皮绝缘层与气候的关系。动物的皮被包括皮肤及其衍生物毛、角质物、皮脂腺和汗腺,被毛又分为两层,外层是刚硬的粗毛,内层是柔软的绒毛。威尔逊提出:"皮下脂肪厚度和绒毛的含量与温度呈反比,而粗毛的含量则与温度呈正比"。同时认为,寒冷地区动物的表皮比较致密、重而厚,生长细而密的绒毛,而热带动物的表皮层薄而疏松,皮下脂肪少,生长稀疏、粗短、光亮的刚毛,如我国的双峰驼和阿拉伯单峰驼就是典型的例子。除长期适应不同气候的物种外,同气候区的动物也随气候的季节性变化而出现换毛、冬季皮下脂肪加厚等形态解剖学适应表现。

4. 白格曼(Bergmann,1841)法则和爱伦(Allen)法则　白格曼论述了动物体型大小与气候的关系。他指出,动物的"体格大小与生存环境有关","同种温血动物,在(北半球)北方寒冷地区体格较大,在南方温暖地区(热带)体格较小",这是因为体表面积以体尺的平方比例增加,而体重以体尺的立方比例增加,也就是说,体格和体重大的动物体表面积相对较小,有利于减少散热和适应寒冷气候,反之则反。在畜牧生产中如猪的类型及品种,由南向移北,其体型变化趋势是由小到大;牛的体型也是南方的小于北方的。

爱伦在研究气候条件对动物影响时进一步指出"同一物种在不同气候环境影响下,其体表相对面积也有很大差异,气温高的地区(靠近热带),其体表面积有增大趋势"。对白格曼法则进行了补充。爱伦还发现,生活在寒冷地区的动物,其身体的突出部分(四肢、外耳、尾巴、颈部等)比生活在温暖地区的同种动物要短。这是因为这些部位的表面积相对较躯干大,且末梢血管丰富,其尺寸较短则有利于减少散热。如印度瘤牛与我国黄牛相比,长有细长的四肢、下垂的大耳和长长的垂皮,故较适应炎热的气候。

(四)遗传学的适应

1. 表型适应的遗传机制　表型适应虽限于个体一生,引变因素消失则与之相应的适应性变化也随之恢复,一般不会遗传给后代,但这种表型适应之所以能出现,说明其潜力是遗传的,是动物的基因型的反应范围决定的。环境变化的刺激是如何激活这些适应性性状出现的？基因型是如何制约个体的表型适应的？现代生物学在研究活的物质最小粒子的基础上,力图解释这些适应机理。

(1)基因活化说。这种假说推测,在种群的基因库中,有些基因在通常环境中不活跃,在新环境刺激下可被激活并制约动物个体适应性形状的表达。这种假说虽较好地解释了表型适应的遗传机理,但也使人很难想像,大自然如何预计到环境的所有变化而事先准备了这些基因？

(2)基因过剩原则。这种观点认为,过剩原则是生物界普遍的现象,例如,家畜一次射精可排出精子几十亿、上百亿,但与卵子结合的只有一个、几个或十几个;母猪的卵原细胞有成千上万个,但其一生只有几十上百个成熟、排卵;人的大脑有120~150 亿神经细胞,但远远不是全部发挥作用,其他器官也普遍存在过剩现象,基因过剩使大部分基因通常处于不活动状态,当环境变化时被激活,制约机体适应性表型性状的表达,因此,基因过剩在数量和质量上充实了个体适应的遗传基础,也增加了群体中丰富信息量的基因型。

(3)基因功能储备。已知一对基因并不仅制约一个形状,有的性状则不仅由一对基因控制。可以设想,基因具有一定的功能储备,通常仅表达某种或某些功能,环境变化时,某些基因的储备功能被活化,例如,有实验证明,在含葡萄糖环境中发育的细菌不能分解乳糖,但将它们接种到只有乳糖的培养基上时,经一段时间后,它们就能产生分解乳糖的酶,这说明,外界环境刺激可以改变内部生化环境,导致基因功能储备的激活,制约适应性表型性状,恢复原来环境则使该部分基因功能脱活,表型性状复原。

2. 基因型适应的遗传机制 限于个体一生的表型适应虽受遗传控制,但并不伴随基因型的改变。基因型的适应是通过定向选择(主要是自然选择)淘汰那些不适应的基因型,保留那些具有最大适应性的基因型,积累新的有益变异,合成对生存有利的基因型,从而改变群体的基因频率和基因型频率,种群获得适应性进化,种群中的个体获得适应。但是,既然选择只保留适应性最好的基因型,这在理论上会导致遗传的单一性,即会使多数个体都变为纯合体,纯合体的生命力较弱,基因型反应范围也较窄,最后将出现选择是无效的了。然而,事实正相反,每个群体的基因库是如此多种多样,以至于除遗传无差异的同卵孪生子外,在自由交配的群体中,没有两两相同的基因型,而且基因型的数量要超过群体可能有的个体数的许多倍。那么,变异和选择促进群体适应性进化的遗传机制是什么?

(1)遗传组成的多型性。动物在通过减数分裂形成雌雄配子的过程中,双亲的非同源染色体由于随机重新分配,会组成多种染色体组合的配子,如 AA′和 BB′可组成 AB、BA、AB′、B′A、A′B′和 B′A′……,如果某种动物细胞有 n 对染色体,经减数分裂就可以形成 2^n 种染色体组合的配子,如猪有 19 对染色体,则可形成 $2^{19}=524\ 288$ 种染色体组合的配子。此外,在减数分裂过程中,同源非姐妹染色体常因交叉而交换了某些节段,则染色体的差异就更加多样化了,如果再考虑环境因素可能影响性状发育和染色体变异,就更增加了同一物种内遗传组成的差异性。总之,遗传组成的多型性为选择提供了丰富的素材,是保障群体适应性进化的重要原因之一。

(2)基因突变。指突然出现的可遗传的变异,是动物界产生遗传变异和物种进化的重要源泉。温度剧变、环境污染、宇宙射线、机体细胞代谢的异常产物等均可引起自然突变,但生物界自然突变频率很低(高等生物基因突变率仅为$1 \times 10^{-5} \sim 10^{-6}$),且有益突变仅占1%。显然,如果选择仅以突变为基础,现今动物界有如此多的形态,地球30亿年的年龄是不够的。

(3)转移和基因随机漂变。转移是指某地区动物群体中的个体转移到另一地区的群体,使两个群体的基因频率和基因型频率都发生了改变,从而丰富了选择的素材。随机漂变是指基因频率在小群体内随机增减的情况,因动物以小群体居多,基因频率不易保持平衡,随机漂变也为选择提供了素材。

由上述可见,不遗传的表型变异对生物进化没有意义,也不能作为培育新品种的素材,而由于基因型改变而引起的可遗传的表型变异,才是生物进化的源泉,也是培育新品种的素材,育种工作必须善于区分这两种变异。

第三节　应　激

一、应激的概念

加拿大病理生理学家 Hans Selye 于 1936 年首先提出了"应激(stress)"的概念,此后他对应激的定义也做了多次修改,后人也根据自己的认识给应激下过定义。根据Selye 的原意,应激可定义为:机体对外界或内部的各种非常刺激所产生的非特异性应答反应的总和。Selye 指出的这些非特异性应答反应主要是:①肾上腺皮质变粗大,分泌活性提高;②胸腺、脾脏、淋巴系统萎缩,血液中嗜酸性白细胞和淋巴细胞减少,嗜中性白细胞增多;③胃和十二指肠溃疡、出血。并将这些与刺激原关系不大的非特异性变化称为全身适应综合征(GAS,general adaptation syndrome),凡能引起机体出现GAS 的刺激叫应激原或激原(stressor)。

二、应激的发展阶段

应激引起的GAS,在典型情况下可分为三个阶段(图1-2):

1. 惊恐反应或动员阶段(alarm reaction or stage of mobilization) 是机体激原作用的早期反应和全身防卫的动员,以交感-肾上腺髓质系统的兴奋为主,出现典型的GAS 症状,动员能源抵御激原作用,有利于机体快速防御,此时尚未获得适

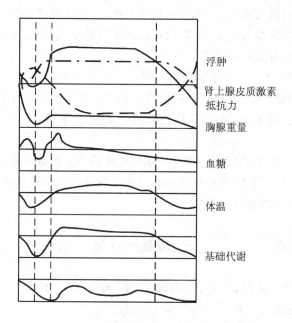

浮肿

肾上腺皮质激素

抵抗力

胸腺重量

血糖

体温

基础代谢

图1-2 应激发展阶段与机体的反应

应。根据生理生化变化的不同,该期又可分休克相(shock phase)和反休克相(counter shock phase)。休克相表现 GAS 症状,体温和血压下降,血液浓缩,肌肉紧张度降低,胃和十二指肠溃疡出血,肾上腺素分泌加强,分解代谢(异化作用)占优势,出现负氮平衡,生产力和机体总抵抗力降低。如果应激原作用强烈,动物可在几分钟或几小时死亡,在一般情况下休克相可持续几小时至 1 d,随后应激反应进入反休克相。反休克相表现为上述反应症状的恢复,机体机能、代谢水平、生产力和对特定的应激原防卫反应开始增强,如果激原不发生增强性的变化,则应激进入下一个阶段——适应阶段。动员阶段的总持续时间一般为6~48 h。

2. 适应和抵抗阶段(stage of adaptation or resistance)   在此阶段,机体克服了激原的作用获得了适应,此阶段以交感-肾上腺髓质系统的兴奋为主的反应逐渐消退,表现出合成代谢占优势,应激初期的不良作用得到补偿,机体各种机能得到平衡,生产力和抵抗力恢复甚至可高于原有水平,如激原作用不强烈或停止则应激反应在此阶段结束;相反,如激原作用不断加强或长时间持续作用,则机体获得的适应会重新丧失,应激反应进入下一阶段——衰竭阶段。

3. 衰竭阶段(stage of exhaustion)   表现与惊恐反应相似,但反应程度急剧增强,出现各种营养不良,肾上腺皮质虽然肥大,但皮质激素受体的数量和亲和力下降,不能产生必要的皮质激素,机体内环境失衡,异化作用又重新占主导地位,体重急剧下降,继而机体储备耗竭,新陈代谢出现不可逆变化,适应机能破坏,各系统陷入紊乱状态,最终导致动物死亡。

在非典型情况下,上述各阶段的界限并不容易划分,有时也并不顺序出现,过于强烈的突然刺激,可能导致由动员阶段迅速进入衰竭阶段而死亡;如果在适应阶段激原作用减弱或消失,则机体反应就停止在适应阶段,不再出现衰竭阶段的反应。

由上述可见,应激反应的目的在于动员机体的防御机能克服激原的不良作用,保持机体在极端情况下的内稳态,因此,应激反因是机体在长期的进化过程中形成的一种扩大适应范围的生理反应。

三、应激的种类

1. 环境因素　　温度、湿度、强辐射、气流(通风不良、贼风等)、空气质量差、强噪声、照明不足或过度、有毒有害气体浓度过高等。

2. 饲养管理因素　　密饲、运动不足、捕捉、饥饿或过饱、饲料营养不足或不平衡、断奶、断喙、去势、转群、并群、饲养员的态度差、日粮突变等。

3. 运输因素　　抓捕、环境不断变化、晃动、拥挤、饥饿、缺水等。

4. 防治因素　　接种疫苗、各种投药、体内驱虫、各种抗体检测等。

5. 中毒因素　　饲料中毒、药物中毒、其他中毒等。

6. 其他因素　　微生物的潜在感染、外伤等。

从上面列举的方面可以看出:在畜牧生产中,应激原对家畜正常生理活动和生产的影响存在于环境管理、饲养管理的各个方面。而环境因素又是其中对家畜作用最广泛和不可避免的应激因素。

四、应激的机理

应激引起神经系统和神经-内分泌系统的一系列变化。这些变化将重新调整内环境的平衡状态以对付激原的不良影响,但是这种变动了的内环境常常是以增加器官功能的负荷或自身防御机能的消耗为代价。

在应激反应中,家畜作为一个有机的整体,通过神经-内分泌途径几乎动员了所有的组织和器官对付激原的刺激,其中,中枢神经系统特别是大脑皮层起整合作用,而交感-肾上腺髓质系统和下丘脑-垂体-肾上腺皮质轴及下丘脑-垂体-甲状腺轴,下丘脑-垂体-性腺轴等起执行作用。

(一)交感-肾上腺髓质系统

在应激原的作用下,家畜交感神经兴奋,出现心率加快、心搏增强、血管收缩、血流加快、血糖升高等生理变化以保障在应激情况下心脑等重要器官的供血及能量需要;肾上腺髓质分泌的儿茶酚胺类有肾上腺素和去甲肾上腺素,其分泌活动受交感神经节前纤维控制。肾上腺素能促肝脏中的糖原分解而使血糖浓度显著升高,对肌肉中的糖原分解也有强烈促进作用,也可加速脂肪分解氧化。去甲肾上腺素对糖代谢的作用只有肾上腺素的$1/20\sim1/15$,它们对糖及脂肪代谢的作用可为各组织提供大量可被利用的能量,在受到强烈刺激而处于应激状态时,髓质分泌急剧增加,甚至高达正常分泌量的 100 倍。而且儿茶酚胺的分泌对促肾上腺皮质激素(ACTH)、胰高血糖素、生长素、甲状腺素等有促进作用,便于机体在更广泛的程度上对抗应激原。但机体持续的交感-肾上腺髓质系统兴奋也会对机体造成不利影响,如胃肠黏膜由于腹腔器官小血管的持续性收缩引发应激性溃疡。

(二)下丘脑-腺垂体-肾上腺皮质轴

下丘脑接受神经和体液途径传来的激原的刺激,其视上核和室旁核分泌颗粒沿神经纤维到达垂体后叶或通过垂体门脉送至垂体前叶,从而调节垂体及其靶组织的活动。

1. 糖皮质激素 由肾上腺皮质束状带分泌,主要有皮质醇和皮质酮(禽类),在应激情况下,下丘脑分泌的促肾上腺皮质激素释放激素(CRH)增加,可使垂体前叶分泌的促肾上腺皮质激素(ACTH)分泌增强,ACTH 分泌使肾上腺皮质加速皮质醇、皮质酮等的合成与分泌。在正常条件下,动物体液内 90%以上的皮质酮(GC)以高度的亲和力与皮质激素运输蛋白(CBG)结合,而不表现生物活性,只有游离的 GC 才能发挥激素的作用,应激中,血浆 GC 浓度升高而 CBG 不变,致使血液中游离的 GC 浓度升高,影响免疫力。另外,应激时 GC 受体 GCR 数目减少,亲和力降低,因为 GC 的效应不仅取决于血浆的 GC 水平,还取决于靶细胞的 GCR 的数量和亲和力。因此,在应激反应中,会出现肾上腺皮质肥大,分泌活性提高,血液中 GC 浓度成倍增加的现象。

糖皮质激素的主要作用是,在代谢方面可动员能量维持血糖水平稳定,促进肌肉中蛋白质的分解,体脂分解,为糖原异生提供原料。在蛋白质代谢中,它的作用是既抑制蛋白质合成又加速蛋白质分解,从而造成负氮平衡,使应激中动物生长减慢,体重降低,当分泌糖皮质激素过多,时间较长时,必将影响到机体的免疫力。在免疫方面,GC 对细胞免疫主要影响是:①抑制胸腺内淋巴细胞的有丝分裂,影响小淋巴细胞向 T 细胞转化;②促进淋巴细胞解体;③阻止致敏的 T 细胞释放淋巴激活素。GC 对体液免疫的影响是直接抑制 B 细胞合成或抑制 T 细胞的辅助作用而减少抗体的生成。皮质激素分泌过多一般会使机体出现抑郁、胃和十二指肠溃疡、穿孔、淋巴细胞减少、免疫力低下，易继发感染等。

2. 盐皮质激素　由肾上腺皮质球状带分泌的盐皮质激素中起主要生理作用的是醛固酮，它的作用是保钠排钾，维持体液容量及调节水盐代谢。过量分泌将打破机体的电解质平衡，影响机体的健康和生产力。

（三）其他激素

1. 下丘脑-垂体-甲状腺轴　在应激中甲状腺激素可促进分解代谢，增强组织的氧化作用和产热，提高代谢率，表现为与糖皮质激素和生长激素的协调作用，促进肝糖原分解以及加速脂肪氧化，过量的甲状腺激素会促进蛋白质分解，因此对保障供给机体对抗激原作用的能量需要有重要作用。甲状腺的囊泡上皮分泌的甲状腺素主要是甲状腺素 T_4 和三碘甲腺原氨酸 T_3，T_3 的活性比 T_4 大好几倍，更新率也比 T_4 快，是在组织内发挥生理作用的主要激素。

2. 下丘脑-垂体-性腺轴　应激原作用可导致下丘脑促性腺激素释放激素（GnRH）和垂体前叶促性腺激素分泌减少，出现垂体前叶激素分泌转移，故其促卵泡激素（FSH）和促黄体激素（LH）生成减少，从而引起性机能紊乱，性腺萎缩。应激中由于 ACTH 等与代谢增强有关的激素的大量分泌，使 GnRH、FSH、LH、促乳素（PRL）抑制而下降，对于机体在危急时刻提高动物防御机能，防止因繁殖给机体增加能量负担是非常有效的。

3. 胰高血糖素和胰岛素　应激时胰高血糖素分泌明显增加，引起其升高的主要原因是交感神经系统兴奋，其作用是增强分解代谢，动员体内的能量储备。胰岛素与胰高血糖素在功能和分泌调节上都是相反的，其作用是加强脂肪和蛋白质的沉积，应激时胰岛素分泌减少，与胰高血糖素的比值明显减低，有利于应激中血糖升高，向组织提供充足的能源。

五、热应激蛋白

热应激蛋白（heat stress proteins，HSP）是一族广泛存在于所有植物、酵母菌、细菌和哺乳动物细胞内的蛋白质，是细胞核内高度保守的热应激基因编码的产物。目前发现的 HSP 是一大类，相对分子质量为 15 000～110 000，其中以 HSP70 在热应激中升高最显著，同时也发现 HSP 可由体内外的一切应激因子诱导产生，所以也称为应激蛋白。HSP 的发现使我们便于从分子水平上研究应激的反应机制。

目前的研究结果表明：HSP 其主要功能与蛋白质代谢有关，被称为"分子伴侣"。它可以促进蛋白质的装配合成、避免错误折叠或非特异性聚集,特别是在应激中防止未折叠的蛋白质变性,修复应激时受损的蛋白以及变性蛋白质的清除,从而在蛋白质水平上起防御和保护作用。

六、应激对家畜健康和生产力的影响

(一)应激对家畜健康的影响

应激引起神经-内分泌功能的变化,使机体的内环境发生调整和改变,在未获得适应之前,这种变化了的内环境是以增加器官功能的负荷或自身防御机制的损耗为代价,即抵抗力和免疫力在惊恐反应阶段会降低;如果激原强烈或时间过长,应激反应进入衰竭阶段,将会造成机体适应机能不可逆转地急剧降低。研究发现,应激情况下糖皮素(GC)分泌加强,可与淋巴细胞浆中的特异蛋白受体结合形成类固醇-受体复合物,后者可穿入细胞并改变酶活性,影响核酸代谢和蛋白质合成,从而抑制 T 细胞的转化和免疫活性物质及 B 细胞抗体的生成;此外,ACTH 和 GC 可促进嗜酸性白细胞解体,并溶解淋巴细胞,减少单核细胞在发炎部位的聚集;应激时交感神经兴奋和儿茶酚胺分泌加强,可刺激β-肾上腺素能受体,降低机体对特异抗原发生的皮肤过敏,抑制 T 细胞的花环形成,还可减少免疫球蛋白的生成。因此,一般地说,在惊恐反应和衰竭阶段会提高家畜的易感性,导致疾病发生,影响动物健康,甚至引起死亡。但实践表明,不同的激原会使机体对不同病原微生物的免疫力产生不同的反应(表1-2),其机理尚未探明。

表1-2　不同应激因子对家畜抵抗不同病原能力的影响

应激因子	与正常抵抗力相比较		
	炎热	寒冷	心理刺激
单纯疱疹病毒	▲		▼
柯萨其病毒	▲	▼	▼
新城疫病毒	▼	▲	▼
锥虫	▲	▼	
禽出败杆菌	▼	▲	
大肠杆菌		▼	▲
金黄色葡萄球菌		▼	▲
中毒性破伤风	▲	▼	
苯并芘皮肤瘤	▲	▼	

注:表中▲代表家畜抵抗力升高,▼代表家畜抵抗力下降。

引自姚瑞旦编著. 家畜环境卫生学. 上海科学技术出版社,1988。

（二）应激对家畜生产力的影响

应激反应中，家畜通过动员神经-内分泌系统全力抵抗应激因子的影响，主要反应集中在肾上腺髓质轴和肾上腺皮质轴，并消耗大量能量和营养物质，而其他与生长、繁殖相关的激素受到抑制，从而导致生产性能下降。如蛋鸡在高温季节产蛋率可下降10％～30％；猪在冬、夏季生长缓慢，受胎率显著下降；奶牛的生产性能在高温季节也会受到明显的影响（表1-3）。

表1-3　环境温度对产奶量和乳成分的影响

项目	环境温度（℃）							
	4.4	10.0	15.6	21.1	26.7	29.4	32.2	35
产奶量(kg/d)	13.2	12.7	12.3	12.3	11.4	10.5	9.1	7.7
乳脂率(%)	4.2	4.2	4.2	4.1	4.0	3.9	4.0	4.3
非脂固形物(%)	8.26	8.26	8.06	8.12	7.88	7.68	7.64	7.58
酪蛋白(%)	2.26	2.23	2.08	2.05	2.07	1.93	1.91	1.81

引自黄昌澍编著·家畜气候学，江苏科学技术出版社，1989。

应激对肉品质也会产生明显地影响。这是因为，应激使机体异化作用占主导地位，耗氧量可达平时的10倍，产热量比平时提高5倍，导致葡萄糖酵解产生大量乳酸，使肌肉组织pH值在宰后迅速下降，猪肉在45 min之内即可降至6.0以下（正常情况下应为24 h降至6.0以下），从而加速了肉质的陈化，并出现肌浆蛋白（包括肌红蛋白）变性，带有红色细胞色素的线粒体减少，肌肉颜色变浅；同时，物质代谢的加强使ATP和肌酸磷酸大量消耗，则ATP与钙、镁离子结合形成的提高组织持水力的化合物减少，故屠宰后的肌肉组织出现松软和渗出液，因此，宰前应激可以导致宰后肌肉色泽苍白（pale）、肉质松软（soft）、有渗出液（exudative），即所谓"PSE"肉。如果宰前应激不强烈但持续时间较长，由于肌糖原消耗多，产生的乳酸反而减少且被呼吸性碱中和，则宰后pH值不下降，肌纤维不萎缩，水和蛋白质仍呈结合态，肌浆保持在细胞内，往往出现肌肉切面干燥；同时因pH值升高，细胞色素酶活化，氧被消耗，从而形成暗红色的肌红蛋白，因此，这种长时间的应激会形成切面干燥（dry）、肉质较硬（firm）、肉色深暗（dark）的DFD肉。上述两种肉适口性、耐储性及烹调合用性都变差。

七、应激的预防

目前为缓解机体的应激反应，提高畜牧生产水平，畜牧工作者多在以下方面采取措施,对机体的应激进行预防。

（一）抗应激育种

由于应激因子几乎遍布畜牧生产的每一个环节,对组织生产管理影响很大,畜牧专家开始关注研究抗逆性育种。在筛选的抗逆性育种指标中,目前应用最多的是在养猪生产中应用氟烷敏感性试验检测应激敏感个体。猪应激综合征(PSS)的发生常伴随着恶性高温综合征(MHS),而 MHS 可用氟烷诱导发生。在实践中,人们通过让 6～15 周龄的猪吸入混有氧气的 4％～5％氟烷,凡发生后肢僵直的猪即为氟烷阳性猪,反之为氟烷阴性猪,在不断淘汰阳性猪的过程中,猪群的抗应激能力得到改善。随着遗传工程技术的进展,现在可以用几根猪毛或一滴猪血直接采用聚合酶链式反应(PCR)技术,在体外将基因大量扩增,用专一于基因组上特定序列的 DNA 探针,与猪氟烷基因连锁的 PHI、H、Po2、RYR1 等基因切割片段杂交形成标记,再进行限制性片段长度多态性分析(RFLP),制作出基因序列和图谱,不仅能准确检出应激敏感基因的纯合个体,还可检出隐性敏感基因的携带者,从而大大简化了猪抗应激育种的繁杂工作。另外,由于世界上大多数培育的畜禽品种是在温带及气候较冷的国家育成的,而这些品种在热带、温带的夏季高温季节受炎热气候的影响,生产水平大为降低,在我国夏季高温使产蛋率下降10％～30％的现象并不少见。学者们认为培育耐热鸡群以提高鸡自身的耐热能力是家禽今后育种方向之一。近年来,热应激蛋白(heat stress proteins,HSP)在国外研究较多,其在体内的合成被看作是机体许多组织耐热力提高的一项特殊标志,是机体在细胞水平上对应激的应答反应,属于鸡耐热力方面的研究热点。由于温度指标、热存活指标测定简便省力,而且能客观反映鸡的耐热性能,因此平时应用较多。热存活指标是指热应激存活时间(heat stress survival time,HSST),以鸡开始接受热应激到不能站立这段时间计算。但是这些指标在育种工作也面临着许多问题,因为这些指标都是在高温的处理下测定的,这种处理对鸡的健康,生产同样具不良影响,从而影响选种和育种的准确性及育种年限,故虽然培育抗逆品系是从根本上解决抗应激的办法,但距实际育种应用还有许多要研究的问题。

（二）环境调控

畜舍建筑是畜牧生产的重要条件之一,舍内环境管理的好坏直接关系到家畜的健康与生产,如何利用现有条件给家畜创造适宜的生活生产环境,把动物福利的概念贯穿于生产工艺的每一个环节,一直是环境卫生学多年来的研究课题。它包括以下几个方面。

1. 畜舍设计　环境温度是影响家畜生产的重要应激因素,在牧场规划、畜舍的保温隔热设计、朝向、通风、散热以及畜栏的设计等环节上,须充分考虑家畜的生理特点及福利要求,以最大限度地减少环境应激。

2. 环境管理　　主要指畜牧场环境质量控制,包括对畜牧场的热环境、空气、水源、废弃物的管理与环境消毒。

3. 环境绿化　　在畜牧场内道路旁、畜舍周围种植高大的阔叶树种遮荫,并在空地种植草皮,可以有效地改善场区小气候,美化环境。

（三）改善饲养管理

1. 调整营养水平　　畜禽应激中食欲减退,采食量显著减少,能量、蛋白质以及维生素、矿物质的摄入量减少,造成必需营养物质缺乏,导致生产力和健康水平下降,研究表明,这是影响生产性能的营养应激因素。此外,在发生应激的情况下,可以考虑在日粮中使用脂肪代替部分碳水化合物作为能量补充。

2. 饮水　　任何应激情况下,水的供应都必须保证。要保证饮水一要充足,二要洁净。特别是高温应激中,饮水量和呼吸排水量随之增加,充足的饮水可补充高温下蒸发造成的水的损失,维持体内的理化环境,对调节体温起着重要作用。

3. 饲养方式　　少喂勤添,提高饲料的适口性,可缓解应激中采食减少引起的营养成分不足。

（四）抗应激添加剂

在采取各种应激预防措施的同时,还可以采用某些抗应激添加剂,如镇静剂、解热药、协调生理平衡的药物、复合维生素、中草药添加剂等,它们从不同程度上通过提高机体的非特异性免疫力,提高机体的适应性等方面达到缓解应激的目的。

1. 镇静解热剂　　这类药物使用的目的是降低激原引起的中枢神经系统的紧张度。镇静催眠抗焦虑作用的如安定、氯丙嗪,可引起中枢不同部位的抑制,但在目前推行的无公害养殖中,国家已明确禁止这类药物作为饲料添加剂。

2. 电解质　　应激中,由于醛固酮的变化,使机体电解质的平衡受到一定影响。应注意适当补充一些矿物质以满足机体在应激中的需要。如高温应激中添加 KCl 能平衡机体对钾的需要, $NaHCO_3$ 和 NH_4Cl 也常做热应激添加剂。

3. 维生素　　B 族维生素参与许多重要物质代谢,维生素 C、维生素 E 可增强机体的抗氧化能力,由于机体在应激中代谢加强,常造成维生素的过量消耗而不足,适当增加这些营养成分的供应可缓解应激中出现的缺乏,提高机体对应激的适应性。

4. 抗生素　　由于机体在应激中抵抗力下降,对各种病原微生物易感,常导致疾病的发生。抗生素的应用可抑制某些有害微生物乘虚而入,保证机体在应激中不被感染。但使用中应特别注意遵守国家规定的无公害养殖中兽药使用规范,避免造成不必要的经济损失。

5. 中兽药　在缓解应激添加剂的研究中,化学药物的使用研究报道较多,已如上所述,它们多属对症下药,有些药物作用剧烈且剂量不易掌握,虽然它们也可在一定程度上缓解应激反应,但长时间的使用必然出现副作用及药残,以至违反国家无公害养殖中的兽药使用准则。中兽药是我国传统医学的重要组成部分,具有独特的理论体系,在畜牧生产临床使用中具有很多西药不可比拟的优势,特别是它从全方位协调机体应激中的生理机能入手,多方位调节,通过提高机体非特异性免疫力,提高抗应激能力,同时缓解表症,中和毒素,达到阴阳平衡、标本兼治的治疗效果。中兽药由于取自天然,药性缓和,作用持久,毒副作用及药残没有或很少,为大规模无公害养殖提供了坚实的基础,是值得推广的绿色添加剂。

思　考　题

1. 环境的基本概念。
2. 应激及其调控。
3. 家畜的适应。

（刘凤华、李　昂）

第二章 气象因素与家畜健康

本章提要：本章主要阐述家畜热平衡中产热来源、散热途径及其影响因素；太阳辐射、气温、气湿、气流、气压对家畜健康和生产力的影响以及气象因素对家畜影响的综合评价，为家畜环境的改善和控制奠定理论基础。

第一节 概　　述

一、大气的基本情况

　　地球表面包围着一层很厚的空气，通常称为地球大气或简称大气。厚厚的大气好像地球的外衣一样保护着地球的体温，使其变化不至于剧烈。

　　根据空气温度和密度的差异，将大气在垂直方向上分为5层，即：对流层、平流层、中间层、暖层（电离层）、散逸层（外层）（图2-1）。

　　对流层是紧贴地面的一层，它受地面的影响最大。因为地面附近的空气受热上升，而位于上面的冷空气下沉，这样就发生了对流运动，所以把这层叫做对流层。它的下界是地面，上界因纬度和季节而不同。据观测，在低纬度地区其上界为17~18 km；在中纬度地区为10~12 km；在高纬度地区仅为8~9 km。夏季的对流层厚度大于冬季。以南京为例，夏季的对流层厚度达17 km，而冬季只有11 km，冬夏厚度之差达6 km之多。

　　在对流层的顶部，直到高于海平面50~55 km的这一层，气流运动相当平衡，而且主要以水平运动为主，故称为平流层。平流层的特点：一是空气没有对流运动，平流运动占显著优势；二是空气比下层稀薄得多，水汽、尘埃的含量甚微，很少出现天气现象；三是在高15~35 km范围内，有厚约20 km的一层臭氧层，因臭氧具有吸收太阳光短波紫外线的能力，故使平流层的温度升高。

　　平流层之上，到高于海平面85 km高空的一层为中间层。这一层大气中，几乎没有臭氧，这就使来自太阳辐射的大量紫外线白白地穿过了这一层大气而未被吸

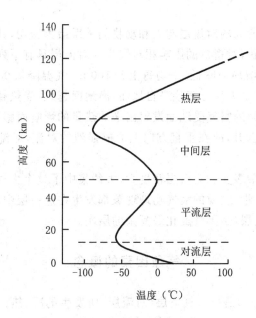

图 2-1　大气的垂直分层

收,所以,在这层大气里,气温随高度的增加而下降得很快,到顶部气温已下降到−83℃以下。由于下层气温比上层高,有利于空气的垂直对流运动,故又称之为高空对流层或上对流层。中间层顶部尚有水汽存在,可出现很薄且发光的“夜光云”,在夏季的夜晚,高纬度地区偶尔能见到这种银白色的夜光云。

从中间层顶部到高出海面 800 km 的高空,称为暖(热)层,又叫电离层。这一层空气密度很小,在 700 km 厚的气层中,只含有大气总重量的 0.5%。据探测,在120 km 高空,声波已难以传播;270 km 高空,大气密度只有地面的 100 亿分之一,所以在这里即使在你耳边开大炮,也难听到什么声音。暖层里的气温很高,昼夜变化很大,据人造卫星观测,在 300 km 高度上,气温高达 1 000℃以上。所以这一层叫做暖层或者热层。

暖层顶以上的大气统称为散逸层,又叫外层。这层空气在太阳紫外线和宇宙射线的作用下,大部分分子发生电离;使质子的含量大大超过中性氢原子的含量。它是大气的最高层,高度最高可达到 3 000 km。这一层大气的温度也很高,空气十分稀薄,受地球引力场的约束很弱,一些高速运动着的空气分子可以挣脱地球的引力和其他分子的阻力散逸到宇宙空间中去。根据宇宙火箭探测资料表明,地球大气圈之外,还有一层极其稀薄的电离气体,其高度可伸延到 22 000 km 的高空,称之为地冕。地冕也就是地球大气向宇宙空间的过渡区域。人们形象地把它比作是地球的"帽子"。

接近地面、密度最大的对流层与人和动物的关系最为密切,其他层次距地面较远,不与畜禽直接接触,对畜禽的影响相对较少。对流层具有下列特点:

(1)气温随高度增加而降低,平均每上升100 m,气温降低0.6℃,这主要是因为对流层大气的热量绝大部分直接来自地面,离地面越远,受热越少。

(2)由于贴近地面的空气受地面发射出来的热量的影响而膨胀上升,上面冷空气下降,下面热空气上升,故在垂直方向上形成强烈的对流,对流层也正是因此而得名。

(3)大气现象复杂多变。对流层密度大,大约集中了整个大气总质量的3/4以上和几乎全部的水汽量。主要的大气物理现象都发生在这一层中,如云、雨、雪等天气现象都发生在这一层,是天气变化最复杂的层次。

二、气象因素的概念

气象(meteorology)是指大气下层(对流层)所发生的冷、热、干、湿、风、云、雨、雪、霜、雾、雷、电等各种物理过程(现象)。这些物理过程我们经常用综合的定性和定量因子表示,即气象因(要)素。气象因素中主要有太阳辐射、空气温度、气湿、气压、气流、云量、云状、降水量等。各气象要素间相互联系、相互影响、相互制约。

气象因素在一定地区短时间内变化的结果所综合表现的大气物理状态,如阴、晴、风、雨,称为天气(weather)。某一地区多年的、综合的天气状况,称为气候(climate)。

由于地表性质不同,或人类和生物的活动所造成的小范围内的特殊气候称为小气候(microclimate)。例如,农田、牧场、温室、车间、住房、畜舍的小气候等。畜舍中小气候的形成除受舍外气象因素的影响外,与舍内的家畜种类、密度、垫草使用、外围护结构的保温隔热性能、通风换气、排水防潮,以及日常的饲养管理措施等因素有关。畜牧场的小气候除与所处的地势、地形、场区规划、建筑物布局等有关外,牧场的绿化程度亦起到很大作用。

在气象因素中有些能影响动物机体的热调节,如气温、气湿、气流和太阳辐射等,称为热环境因素。在热环境因素的综合作用下,在畜禽周围形成炎热或寒冷或温暖或凉爽的空气环境,称为热环境,它直接影响到家畜的热调节,是影响家畜健康和生产性能的重要环境因素。决定温热环境的主要因素是气温。在自然界中,气温主要来源于太阳辐射。太阳辐射是造成温热环境变化的根本原因,太阳辐射的光和热也直接对家畜发生作用。

二、气象因素对家畜的影响

（一）直接影响

通过影响机体的热调节而直接影响家畜健康和生产力。因为家畜,包括哺乳动物和禽类,都是恒温动物(homeotherm),必须使产热和散热达到平衡,才能维持体温的恒定。在炎热环境中,家畜散热困难,引起体温升高和采食量下降,从而导致生产力的降低。在寒冷条件下,畜体散热过快,体内代谢产热不足以应付散热需要时,有可能引起体温下降,必须加强体内营养物质的氧化,增加产热量,才能维持体温正常。所以需有大量的饲料能量用于产热消耗,因而常伴随生产力的下降。在炎热和寒冷条件下,动物体的许多生理机能所发生的改变,大多与热调节有关,或者为热调节生理过程中的一个组成部分;甚至有人认为生产力如生长、肥育、泌乳、产蛋等效率的下降,也都是以热调节为目的的,而不是其后果。太阳辐射的光还通过神经和内分泌系统影响家畜的各种生理机能,特别是生殖机能。这都是气候因素对家畜的直接作用。

气象因素的影响大小与动物种类和品种、个体、年龄、性别、被毛状态、生产水平、健康状态、饲养管理条件、动物对气候的适应性、不良气象因素的严酷程度和持续时间而异。

（二）间接影响（次要）

在一年中由于温度、光照和降水量等有明显的季节性变化,使饲用植物的生长、化学组成和供应发生相应的季节性变化,这对家畜的生长、肥育、产乳、产毛等都有一定的影响;气候因素还关系到病原体和媒介虫类的生长、繁殖,影响疾病的发生和传播,从而间接影响动物的健康和生产性能。这些都是气候因素的间接影响。

不论直接或间接影响,不良气候对畜牧生产的危害性都是很大的。本章主要研究气候因素的直接作用,必要时会涉及气候因素的间接影响。

第二节　太　阳　辐　射

一、太阳辐射的概念和一般作用

（一）太阳辐射的概念

太阳是一个巨大的气体星球,在核聚变过程中产生巨大的能量,这种能量以电磁波的形式向宇宙放射,即太阳辐射(solar radiation)。太阳辐射的波长范围为0.15～4 μm。在这段波长范围内,又可分为三个主要区域,即波长较短的紫外光区(波长小于400 nm)、波长较长的红外光区(波长大于760 nm)和介于二者之间的可见光区(波长在400～760 nm)。太阳辐射的能量主要分布在可见光区和红外区,前者占太阳辐射总量的50%,后者占43%。紫外区只占能量的7%。

太阳辐射到地球的能量仅为其向宇宙放射总能的22亿分之一。太阳辐射在不同地方是不一样的,表示太阳辐射强弱的物理量称为太阳辐射强度,即太阳在垂直照射情况下在单位时间(1 min、1 d、1 个月或者 1 年)内,1 cm^2 的面积上所得到的辐射能量。气象上通常用"太阳常数"来表示由太阳照射到地球上来的辐射能量,以S_0 表示,它指在日地平均距离(又称为一个天文单位,即1.5 亿km)的条件下,在地球大气上界(不考虑大气对太阳辐射的影响,即在没有大气吸收的情况下),垂直于太阳光线的1 cm^2 的面积上,在1 min 内所接受的太阳辐射能量。近年来,在宇航事业不断取得新资料,经过大量观测和分析,测得新的太阳常数为[8.158 8 J/(cm^2 · min)][1.95 cal/(cm^2 · min)]。受太阳周期活动的影响,数值可有1%～2%的变化。换言之,太阳常数就是在特殊情况下测得的太阳辐射强度。

太阳辐射到达地面要通过厚厚的大气层,经过大气层后能量发生很大变化:

1. 约有18%被大气和云层所吸收　太阳辐射通过大气层到达地面时,大气中的各种组分主要是N_2、O_2、O_3(臭氧)、H_2O、CO_2 和尘埃,能够吸收一定波长的太阳辐射。平流层中O_3 吸收紫外线,对流层中的H_2O、CO_2 吸收长波红外线,而能量最强的可见光被吸收得最少。

2. 约有7%被各种气体分子和悬浮的微粒散射　散射的强度与波长的四次方成反比,因此紫外线被散射的比例最大。

3. 约有27%被云层反射　因此,仅约48%的太阳辐射能到达地面,其中30%为直射,18%为散射。

太阳辐射达到地球表面的历程,见图2-2。

太阳辐射被减弱的程度除与大气的透明度有关外,还与太阳高度角(h)有关。太阳高度角指太阳光线和地表平面之间的夹角,用h 表示。h 越小,太阳辐射到达地面通过的大气路程就越长,被减弱的程度也越大;反之,太阳高度角越大,太阳辐射经过大气层的路程就越短,太阳辐射被减弱的程度越少,到达地面的能量就越多。也就是说,太阳辐射强度与其通过的大气层厚度有关。除太阳高度角外,海拔越高,太阳辐射通过的大气厚度越小。太阳高度角影响太阳辐射的光谱组成,h 越大,太阳辐射通过平流层的距离就越短,太阳辐射总量中紫外线的比例也就越大。

太阳高度角的大小取决于地理纬度、季节和一天的不同时间。同一天的同一时

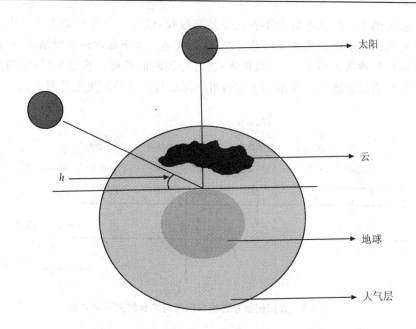

图 2-2　太阳辐射达到地球表面路径示意图

间,低纬度地区太阳高度角大,高纬度地区太阳高度角小;同一地点同一时间,夏季太阳高度角大,冬季太阳高度角小;同一地点一天中,中午太阳高度角大,早晨及傍晚小。所以,高纬度地区太阳辐射强度较弱,低纬度地区较强,而一天中的最大值均出现在当地时间的正午。所以夏天中午热,冬天傍晚较冷。

由于大气对不同波长的射线具有不同的反射和吸收作用,所以太阳高度角不同,光谱组成是不同的。太阳辐射总量中,各种射线的百分比随太阳高度角的大小不同而不同,太阳高度角越大,紫外线及可见光的成分就越多,红外线则刚好相反,它的成分随太阳高度角的增加而减少。南方纬度低,太阳高度角大,紫外线多,人的肤色一般稍黑一些。

太阳光线与被照面法线之间的夹角称为"入射角"(0°～90°),被照面上的太阳辐射强度与入射角成反比,即入射角为0(太阳光线与法线平行)时,被照面上的太阳辐射强度最大。

(二)太阳辐射的一般作用

太阳辐射引起的效应大小与光波的性质及机体的吸收情况有关。

太阳辐射作用于机体时,只有被机体吸收的一部分才能对机体起作用,光能转化成了其他形式的能。太阳辐射在机体组织中的吸收情况,因光波波长不同而异,波长较短的紫外线几乎完全不在表皮处被吸收,仅有一小部分能达到真皮的乳头和表皮的血管组织。当波长逐渐增加时,光线透入组织深度逐渐增加,红色光及其邻近的红外线透入最深,可达数厘米;当红外线的波长进一步增加时,它们开始在组织的较表层被吸收。太阳辐射穿透组织深度与其波长的关系见图2-3。

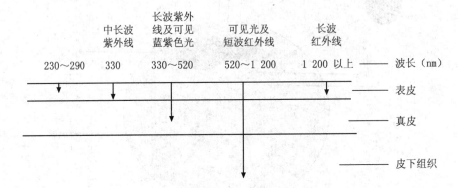

图2-3　太阳辐射穿透组织深度与波长的关系示意图

光是一种特殊的粒子流,单个粒子称为光量子。单个光亮子的能量为

$$E = h\upsilon$$
$$= hc/\lambda$$

式中:E 为单个光亮子的能量;

　　h 为普郎克恒量;

　　υ 为波频率;

　　c 为光速;

　　λ 为光波长。

E 与波长成反比,波长不同,光亮子能量不同,引起的生物学效应也不同。

(1)光的长波部分,如红光或红外线,光量子能量较低,被组织吸收后只能引起物质分子或原子的旋转或振动(热运动),光能转化成了热能,即产生了光热效应,可使组织温度升高,改善局部血液循环,加速组织内的各种物理化学过程,提高组织和全身的代谢,皮温升高。

(2)光的短波部分,特别是紫外线,光量子的能量较大,被组织吸收后,除一部分转化为热运动的能量外,还可使分子或原子中的电子吸收能量而使分子处于激发状态,处于激发态的分子不稳定,引起光化学反应,产生组织胺等生物活性物质(如乙酰胆碱、组织胺等),这些物质刺激神经感受器而引起局部及全身反应。

(3)光量子能量更强时,可使分子或原子中的电子逸出,产生自由态的原子(分子)和游离电子,产生光电效应。光电效应中产生的阳离子引起组织及细胞中离子平衡改变,从而使其胶体成分的电性发生改变;胶体电性的改变迅速地影响其分散度,而这是与细胞和组织的生命活动密切相关的。

另外,可见光可被视觉感受,除引起光热效应外,还可通过眼-下丘脑-垂体系统影响整个机体生理状况,因此,可通过改变可见光的强弱、光照长短、光色调节畜禽代谢,实现人工控制。

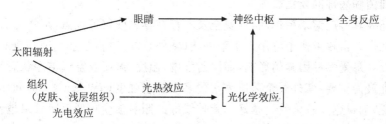

另外,关于光敏作用,机理尚不十分清楚。一般认为光敏物质A经血液循环到皮肤,阳光照射时紫外线或可见光的光子被光敏物质吸收,使光敏物质处于激发态,然后将此能量传递给另一作用物B,使B呈激发态B*,当遇到分子氧时起氧化作用,从而损伤细胞结构,释放组织胺,使毛细血管扩张,通透性增加,引起局部红斑和水肿,如动物采饲荞麦、三叶草、苜蓿后发生的感光过敏,就是光敏作用。具备两个条件动物会发生感光过敏:①无色或浅色皮肤,内存有足量的光敏物质;②皮肤要经阳光照射。

二、紫外线的生物学作用

太阳光谱中紫外线的波长范围为4～400 nm,但能达到地面的紫外线的波长在290 nm 以上,短于290 nm 的部分被臭氧层吸收,人工紫外线灯才能产生短于290 nm 的紫外线,在医学上已广泛应用人工紫外线。紫外线在日光中虽只占1%,但它是一种非常重要的自然界物理因子,是各种生物维持正常新陈代谢所不可缺少的。根据紫外线的生物学作用,将紫外线分为三段:

长波紫外线(UVA):波长320～400 nm,其生物学作用较弱,有明显的色素沉着作用,引起红斑反应的作用很弱。

中波紫外线(UVB):波长320～275 nm,是紫外线生物学效应最活跃部分。红斑反应的作用很强,能使维生素D原转化为维生素D,杀菌、促进上皮细胞生长和黑色素产生等作用。

短波紫外线（UVC）：波长 275～180 nm，不能到达地面，对机体细胞有强烈作用。对细菌和病毒有明显杀灭和抑制作用。

紫外线的生物效应主要是光化学物质与光电效应，紫外线照射机体后，对机体可产生有益作用和有害作用。

（一）对机体的有益作用

1. 杀菌作用　细菌或病毒的蛋白质和核酸能强烈吸收相应波长的紫外线，而使蛋白质发生变性离解，核酸中形成胸腺嘧啶二聚体，DNA 结构和功能受损害，从而导致细菌和病毒的死亡。

紫外线具有广谱杀菌作用，且安全及不存在毒物残留等优点，是常用的空气消毒方法之一。畜牧生产中可用人工紫外线（紫外线灯）对畜舍空气进行消毒。紫外线的消毒效果受多种因素的影响，如照射强度、温度、湿度及空气洁净状态等，其中照射强度最为重要。紫外线杀菌所需剂量多以照射强度（$\mu W/cm^2$）×时间（s）表示，一般来说，剂量越大杀菌效果越好。紫外线灯的照射强度越低杀菌效果越差，强度低于 70 $\mu W/cm^2$ 时，即使照射 60 min 对细菌芽孢也达不到杀灭效果。用于紫外线消毒灯管的照射强度应不低于 70 $\mu W/cm^2$，要杀灭多种病毒和细菌时，照射剂量应不低于 100 $\mu W/(s \cdot cm^2)$。多数微生物在低温时对紫外线很敏感，一般以 20～40℃时杀菌效果最好。最适宜的杀菌湿度为 40%～60%，相对湿度高于 60%～70% 时，紫外线对微生物的杀灭率急剧下降。空气中的尘埃能吸收紫外线，因此污浊的空气影响紫外线的消毒效果。

2. 抗佝偻病作用　280～320 nm 作用最强。紫外线能使动物皮肤中的维生素 D 原（7-脱氢胆固醇）转变为维生素 D_3，因而有调节钙、磷代谢的作用。

照射剂量不同，维生素 D_3 的生成量不同。有研究用大鼠试验证明，1/4 的红斑剂量是形成维生素 D_3 的最佳剂量。

家畜白色皮肤的表层较黑色皮肤易于被紫外线穿透，形成维生素 D_3 的效力也较强。所以，同样管理条件下，当饲料中缺乏维生素 D 时，黑猪较白猪易生佝偻病或软骨病。

紫外光可使植物中的麦角固醇转化为维生素 D_2，因此将青草日晒制后其中的维生素 D_2 含量增加。

3. 对皮肤的红斑作用　皮肤经紫外线照射后，经 2～10 h 的潜伏期，被照射部位的皮肤出现红斑。红斑轻者，10～12 h 后可缓解或消失，重者可持续数日。

红斑的形成是由于皮肤经紫外线照射后乳头层的毛细血管扩张，毛细血管大量增加所致，乳头下层的血管也有扩张。红斑消失后，表面的血管网舒张仍维持很久，这样皮肤的血液循环和营养均得以改善。在人和兽医临床上，常用紫外线的红斑作用治疗浅层炎症,如关节炎等。

4. 兴奋呼吸中枢,增强机体抵抗力 可使呼吸加深、频率下降,有助于氧的吸收和CO_2、水汽的排出,紫外线能使嗜中性白细胞的数量增加,加强机体组织的代谢过程和抗病能力。紫外线照射局部时,还能促进局部血液循环,有止痛和消炎的作用,能促进伤口愈合。

5. 色素沉着作用 紫外线大剂量照射或小剂量多次照射,可使局部皮肤产生色素沉着,变成黑色。长波紫外线的色素沉着作用强,短波紫外线的色素沉着作用弱。色素沉着作用最强的长波紫外线的波长范围分别为:360～380 nm,320～400 nm,315～400 nm。紫外线解除黑色素细胞中硫氢化合物对酪氨酸酶的抑制作用,使酪氨酸衍生物共聚成黑色素蛋白。这些黑色素蛋白被传送至表皮可以吸收紫外线,防止皮肤深层受到伤害,并可将使皮肤局部温度升高,刺激皮肤汗腺分泌,防止机体体温过高症。

（二）有害作用

1. 光照性皮炎 紫外线尤其是300 nm以下的短波高能辐射对生物细胞更有着强烈的破坏作用。人们长时间地接受紫外线辐射,会引起皮肤剧痒、灼痛,出现水肿、丘疹或水泡等光照性皮炎。

2. 光照性眼炎 过度的紫外线照射还会引起眼睛流泪、红肿和结膜炎,诱发老年性白内障等。

3. 皮肤癌 阳光照射过度可使癌症发病率升高。赤道附近的热带地区,皮肤癌的发病率明显高于其他地区,就是由于强光照对人体照射的结果。动物实验证明,大量紫外线照射,对动物机体有致癌作用。其中291～320 μm波段的紫外线致癌作用最强。据国际癌症协会统计,全世界每年约有几十万人患皮肤癌,患者主要是热带地区和露天作业的人。

三、红外线的生物学作用

红外线按波长分 760～1 500 nm——短波红外线（近红外线）;1 500～12 000 nm——长波红外线（远红外线）。

红外线位于光谱的可见光红光之外,不能引起视觉效应。波长较长,光量子能量小,被组织吸收后,不能引起光化学效应和光电效应,其能量被组织吸收后主要引起分子动能增加,因此,红外线的生物学效应主要是热作用,引起光热效应,所以红外线又称为热线或热射线,它对组织的化学状态很少起直接作用,但红外线照射可使组织温度升高,微血管扩展,血流量增加,物质代谢加速,各种物理化学过程加强,有利于组织营养物质供应和有害物质排出。因此,红外线有消炎、镇痛、降血压及兴奋神经的作用,并能提高机体免疫功能。

红外线照射体表,一部分被反射,一部分被皮肤吸收。人体吸收红外线的部分主要是皮肤和皮下组织。红外线穿透组织深度可达80 mm,能直接作用到皮肤的血管、淋巴管、神经末梢及其他皮下组织。一般来说,红外线波长越短,对组织穿透能力越强。

人工红外线光源用红外灯,分为两种:①发光的。如白炽灯泡,发射短波红外线和可见光(800～1 600 nm),透入组织深,医学上用于病灶较深时的照射。治疗头部或为避免强光刺激时,则宜采用不发光的红外灯。②不发光的。不发光或仅呈暗色的辐射器,辐射波长为2 000～3 000 nm,属长波红外线。

短波红外线穿透组织深,全身作用比长波明显,畜牧生产上多用发光的红外线灯,如鸡的保温育雏伞。红外线灯对组织增热作用明显,畜牧生产上多用作取暖器,兽医上多用作理疗器。禽育雏伞结构见图2-4。

图2-4　禽育雏伞结构示意图

但过分的红外线照射会对机体产生不良影响:①夏季太阳光强烈照射皮肤,由于光热效应,使机体散热困难,体温升高,引起机体过热症;②波长600～1 000 nm的红外线能穿过动物颅骨,使脑内温度升高,脑血管扩展,渗出增加,引起日射病,此时机体体温不一定升高;③使眼晶状体及眼内液温度升高,蛋白凝固,水晶体发生混浊,引起白内障。

四、可见光的生物学作用

可见光是机体生存所不可缺少的条件,它通过生物眼睛的视网膜作用于中枢神经,经下丘脑-垂体系统,引起生物机体的反应,从而提高或降低新陈代谢作用,影响机体整个生理过程。就禽类而言,可见光可能还通过其他通道影响其机能。

　　可见光对畜禽的影响，与光照的强度、光照时间、光照周期（明暗变化规律）及光的波长有关。

　　（一）光照强度的影响

　　黑体：又称绝对黑体，能全部吸收外来电磁辐射而毫无反射和透射的理想物体，对任何波长的吸收系数为1，入射系数和透射系数均为0。真正的黑体并不存在，但如果在一个空腔表面开一个小孔，根据黑洞原理，射入的辐射犹如全部被小孔吸收，这个小孔就十分近似于黑体。黑体不仅能全部吸收外来电磁辐射，且在发射电磁辐射的能力方面比同等温度下的任何物体都要强。辐射中，各种波长的电磁波，其能量按波长分布仅与黑体温度有关。

　　坎德拉（cd）：1967年第十三届国际计量大会统一规定：在每平方米为101.325 N（牛顿）的标准大气压下，处于铂凝固温度（2 045 K）的绝对黑体，其1/600 000 m² 表面在垂直方向上的发光强度为1 cd（坎德拉）。发光强度为1 cd 的点光源在单位立体角（1球面度）内发出的光通量为1 lm（流明）。光照强度的大小用 lx（勒克斯）表示，即1 m² 的光通量为1 lm 时的照度即为1 lx。

　　鸡对可见光十分敏感，照度较低时比较适宜，鸡群比较安静，生产性能和饲料利用率都比较好；光照过强，动物会兴奋不安，神经质，出现啄癖；突然增强光照还容易引起鸡泄殖腔外翻。一般认为产蛋鸡以5.8～20 lx 较为适宜，肉鸡或小鸡以5 lx 为宜。虽然有试验认为2～3 lx 即可，但是由于照度太低不利于饲养员管理，因此，应比实验值稍高。目前在实际生产中鸡舍内光照往往偏大，不利于生产和节约能源。

　　家畜在育肥期间，过强的光照会引起精神兴奋、活力增强、休息减少，甲状腺的分泌增加、代谢率提高，从而影响了增重和代谢率。因此，为减少动物不必要的活动，减弱动物兴奋性，任何家畜在育肥期间应减少可见光强度，宜采用弱光照。能满足饲养管理、使动物能保持其采食活动及清洁习惯即可，如肥育猪以40～50 lx 为宜，种猪舍可适当提高，以60～100 lx 为好。

　　（二）光照时间的影响

　　光照时间（以小时表示）的长短对家畜可产生显著影响，特别是家禽，适当的光照时间可提高家畜的生产力和免疫力，光照时间不足和过长对家畜均不利。光照时间的作用也与光照强度有密切关系。光照时间不足往往使性成熟推迟，除羊、鹿等短日照动物外，短光照可使繁殖力下降。如12月份至翌年1月份孵出的鸡育成期正处于日照渐长季节，其开产日龄较6～7月份孵出的鸡（育成期日照渐短）早24 d；为控制蛋鸡过早开产，一般7日龄～19周龄采用8～9 h短光照，而开产以后，为保证其产蛋率，须逐渐延长光照时间至16 h。有试验表明，每天16～18 h光照的奶牛

比 8～10 h 和 24 h 光照的奶牛，产奶量高 7％；17 h 光照的母猪窝产活仔数比 8 h
光照者多 1.4 头，仔猪死亡率低 0.4％，仔猪出生窝重 1.23 kg。

（三）光照周期的影响

光周期与生物节律的概念：光周期指由于地球的自转，在地球上出现一天中
24 h 中有明暗的循环。而地球围绕太阳公转，又使每年冬至以后日照时间一天天
的变长，即日出时间不断提前，日落时间逐渐推后至夏至，夏至为日照最长日。而
后又逐渐缩短到冬至，冬至为日照最短日。光照时间运转日复一日，年复一年的规
律变化我们称之为光的周期性。通常又称为光周期。

生物节律与自然界的周期性变化相对应，机体的各项机能也随着时间变化而
变化，如体温、繁殖机能、激素水平、酶的活性、代谢过程、行为模式等，都有一定的
时间周期，并在不同的时间完成，这就叫生物节律。动物的节律分内源和外源节
律。内源节律属真实的生物节律；外源节律完全依赖于外源因子的存在来完成。

1. 对繁殖性能的影响 光照不仅在动物机体的代谢过程及生命活动中起直
接作用，而且还起着信号作用，即光照的周期性变化（季节性和昼夜性变化），使动
物按着光的信号，全面调节其生理活动，其中之一就是季节性的性活动。马、驴、
猫、鸟类等，都是每年春夏日照逐渐加长时发情配种，称为长日照动物；绵羊、山羊、
鹿等是在秋冬日照缩短时发情交配，通常称为短日照动物。在自然条件下，随着季
节性变化，畜禽繁殖机能（产蛋率等）也随着变化。

鸡：为保证蛋鸡全年均衡生产，需要采取人工光照或补充光照，以克服自然光
照的不足。试验证明，光照低于 10 h，鸡不能正常产蛋，光照低于 8 h，鸡产蛋停
止，光照高于 17 h，对鸡生产亦无益，生产中一般采用 8D：16L 的光照制度（D：dark，
L：light）。

外国畜禽业广泛应用"间歇光照法"，即 24 h 光照周期中的光照不一定连续不
断。由于机体并不是每个时刻都对光敏感，而是有时敏感，有时不敏感。间歇光照
制度就是在其对光较敏感的时间给予光照。许多试验证明，在光照期间插入一段
黑暗期，如美国普利那公司采用间歇光照制证明，产蛋率基本不变，饲料费用和电
费可显著降低，并且可以使家禽适应突然停电时引起惊慌、炸群应激。但由于设备
管理麻烦，生产实际上仍采用连续光照。

人工控制光照：主要是控制光照时数，方案很多。一般可分为两种：①渐减渐
增法，该方法虽然适当推迟了蛋鸡开产时间，但有利于鸡的体格发育，整个产蛋期
产蛋水平较高。具体方法为：第 1 周龄 24 h 光照；2～20 周龄渐减到 8～10 h；21～
30 周龄渐增到 16～17 h。②恒定法，育成期每天光照时间不变，产蛋时期逐渐延
长。1～3 日龄 24 h，3 日龄～20 周龄 8 h，20～30 周龄渐增到 16～17 h。

猪和牛：在人类长期饲养驯化下，季节性性活动已不明显，成为全年可繁殖的动物。

2. 对生长肥育、产乳和产毛的影响 对生长肥育的影响：光照时数对生长、肥育的影响情况目前还不太清楚，一般认为育肥畜应适当短一些，以减少活动，增加肥育效果；种畜可适当延长光照时数，以增加运动，增强体质。

对产奶量的影响：奶牛一般春季产奶量较高，但这可能还与气温变化有关。

对产毛的影响：一般夏季生长快，冬季慢。动物被毛的成熟与光照有密切关系，秋季光照时数日渐缩短，动物的皮毛随之逐渐成熟，到冬季皮毛的质量都达到最优。毛皮制品以冬季皮毛为原料较好。

鸡在自然条件下每年秋季换毛，当前大多数蛋鸡场多采用16～17 h 的恒定光照制度，光照缺乏周期性变化，鸡的羽毛一直不能脱落更换，一个产蛋期后，产蛋率下降。为了恢复产蛋率，一些鸡场采用强制换羽措施，淘汰弱鸡。经强制换羽后可使产蛋率40 d 左右恢复到70%左右。该措施节省了蛋鸡育雏及育成的费用，有一定的经济意义。

春天孵出的鸡到秋天开始产蛋，在正常饲养管理条件下，当年不换羽，经过1年多生长和产蛋后到次年秋季入冬前脱掉旧羽，换上新装。如果当年新鸡产蛋量不理想，就不一定等到产蛋期结束。可在开产后8～10个月时提早进行强制换羽，这 样做虽然第一个产蛋周期缩短了2～4个月，却使鸡群得到了适当的休息，换羽期间不产蛋带来的损失可以从第2个产蛋周期增加的产蛋中得到补偿。

强制换羽的方法分为常规法和化学法。常规法又叫饥饿法，经停水、停料、缩短光照等，造成强烈应激，使蛋鸡短时间内脱毛。化学法则是在饲料中添加化学物质如氧化锌等造成蛋鸡脱毛的方法。生产中可根据实际情况选择适当的强制换羽方法。

（四）波长（光色）的影响

主要是光色的影响。一般认为，蓝绿光有利于动物生长，红橙光有利于产蛋。红光还可减少鸡啄癖发生。

第三节 空 气 温 度

一、空气温度的概念

（一）空气温度的表示方法

空气温度简称气温（air temperature），表示空气吸收和释放热量的能力的物理量,表示的单位有:摄氏度(℃)、华氏度(℉)等,其中摄氏度(℃)为国际标准单位,但在英国等国家目前仍普遍使用华氏度。1 摄氏度和 1 华氏度的规定方法为:

1 摄氏度(℃):以水的冰点作为 0 度,沸点为 100 度,其间平均分成 100 等份,每一份为 1℃。

1 华氏度(℉):以水的冰点作为 32 度,沸点作为 212 度,其间平均分成 180 等份,每一份为 1℉。

摄氏度和华氏度的换算关系如下:

华氏度数＝32＋1.8×摄氏度数

干球温度(dry-bulb temperature):是指干湿球温度表球部不缠纱布的部分或普通温度表所示的温度,代表空气温度。干球温度就是气温。湿球温度(wet-bulb temperature)是干湿球温度表球部缠以潮湿纱布的部分所示的温度,由于纱布上水分蒸发吸热,故温度较干球温度低。干湿球温度相差越大,表示空气越干燥。根据两者温度之差可以计算相对湿度。

大气空气中热量主要来源于太阳辐射,经大气减弱后到达地面的太阳辐射除被地面反射一部分外,其余被地面吸收使地面增热,地面再通过辐射、对流和传导把热传给空气,使近地表空气温度升高。太阳辐射通过大气时,对大气的直接加热作用很小,每小时仅能使空气温度升高 0.015～0.02℃。

(二)气温的变化规律

1. 气温日较差(daily temperature range)　由于太阳辐射因纬度、季节和一天不同的时间而异。某地的气温也随时间产生周期性的变化。在一天中,气温在日出前最低,下午 2 时左右最高。一天中气温最高值和最低值之差称为"气温日较差",可用最高最低温度表测定。气温日较差的大小与纬度、季节、地势、下垫面、海拔、天气和植被等有关。低纬度地区气温日较差较大,平均为 12℃,高纬度地区较小,平均3～4℃;夏季气温日较差较冬季大,中纬度地区特别明显;陆地的气温日较差较海洋大,内陆又大于沿海,海上日较差仅 1～2℃,内陆常达 15℃,甚至 25～30℃;晴天日较差大于阴天。

2. 气温年较差(annual temperature range)　在一年中,一般在 1 月份的气温最低,7 月份最高,最热月与最冷月平均气温之差,称为"气温年较差",反映一年的气温变化情况。气温年较差与纬度、距海远近、海拔高低、云量和雨量等有关。元月份平均纬度每向北增加 1 度,气温下降 1.5℃,而 7 月份则南北普遍炎热,从南到北,夏季温度普遍较高,长春、哈尔滨等 7 月份白天气温亦可高达 35℃,说明夏季气温与纬度的关系很小,而与地势高低、距海远近关系较大。在中、高纬度的内陆,7 月份气温最高,1 月份最低;海洋上 8 月份最高,2 月份最低。气温年较差与纬度、海陆分布有关,在赤道附近,最热月与最冷月的热量收支相差不大,气温年较差较小;纬度越高,冬夏区分越明显,气温年较差也越大。大陆气温年较差较海洋大,一般海洋为11℃,大陆可达20~26℃。

气温日较差和气温年较差与地理位置、纬度等有关,了解"气温日较差"和"气温年较差"的知识对搞好畜牧生产管理和畜舍建设有重要意义。如某地春季气温日较差较大,生产管理中应注意夜间防寒;我国南方地区气温年较差较小,畜舍建筑中主要以防暑为主;北方地区气温年较差较大,冬天异常寒冷,夏季气温也较高,畜舍建筑中虽以防寒为主,但也要兼顾夏季防暑。

气温除有周期性的日、年变化外,还往往有大规模的冷暖气流的活动引起的变化,这种气温的变化幅度和时间没有一定周期性,视气流的冷暖性质和运动状况而不同,这种变化称为气温的非周期性变化。如我国春末夏初气温回暖时,常因西伯利亚冷空气南下,使气温大幅度下降,有人称之为倒春寒;秋末冬初,若有南方来的暖空气,可出现气温陡增现象。

二、机体与环境之间的热量交换

(一)体温、皮温和平均体温的概念

1. 体温 体温的严格定义是指身体内部或深部的温度,这些部位的温度因有体组织和被毛的隔热作用,较少受环境因素的影响,较为恒定;越向躯体外部,则变化越大。

要测量深部的温度比较困难,而且深部的温度也不同。由于直肠温度能代表体温,又便于测量,所以长期以来都以测量直肠温度来表示体温。测量时应使温度表(科学测定一般用热电偶)的感应部分伸入直肠深部,深度视动物大小而不同,如成年牛为15 cm,羊10 cm,小家畜、家禽可较浅,如鸡为5 cm。此外,还有测定乳牛和鸡耳管内鼓膜附近温度,这里邻近热调节中枢丘脑下部,对体温变化的反应较直肠敏感,认为是代表深部体温的可靠指标。

2. 皮温 皮温是指皮肤表面的温度。因为皮肤介于身体与外界环境之间,它受身体本身和外界气候条件的双重影响,因此皮温常随外界温度的变化而变化。同时,身体各部位的皮温也不同,凡距离身体远,被毛稀疏,散热面积大(如四肢、耳朵、尾巴等),血管分布较少和皮下脂肪较厚的地方,皮温较低,受环境条件的影响也大,例如耳朵、尾巴和四肢下部等处在低温时,皮温显著下降。由于皮温随部位不同而不同,所以应根据不同部位的皮温按面积计算平均皮温。

平均体温：身体内部和外部的平均温度。由于身体内部的质量大，外部小，故用不同的系数来估计它。

(二)机体的热平衡

机体的产热和散热必须经常处于动态平衡，即热平衡(heat balance；thermal equilibrium)才能维持正常的生理活动。

1. 机体的产热(heat production or thermogenesis)　主要是通过体内物质代谢，动物基本由下列四种代谢活动产热：

(1)基础代谢产热(basal metabolism)。即机体在禁食空腹(吸收后状态)、相对安静、温度适宜时的产热，是机体维持体温、心血管和中枢神经系统等基本生命活动情况下的产热。它与体重有关，成年哺乳动物体重每增加1倍，基础代谢产热增加0.75倍，按单位体重的基础代谢产热量计算，体格小的动物比体格大的要多，但如果按单位基础代谢体重(体重的0.75次方)计算，则各种动物就基本相同了，该值称为基础代谢率，基础代谢率＝293 kJ/(kg$^{0.75}$·d)。

(2)维持代谢产热(maintenace metabolism)。指家畜不进行生产、只进行正常的生命活动、体重不增不减情况下的代谢产热。维持代谢允许自由运动、觅食和饮水、随环境温度变化而进行体热调节等，因此，维持代谢产热除包含了基础代谢产热外，也包括伴随上述活动而产生的热。影响维持代谢产热的因素很多，自由运动的强度和时间、觅食和饮水的难易会使肌肉活动产热量出现很大差异；采食和饮水后伴随消化和吸收过程，器官、组织的活动加强而产生大量的热，称为体增热(热增耗或特殊动力作用，heat increment)，体增热在冬季可以用于维持体温，在夏季却增加动物的散热负担。反刍动物采食精料的热增耗占代谢能的25%～40%，粗料占40%～80%。群养家畜的争斗因精神紧张和肌肉活动可使产热量增加数十倍。

(3)生产代谢产热(production metabolism)。指伴随生产产品或劳役而增加的产热。生产乳、肉、蛋、毛是饲料转化为畜产品的过程，参与的器官组织活动大大加强，产热也在维持的基础上大大增加，据测定，妊娠后期的母畜，产热量较空怀母畜增加20%～30%；泌乳20 kg的乳牛，产热量较干乳妊娠母牛增加50%。劳役时剧烈的肌肉运动，也会使产热量急剧增加。因此，饲养水平和生产力较高的家畜，其代谢率较高，故高产畜禽怕热，需加强降温设备与措施。

由上述三种产热可以看出，基础代谢是生命必需的，产生的热量是一定的，生产代谢伴随一定量的产品生产和劳役而消耗的饲料和产生的热量也是一定的，而维持代谢因受环境的影响会使消耗的饲料和产生的热量有很大差别，因此，为提高生产力和饲料转化效率，通过改善环境减少维持消耗，就成为畜牧生产的必要手段了。

2. 机体散热（heat loss or thermolysis）　机体代谢产生的热量，主要通过皮肤表面及呼吸道向周围环境散失，加热摄入的低于体温的饲料和饮水也消耗一部分。皮肤散热可通过辐射、传导、对流和蒸发四种方式进行，呼吸道散热则主要是对流和蒸发。

（1）辐射（radiation）散热。指温度高于−273℃的物体之间（在一定距离之内）以电磁波的形式进行的热交换，高温物体失热，低温物体得热。

黑体的总辐射本领与温度的四次方成比例。$E_0(T) = \sigma T^4$。T 为绝对温度，σ 为史蒂芬恒量。机体辐射散热与周围的物体温度有关，当周围物体温度低于体表温度时，机体可通过辐射而散热（负辐射）。当周围物体温度高于体表温度时，则辐射散热不能进行，此时，周围物体反而会对机体加热（正辐射）。

辐射散热的影响因素：①动物的皮温与环境之间的温差。随着气温升高，皮肤与外界环境之间的温差缩小，辐射散热占总散热量的比例下降。畜体可在一定范围内通过物理调节来调节温差，从而调节辐射散热量，如低温时皮肤血管收缩，血液循环下降，使皮温下降，皮肤与外界的温差缩小，以减少辐射散热量，而高温时正好相反。②畜体的有效辐射面积。有效面积指直接与周围介质进行热交换的那部分体表面积。对于某种动物它的体表面积是一定的，但它可通过行为调节有效面积来调节辐射散热量。如低温时蜷缩成团、互相拥挤，减少畜体的有效辐射面积。高温时家畜行为相反。③家畜的辐射能力。与代谢率、妊娠有关。一般浅色物体反射太阳辐射强烈，而且吸收率低、发射率低。因此，家畜被毛浅：反射率高，吸收率低，发射率低；被毛深：反射率低，吸收率高，发射率高；环境颜色越深、表面越粗糙，畜体辐身散热就越多。家畜黑色被毛吸收太阳辐射的能力约为白色被毛的2倍。辐射能力也为白色被毛的2倍。浅色被毛深色皮肤相结合的家畜对炎热的适应力强，因为前者反射太阳辐射的能力强，后者则可有效地防止紫外线的危害。此外家畜的辐射能力与代谢率相关，妊娠母畜的辐射能力都较强。④环境状况。空气湿度对辐射影响较大，潮湿的空气热容量较大，升温需要较高的热量，换句话说，皮温与潮湿空气中的温差不易缩小，所以辐射散热较多，若低温高湿则家畜失热严重。风速一般对对流散热有影响，但使辐射散热在非蒸发散热中的比例下降，但风速对辐射散热的绝对量没有影响。

（2）传导（conduction）散热。直接接触的物体之间通过物质分子或原子的热振动而进行的热交换，高温物体向低温物体传导热量多而失热，低温物体则相反。空气为热的不良导体，传导散热作用有限。但是，夏季水牛、猪可在水中戏水，水可导热。

影响传导散热的因素：①动物的皮温与接触面之间的温差。一般温差越大散热越多,如温差为负值则家畜从传导中得热。夏季家畜趴卧在水泥地面上,是因为一方面水泥地面导热系数很大,另一方面水泥地面温度较低,即体温与地面的温差较大,有利于传导失热。②畜体的有效接触面积。接触面积越大越有利于散热。对于某种动物它的体表面积是一定的,但它可通过行为调节有效面积来调节传导散热量。如站立、躺卧,冬季家畜通常拥挤在一起或四肢放在腹下减少畜体的有效传导面积。③接触面的导热性。导热性越大传导散热越多,水的导热性是空气的4倍,所以潮湿物体的导热性比干燥地面的导热性大得多,夏季有利于畜体的散热;而冬季地面垫草使导热性大大下降,有利于冬季保温。④接触面的蓄热性。蓄热性越大则接触物与体表达到热平衡的时间就越长,使导热散热也增大。所以冬季选用导热性小的畜床或铺垫草并保持畜体的干燥可减少传导散热。夏季洒水可降低畜床温度,并增加其导热性,从而增加传导散热,如结合降低舍温驱散舍内热量等方法,可有效缓解高温对机体的不良影响。

这里需要指出的是潮湿对家畜的危害,因潮湿的物体导热性大,故冬季低温潮湿的空气和畜床使畜体失热加剧,易导致风湿病和呼吸道疾病。

(3)对流(convection)散热。通过受热流体介质的运动,将热从高温处转移至低温处而进行的热交换。家畜一般以流动空气为介质进行对流散热,水禽、水牛等亦可在流动的水中进行对流散热。当体表温度高于周围空气(或水)的温度时,机体首先通过传导将体热传给予体表接触的介质,再通过介质的流动而实现对流散热,且温差越大,介质流速越大,散热越快。当气温高于体表温度时,机体不仅不能通过对流散热,反而会通过热气流使机体受热,故必须吹送低于体表温度的冷风才有对流散热作用。体表与空气温度相等时无对流散热,但气流可促进蒸发散热。

影响对流散热的因素:①动物的皮温与空气之间的温差。空气静止时比热1.004 J/(g·℃),与体表接触的边界层空气温度迅速上升,同时皮肤不断蒸发散热,使这层空气温暖而潮湿,变轻上升,为周围较冷而干燥的空气所取代,形成对流散热。温差越大,机体的对流散热越快。冬季应防止大风速,以免引起家畜大量失热;夏季则应适当加大风速,以促进对流散热。②气流速度。一般地说,风速增大对流散热增加,但并非线性关系,在2 m/s以下随风速增大对流散热增加较多,此后随风速增大对流散热的增幅减小。③畜体的有效对流面积。对于某种动物它的体表面积是一定的,但它可通过行为调节有效面积来调节对流散热量,如放牧家畜在冬季背风而立,夏季则体侧迎风。有效对流面积越大,散热越多。

(4)蒸发(evaporation)散热。通过皮肤和呼吸道表面水的汽化吸热和水分子的运动而进行的散热。蒸发散热量取决于蒸发表面一层空气或毛层空气的湿度(生理湿度)与空气湿度之差,湿度差越大蒸发散热越多,由于家畜体表和呼吸道表面温度通常高于气温,容纳水汽的能力较周围空气强,故当空气湿度接近饱和或达到饱和时,家畜仍可通过蒸发散发部分热量。加大气流可促进蒸发散热。在气温接近或等于散热表面的环境中,通过辐射、传导、对流散热十分困难甚至停止,机体主要靠蒸发散热,每蒸发1 g(约1 mL)汗液可散热2.43 kJ(0.58 kcal),称为蒸发潜热。蒸发散热可通过皮肤蒸发和呼吸道蒸发。皮肤蒸发又分为渗透蒸发和出汗蒸发。渗透蒸发(潜汗或隐汗蒸发)是指机体深部组织或体液中的水分通过皮肤的组织间隙直接渗出而蒸发的一种生理现象,高温时,表皮毛细血管扩张,可加强渗出,增加蒸发。出汗蒸发是通过汗腺分泌,使汗液在皮肤表面蒸发。人类汗腺发达,皮肤蒸发散热起主要作用,但湿热环境中可见大量成滴的汗珠淌下(淌汗),其实淌汗而不能蒸发则散热作用很小。在动物,除马属动物汗腺较发达外,汗腺多不发达,且多为顶浆分泌腺,不如人的外分泌汗腺蒸发散热效果好,故高温时家畜多靠渗透蒸发和呼吸道蒸发,特别是无汗腺(鸡、狗等)或无活动汗腺(猪)的动物,如天热时常见鸡、猪、狗急促喘气以增加呼吸道蒸发散热,称"热性喘息"。热性喘息是快而浅的呼吸,主要在上呼吸道进行,故可减缓或避免气体代谢过分增强而产热增加,亦可防止CO_2过量呼出而导致呼吸性碱中毒,牛、猪、羊、鸡发生热性喘息的环境温度分别为40℃、32℃、28℃和35℃,呼吸频率可分别达150~170 次/min、200 次/min、200~260 次/min 和400~700 次/min。

我们通常将辐射、传导、对流合称为非蒸发散热或显热发散,而把蒸发散热称为潜热发散(latent heat loss)。在一般气候条件下,动物的非蒸发散热(non-evaporative heat loss)约占75%,蒸发散热(evaporative heat loss)占25%,鸡的蒸发散热较少,占12%~25%,平均17%。在总散热中约有80%通过皮肤,10%通过呼吸道,其余为加温饲料和饮水的散热。粪尿排出,在表面上似乎也损失少量的热量,但已计算在加温饲料和饮水中,不应再重复计算。非蒸发散热与体表温度和环境温度之差成正比,但随着环境温度的升高,非蒸发散热逐渐减少,而蒸发散热取代了非蒸发散热。如果环境温度等于体表温度,则非蒸发散热完全失效,全部代谢产热通过蒸发散失;当外界温度高于体温时,机体还可通过辐射、传导、对流从环境得热,这时蒸发作用必须排除体内的产热和从环境中得到的热量,才能维持体温的恒定。因此,在异常酷热的环境内,只有汗腺机能高度发达的人和灵长类在一定范围内才有这种能力,一般家畜很难维持体温正常。

(三)体热平衡模式

恒温动物通过基础代谢产热、体增热、肌肉活动、生产过程及从环境辐射等中得到热能,并通过辐射、传导、对流及蒸发途径散失热能。当机体得到的热能与散失的热能相等时,体温才能达到相对恒定,体内各种代谢过程才能正常进行。

动物机体热平衡模式见图2-5。

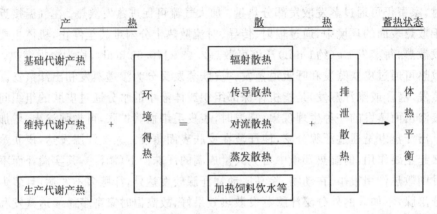

图 2-5　机体热平衡模式

机体的产热、散热平衡可用下式表示：

$$S=M-C-R-E$$

式中，S 为机体蓄热状态；

　　M 为代谢产热量；

　　C 为传导、对流散热量；

　　R 为辐射散热量；

　　E 为蒸发散热量。

$S=0$：机体处于热平衡状态；$S>0$：机体产热大于散热，体温升高；$S<0$：机体产热大于散热，体温下降。

实际上机体的热平衡并不是一个简单的物理过程，而是在中枢神经系统调节下的内外环境统一的复杂过程。外周（皮肤）温度感受器感受体内外环境温度变化，通过下丘脑体温调节中枢，相应地改变皮肤血管的舒缩；骨骼肌的活动以及汗腺等效应器官的活动，同时也改变机体内某些内分泌腺的活动水平，从而调节机体的散热和产热能力，使体温保持在一个相对恒定的水平。但动物体温调节能力是有限的，在超出其调节能力（适应范围）的高、低温环境中，因体热平衡破坏而使机体生命机能出现障碍，直至导致死亡。

恒温动物具有完善的热调节机能，尽量使产热或散热达到平衡。尽管如此，但体温也不是绝对恒定不变的。同一动物也可因品种、个体、年龄、性别、空怀和妊娠而不同；在一天中的不同时间、饮喂前后、运动、争斗、觅食和休息等都能引起体温的波动,这些都属于正常的生理学过程,一般对动物的健康和生产力没有多大影响。如果气候因素使体温升高或下降超过正常范围,表示热平衡破坏,会引起一系列生理机能的失常,甚至危及生命。一般来说,哺乳动物体温升高到44℃,如不采取紧急措施,便能迅速致死;鸟类较耐高温,鸡直肠温度的安全界限为45℃,致死高温为47℃左右。

如果饲料供应充足,动物有自由活动的空间,不良气候因素引起成年动物体温下降的情况较少,但对初生幼畜,可因保温不善而死亡。

动物体热平衡理论对畜牧生产具有重要指导意义。在高温环境中,动物皮温与气温的差异变小,散热能力减弱,动物为保持体温恒定将努力减少热的来源。动物基础代谢产热不可能减少,而只能减少体增热、活动量、生产力来减少热的来源,因此,在高温环境中动物表现出采食量下降、不愿运动、生产性能降低。为减弱高温对动物生产性能造成的不良影响,除采取相应的防暑降温措施外,在配制日粮时应注意提高日粮营养物质浓度及添加油脂以减少体增热等。在低温环境中,动物皮温与气温的差异变大,散热增加,动物为保持体温恒定将努力增加产热量。在一定的温度范围内,动物生产性能可能不表现出明显下降,但饲料消耗增加,且很大一部分用于产热维持体温,使料报酬下降。因此,在寒冷季节对畜禽特别是主要依靠精料饲养的畜禽采取适当的防寒保暖措施具有重要经济意义。

三、家畜的等热区

在一定环境温度下,机体产热几乎等于散热,动物既不感觉冷又不感觉热,不需要进行体热调节即可保持体热平衡,这个环境温度范围称作"舒适区(comfort zone)",即图 2-6 之 A～A′。

环境温度高于或低于舒适区在一定范围内变化时,机体须进行物理调节来维持体热平衡和体温正常,如温度升高时,皮肤血管扩张,皮肤血流量增加,进而,汗腺发达的动物开始出汗,汗腺不发达的动物加快呼吸,肢体舒展以增加散热面积等等,通过这些调节来增加体热的散发;当气温下降时,机体则使皮肤血管收缩,减少皮肤的血流量,皮温下降,汗腺停止活动,肢体蜷缩以减少散热面积,竖毛肌收缩增加被毛隔热层的厚度等等,通过这些调节来减少体热的散失。上述这些通过增加或减少散热来维持体热平衡和体温恒定的调节,称为物理热调节(physical thermoregulation)或散热调节。

当环境温度超出等热区而升高或降低时,仅靠物理调节已不能保持体热平衡,机体必须降低或提高代谢率来减少或增加产热,才能保持体热平衡和体温正常,如

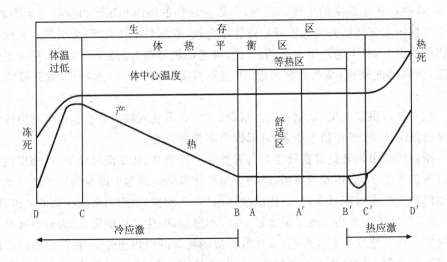

图 2-6 环境温度与畜体热调节

B～B′为物理调节区(等热区);B～C 和 B′～C′为化学调节区;C～C′为体热恒定区;

A～A′为舒适区;B 为临界温度;B′为过高温度;C′为体温开始上升温度;C 为极

限代谢;D～C 为体温下降区;C′～D′为体温上升区;D 和 D′为冻死或热死点

夏季减少采食量、减少活动,以减少产热,而冬季则相反。这种动员生化反应减少或增加产热的调节称为化学热调节(chemical thermoregulation)或产热调节。

机体仅靠物理调节就能保持体热平衡和体温正常的环境温度范围称为"等热区(zone of thermoneutrality)",即图 2-6 之 B～B′。

当气温超出等热区而下降(图 2-6 之 B 点以下)时,动物在加强物理调节减少散热的同时,必须动员增加或减少产热的化学调节才能维持体热平衡(图 2-6 之 B～C)。开始表现为肌肉紧张度提高、局部或全身肌肉颤抖,以快速增加产热,这可使产热量提高 2～5 倍,此为颤抖产热,但这种产热大部分释放于体表,对保持深部体温作用较小,且有效时间较短。随着冷刺激时间加长,活动量和采食量增加,增加代谢产热的内分泌腺体活动加强,从而使代谢率提高,增加热的产生,借以保持体热平衡和深部温度的正常,此为非颤抖产热(图 2-7)。环境温度下降到必须提高代谢率、增加产热才能保持体热平衡(化学调节)的环境温度称为临界温度(critical temperature)或下限临界温度(lower critical temperature),即图 2-6 之 B 点。

当气温超过等热区而升高(图 2-6 之 B′点以上)时,动物在加强物理调节增加散热的同时,必须降低代谢率、减少产热才能保持体热平衡。应当指出,在降低代谢率的同时,为增加散热而加速外周血液循环、加快呼吸等物理调节的加强,却会使

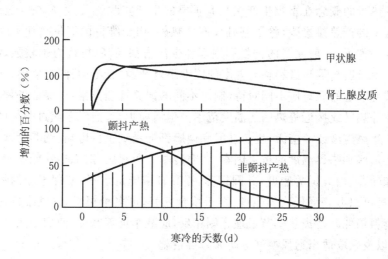

图 2-7 在寒冷适应期间的内分泌和产热方式的变化

氧化加强、产热增加,当增加的产热量少于化学调节减少的产热量时,体热调节有效,体温正常;但往往很快会出现(环境温度迅速升高时会直接出现)物理调节增加的产热多于化学调节减少的产热,此时化学调节失效,体温开始升高(图 2-6 之 B′~C′),故高温时减少产热的化学调节不像低温时增加产热的化学调节那样有效,B′~C′的范围也比 B~C 小得多。环境温度升高到必须降低代谢率、减少产热才能保持体热平衡(化学调节)的环境温度称为过高温度(hyperthermal rise)或上限临界温度(upper critical temperature)。

当环境温度超过图 2-6 中的 C 点或 C′点继续降低或升高时,已超过了机体的调节范围,动物同时动员物理和化学调节也无法保持体热平衡,此时生化反应将失去生理控制,转而受 Van't Hoff 定律的支配,即在一定范围内,温度每升高或降低 10℃,化学反应速度增加或降低 1~2 倍,因此,在环境温度低于 C 点后,随温度降低产热反而减少,体温下降,直至冻死(D 点);而在环境温度高于 C′点后,随温度升高产热反而增加,体内积热,体温升高,直至热死(D′点)。当然,Van't Hoff 定律是从简单的无机化学反应体系推导出的,对于恒温动物来说,在超出其调节范围的温度下,代谢率和体温有按定律变化的趋势,但并不一定按 Van't Hoff 定律预计的倍数准确地变化。

等热区是一个概略数值,不是一个定值,它受多种因素的影响,如动物种属、年龄、体重、个体、被毛和组织的隔热性能、生产力水平、对气候的适应性、管理制度等。一般来说,牛 10~15℃,奶牛 5~15℃,猪 20~23℃,羊 10~20℃,鸡 13~24℃。

等热区的概念在畜牧生产中具有重要的生产实践意义,家畜在等热区尤其是舒适区中的产热量最少,除了基础代谢产热外,用于维持的能量消耗下降到最低,在这种条件下,一般家畜的饲料利用率和生产力都最高,抗病力也较强,饲养成本最低。由于影响等热区和临界温度的因素很复杂,对于不同种类、年龄、体重、生产力和被毛状态的家畜应不同对待,制定不同的饲养管理方案,以保证各种家畜能尽可能在等热区或接近等热区的温度范围内生活和生产。当气温超过等热区时,动物就会产生热应激或冷应激,生产性能和健康都会受到不良影响。饲养管理本身就是影响等热区和临界温度的重大因素。在寒冷季节和地区,对隔热性能比较差的家畜如猪和幼畜,增大饲养密度,并圈饲养,提高日粮能量水平,使用干燥的垫草,严防贼风,都可以显著降低临界温度;至于草食家畜,可多给粗料,以供维持体温需要,节约精料消耗。在炎热季节或地区则相反,应减小饲养密度,使用导热性能良好的地面,以及采取适当通风换气等防暑降温措施。

各种家畜的等热区和临界温度也是修建畜舍热工设计的理论依据,对临界温度较高的幼畜和猪、鸡等,要有保温隔热较好的外围护结构,有必要时辅以人工采暖设施,但也应有利于夏季的自然通风。对于临界温度较低的成年草食家畜,特别是高产乳牛和肥育牛,畜舍设计主要是夏季防止屋顶和凉棚传入过多的太阳辐射热,因而,在屋顶或凉棚下敷设隔热层十分必要;在热带和亚热带地区,除了产房外,一般不强调保温,所以,畜舍设计上只要能防止冬季风雪寒流直接吹袭即可,南面可以完全敞开。

应该指出,无论在饲养管理措施或畜舍设计上,要使家畜完全在等热区是不可能的,因此在制定畜舍适宜环境温度时,都有较宽的允许范围,在该范围内对生产性能不会产生重大的影响。但同时还应注意某些家畜保温或防暑的关键时刻,例如幼畜的初生期,绵羊的剪毛后,临界温度很高,要注意保温和避免在风雨中放牧;母畜配种后1~2周要注意防暑,避免受精卵或胚胎早期死亡。

四、气温对家畜健康的影响

气温过高或过低会造成机体冷热应激,使动物抵抗力下降,这些应激本身甚至成为致病因素。

(一)高温危害

1. 热射病 气温升高,特别是高湿环境中,机体散热困难,体内蓄热,体温升高,造成一系列生理生化改变,氧化加强,动物出现昏迷,甚至死亡。

2. 热痉挛　高温时机体排汗增加,NaCl 大量丢失,如果不能得到补充,细胞外液渗透压下降,造成细胞水肿,兴奋性增高,动物出现肌肉痉挛。

3. 胃肠道疾患　高温时,外周血管扩张,内脏器官血流量减少,胃肠道的活动受到抑制,排空减慢,小肠蠕动减慢,但血流少,吸收差。大量出汗,造成 Cl 储备减少,胃酸产生减少,同时大量饮水使酸度下降,杀菌能力降低,消化能力减弱,动物抵抗力下降。

(二)低温危害

外界温度过低,如超过了机体的代偿能力就会造成体温下降,对疾病的抵抗力降低。如果温度过低,动物就会冻死。

局部防护不当,可造成局部冻伤,促进一些感冒性疾病的发生(如风湿、关节炎)。局部受冻可反射的引起血液循环障碍。如狗头部入冷水可得肾炎;兔脚受冷可反射地引起鼻黏膜分泌增加。

初生仔畜由于热调节机能不健全,体内脂肪及糖原储备量少,代偿性能差,对冷刺激非常敏感,所以一定要注意仔畜防寒保暖。

五、气温对畜禽生产性能的影响

气温对畜禽生产性能的影响是多方面的。下面主要介绍高温对生殖的影响。

1. 公畜　对公畜来说,高温除了使营养状况降低、活动减少、性机能下降,性欲减退外,主要是使睾丸温度升高,精液质量下降,精液量减少,精子数减少,畸形率上升。高温可引起多种动物精液质量下降,特点是短期热应激可使精液质量长期不能恢复。这种作用具有滞后效应,对公猪来说,一般于热应激发生后15～30 d 开始表现出来,2 个月左右才能逐步恢复。热应激也能使公禽的精液质量下降,但恢复正常所需的时间较短。

2. 母畜　高温对母畜繁殖机能的危害主要发生在配种前后和妊娠后1/3的一段时间内,其危害机制主要是影响激素水平,而对卵巢机能的影响并不严重,但对胚胎在子宫中的附植及早期胚胎有严重危害。高温使小母畜的初情期延迟,母畜不发情,发情持续期缩短,发情征状微弱,受胎率下降,胎儿死亡数增加,初生重下降,甚至流产等。除高温的直接影响外,高温还使母畜采食量减少,脏器的血流量减少,引起死胎、流产。在高温环境中,母禽性成熟及开产日龄延迟。

高温不仅使公畜的精液质量下降,母畜的受胎和妊娠也受到影响,因此各种家畜夏季的繁殖力普遍下降。经调查发现,南方不少猪场上半年窝均产仔数较下半年高,主要原因是由于下半年产仔数主要集中在8～10月份,妊娠期要经过6～9月份的高温期。

总的说来高温使公畜运动减少、营养物质摄入减少,整体机能降低;睾丸温度升高,精子数减少,畸形率上升。高温除使母畜整体机能降低外,内脏血流减少,激素分泌失常。

3. 对生长增重的影响 低温时动物采食量增加,但大部分作为产热维持基本生理需要,甲状腺素分泌增加,肠蠕动加快,饲料利用率较低。高温时动物采食量下降,甲状腺素分泌减少,肠蠕动弱,肠血液循环减少,营养物质吸收减弱。不管是低温还是高温,均不利于动物生产。

气温高于动物等热区时,动物采食粮明显下降,一般来看,气温每升高1℃,动物采食量降低1%～1.5%,同时因饲料消化率降低,动物增重因而受到影响。

和其他动物相比,猪的体温调节机能较差,寒冷对猪的生理机能影响较大。在低温环境中,猪为了维持体温恒定,弥补由于低温环境造成的体热损失,日粮中相当一部分营养物质转化成了热能,体组织沉积减少,猪群表现为饲料转化率降低,生长缓慢甚至体重下降。

4. 对产乳的影响 奶牛对低温有较大的耐受性,对高温敏感,同时,由于防寒措施容易实施,因此,人们更多关注的是高温对奶牛造成的不良影响。气温超过上限临界温度时,奶牛采食量下降,饲料利用率降低,产奶量随温度升高而降低。一般来看,气温高于22℃时奶牛产奶量就会下降。高温下产乳量随气温升高而降低的程度与奶牛品种有关,如欧洲品种(黑白花)不耐热,适宜温度为10～15℃,超过21℃产乳量就下降。奶牛对高温的敏感程度也与产乳量相关,产乳量越高,对高温越敏感,发生热应激时产乳量下降的速度就越快。奶牛生产力越高,体内代谢产热就越多,也就越耐寒而不耐热。

气温降低到一定程度时,奶牛产奶量也会受到影响。动物将饲料转化为畜产品的各个阶段,如采食、消化、能量与蛋白质贮留等都会受低温影响,一般来说,气温低于5℃时产奶量会下降。

可见,对奶牛及时采取积极的防暑降温措施及防寒保暖措施有重要意义。

5. 对产蛋的影响 高温环境会造成禽产蛋率下降,蛋形变小,蛋重变轻,蛋壳变薄。有研究表明,蛋重对高温的反应较产蛋率更为敏感。王新谋等的研究表明,在22～35℃范围内,蛋壳厚度和强度均与环境温度高低呈负相关。

低温环境中,禽产蛋率下降,而蛋形及蛋壳厚度与强度可基本保持不变。

产蛋鸡的适宜温度一般为13～23℃,低于7℃或高于29℃对产蛋率有不良影响。一般重型品种耐寒不耐热,轻型品种则相反。

6. 其他影响 气温对畜产品的品质也有一定的影响。气温升高,乳脂率下降,乳中非脂固形物及酪蛋白含量降低。气温降低,乳蛋白和乳糖减少,乳脂率则可因乳液体部分分泌减少而有所增加。6～8月份平均乳脂率为3.0％左右,11～12月份平均为3.5％左右。高温时蛋壳表面出现斑点,颜色异常,蛋壳变薄易碎,商品价值降低。

六、提高高温季节家畜生产力的途径

(一)加快体热的发散

1. 蒸发降温　常用的方法有湿帘-通风降温和喷雾降温。湿帘-通风降温就是使舍外的热空气先通过蒸发面很大的湿帘,经蒸发降温后引入舍内,并经负压通风排到舍外。喷雾降温就是直接将水喷洒在畜舍空气中,雾滴在高温空气中很快蒸发吸热,即使雾滴落在家畜被毛表面仍可继续蒸发,使畜舍内空气和动物体表温度下降。蒸发降温的效果与当地当时的气湿有关,湿度低,则蒸发快,降温效果显著;湿度大,则蒸发慢,降温效果小或没有效果。所以蒸发降温比较适合于干热地区。

2. 机械降温　即采用空调器。效果好,能彻底缓解热应激,但对普通畜禽来说可能不是太经济。

3. 畜体喷水　给动物的皮肤喷水或进行淋浴,结合加强通风,是对汗腺机能不发达的家畜的一种经济、实用而有效地促进散热的方法。在高温环境中家畜皮肤的温度很高,潮湿的皮肤能显著提高水汽压,增加蒸发散热量,在干燥地区或季节效果更大。适用于喷水的家畜有乳牛、肉牛和猪等,但不适用于家禽。

4. 饮冷水　由于炎热环境中主要依靠水分蒸发散热,饮水不足,会使动物的耐热性下降。因此必须保证家畜能随意饮水,或增加给水次数。水的比热很大,如果水温显著低于体温,可夺取大量体热,大大减轻动物的散热负担。此外,夏季饮水还能提高家畜的生产力。

5. 加强通风　增大风速可加强对流和蒸发散热。这种作用随气流温度和湿度的升高而减弱。因此在高温、高湿条件下,加强通风的效果并不显著,特别对汗腺机能不发达的猪和无汗腺及羽毛很密的动物更是如此。

(二)减少体热的产生

1. 减少基础代谢产热　最根本的方法是选育耐热品种。另外在饲料中加入适量的中枢神经镇静剂(氯丙嗪等),有降低动物代谢率和减少活动量的作用。

2. 减少饲料的热增耗　热增耗是饲料能量的一种浪费,在炎热季节,饲料的热增耗越多,越加重动物的散热负担,热应激也越严重。饲粮热增耗的大小与饲料种类及配合饲料养分是否平衡等有关。以饲料种类而言,粗饲料的热增耗大于精饲料。为减少饲粮的热增耗，可以采取下列几条措施：①减少饲粮的粗纤维含量；②适当提高饲粮中的脂肪的含量；③合理配合饲粮，在饲料的各种养分中，虽然蛋白质的热增耗最大，但高蛋白饲粮只要符合动物的生理需要，热增耗不是增加而是减少。

（三）减少生产过程产热

要维持家畜的正常生产力而不使其增加产热量是不可能的。但适当调整生产季节仍可收到一定效果。

（四）减少肌肉活动产热

夏季应尽量减少动物不必要的运动，即便是种畜也应减少驱赶运动时间。

第四节 空 气 湿 度

一、空气湿度指标

空气中含有水汽，它来源于海洋、江湖等水面和植物、土壤等的蒸发，其含量多少反映了空气的潮湿程度，用"空气湿度(air humidity)"或"气湿"来表示。表示湿度的指标有以下几种：

（一）绝对湿度

绝对湿度/水汽压(vapor pressure)：指空气中含有的水汽量，可用每立方米空气含有的水汽克数(g/ m³)表示，或以空气中水汽的分压力帕[斯卡](Pa)表示。两种表示方法可由下式换算：

$$a(\text{g/m}^3) = 0.007\,95e(\text{Pa})/1 + 0.003\,66t$$

式中，a 为以水汽重量表示的绝对湿度(g/m³)；

e 为以水汽分压力表示的绝对湿度(Pa)；

0.003 66 为空气膨胀系数，即1/273；t 为空气温度(℃)。

（二）饱和湿度

在一定的温度和气压下，空气能够容纳的水汽量是一个定值，该值称为饱和湿度或饱和水汽压，当空气中水汽含量超过此值时，多余的水汽就会凝结为液体或固体。饱和水汽压随温度的升高而加大(表2-1)。

表 2-1 不同温度下的饱和湿度和饱和水汽压

温度(℃)	−10	−5	0	5	10	15	20	25	30	35	40
饱和水汽重量(g/m³)	2.16	3.26	4.85	6.80	9.40	12.83	17.30	23.05	30.57	39.60	51.12
饱和水汽压(Pa)	287	421	609	868	1 219	1 689	2 315	3 136	4 201	5 570	7 316

(三)相对湿度

指空气中实际水汽压与同温度下饱和水汽压之比,用%表示。即:

$$相对湿度 = \frac{实际水汽压}{饱和水汽压} \times 100\%$$

相对湿度(relative pressure)是反映空气水汽的饱和程度,与机体蒸发散热密切相关,是生产和科学研究中应用最多的一个指标。在同一天中随气温的升高,相对湿度下降;气温下降,相对湿度升高。

由于气温、蒸发等影响湿度变化的因子有周期性的日变化和年变化,因此空气湿度也有日变化和年变化的现象。绝对湿度的日变化和年变化,一般与气温的日变化和年变化一致;相对湿度的日变化与温度的日变化相反(清晨日出前温度最低,相对湿度最高,因此往往出现露、霜和雾等自然现象),相对湿度的年变化一般与气温年变化相反,最大值出现在冬季,最小值出现在夏季。我国大部分地区属季风气候,夏季有来自海洋的潮湿空气,冬季有来自大陆的干燥空气,因此,相对湿度最大值出现在夏季,最小值出现在冬季。

(四)饱和差(hPa)

指空气中实际水汽压与同温度下饱和水汽压之差。饱和差(saturation deficiency)大表示空气干燥,饱和差小表示空气潮湿。

(五)露点(℃)

当空气水汽含量不变且压力一定时,因气温下降,使空气达到饱和时的温度称为"露点(dew point temperature)"或"露点温度"。

水汽含量越高,则露点越高。如果气温高于露点,则表示空气未达到饱和状态;气温等于露点时,则表示空气已达饱和状态;低于露点时,则表示空气达到过饱和状态。

二、空气湿度对家畜健康的影响

(一)气湿对动物热调节的影响

气湿主要影响机体的散热调节。温度比较适宜时影响不大,而在温度过高和过低时则有明显影响。

1. 气湿对动物蒸发散热的影响　　主要是高温环境下的影响,可用下式说明气湿与动物蒸发散热量的关系。

$$He = K \, Ae \, Vn \, (P_s - P_a)$$

式中,He 为动物蒸发散热量;

K 为蒸发常数,与蒸发面的几何形状有关;

Ae 为机体有效蒸发面积;

Vn 为气流速度(n:风速指数,牛约为 0.5);

P_s 为畜体蒸发面水汽压;

P_a 为空气水汽压。

该式显示,动物蒸发散热量和畜体蒸发面水汽压与空气水汽压的差值成正比,空气越潮湿,畜体蒸发面水汽压与空气水汽压的差值越小,动物蒸发散热量就越小,反之,空气越干燥,畜体蒸发面水汽压与空气水汽压的差值越大,动物蒸发散热量就越大。该公式是一个理论公式,只能表示有关的因素与机体蒸发散热量的关系,而不能据此计算实际的蒸发散热量。

高温环境中,动物非蒸发散热能力减弱,机体主要依靠蒸发散热,而高湿则使蒸发散热发生困难(P_a 变大,He 变小),所以高湿不利于高温环境中动物体热的散发,使动物感到更加炎热。

2. 对动物非蒸发散热的影响　　主要是低温环境下的影响。

低温环境中动物力图减少散热量,以维持体热平衡,但高湿空气导热性和热容量都比干燥空气大,潮湿空气的导热性和热容量可分别达干燥空气的10和2倍,且善于吸收畜体的长波辐射,使动物散热量明显增加,使动物感到更加寒冷。

可见,高湿不利于动物的热平衡调节,使动物在高温环境中感到更加炎热,在低温环境中感到更加寒冷。

(二)气湿对动物健康的影响

相对湿度为 50%～80% 的空气环境为动物合适的湿度环境,其中空气相对湿度为 60%～70% 时对动物最为适宜。相对湿度高于 85% 时为高湿环境,低于 40% 时为低湿环境。不管是高湿环境还是低湿环境,都对动物健康有不良影响。

1. 高湿的影响

(1)高温环境下高湿对动物健康的不良影响

①高温高湿使动物抵抗力减弱,发病率增加,传染病较易发生和流行,并能促进病原性真菌、细菌和寄生虫的发育,使家畜易患疥癣、湿疹等。

②高温高湿不利于饲料储藏,饲料易发霉,易引起动物霉菌毒素中毒。

③不利于机体散热,易患中暑性疾病。

(2)低温环境下高湿对动物健康的不良影响

①家畜易患各种呼吸道疾病、神经痛、风湿病、关节炎等;

②不利于动物保温,动物抵抗力降低,对疾病敏感性增加。

另外,高湿虽有利于灰尘下沉,使空气较为干净。但是,高湿度对污染大气的灰尘和有害气体扩散有一定影响,特别是在风速小、湿度高时,灰尘粒子会作为凝结核而形成雾,因而使污染物沉于大气的下层,不易扩散。

2. 低湿的影响 低湿虽然可部分抵消高温和低温的不良影响,但湿度过低对动物健康也是不利的。特别是高温时,动物皮肤及外露黏膜水分过分蒸发而干裂,抗病力降低。相对湿度低于40%时,动物呼吸道疾病发病率显著增加。湿度过低也是家禽羽毛生长不良的原因之一。低湿还有利于白色葡萄球菌、金黄色葡萄球菌、鸡白痢沙门氏杆菌及具有脂蛋白囊膜病毒的存活。

三、气湿对家畜生产性能的影响

气湿主要与气温相结合,通过影响机体热调节而影响动物生长、肥育、繁殖、产蛋及产奶等。

第五节 气流与气压

一、气流的形成及一般概念

(一)气流的形成

大气时刻不停地运动着,其能量来源于太阳辐射。由于太阳辐射对各纬度加热不均匀,造成高低纬度间热量的差异。这是引起大气运动的根本原因。

如果A地受热,近地面大气膨胀上升,到上空聚集起来,使上空空气的密度增加,那里的气压比同一水平面上周围的气压都高,形成高气压;B、C两地冷却,空气收缩下沉,上空空气密度减小,形成低压;于是,上空的空气便从气压高的A地向气压低的B、C两地扩散,A地空气上升后,近地面的空气密度减小,气压比周围地区都低,形成低气压,B、C两地因有下沉气流,近地面的空气密度增大,形成高气压,这样近地面的空气又从B、C两地流回A地以补充A地上升的空气。这种由于地面冷热不均而形成的空气环流,称为热力环流,见图2-8。由于地区间冷热不均,引起空气上升或下沉的垂直运动。空气的上升或下沉,导致了同一水平面上气压的差异,气压的差异是形成空气水平运动的根本原因。而在同一垂直面内,总是近地面气压高于上空的气压。

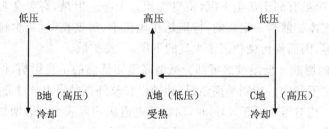

低压 ←———→ 高压 ←———→ 低压

B地（高压）   A地（低压）   C地（高压）
冷却   受热   冷却

图 2-8　空气环流示意图

对同一水平面上的大气来说,有的地方气压高,有的地方气压低,其差称为气压差。而单位距离的气压差称为气压梯度,它是推动大气由高压向低压流动的力,称为水平气压梯度。在其作用下形成了风,水平气压梯度越大,风越大。

畜舍内空气的流动也是由于气压分布不同而形成的。在自然情况下一般有两种:一种是舍内外存在温差而形成气压差,即存在热压;另一种是由于舍外有风,使畜舍迎风面和背风面形成气压差,即存在风压。

(二)气流的一般概念

气流是矢量,既有大小,又有方向。对气流的状态我们用风向和风速值来描述。

风向是经常发生变化的,每一地区在一定时期内各种方向的风所占的比例不同,一定时期内不同方向的风的频率,可找罗盘方位绘制成图,即在四条或八条中心交叉的直线上,按罗盘方位,将一定时期内各种风向的次数用比例尺,以其绝对数或百分数画在直线上,然后将相邻各点依次用直线连接起来,这样所得的几何图形,称为风向频率图,见图2-9,因其形似玫瑰花,所以又称风向玫瑰图。可按月、季、全年、数年或更长期的风向资料绘制。从图中可以看出某地某月、某季的主导风向,为选择畜牧场场址、畜牧场功能分区及畜舍门窗设计等提供参考。如夏季应最大限度地利用自然风,使舍内有较大的气流,有利于防暑降温,冬季应减少气流,以利于防寒保暖。

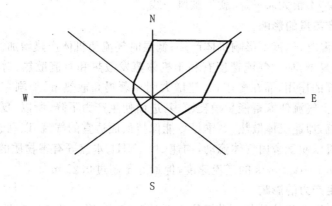

图 2-9　某地冬季风向频率图

二、气流对家畜的影响

气流主要通过机体皮肤的发散而影响机体健康和生产性能。

（一）对机体蒸发散热的影响

高温时，增加风速可显著提高蒸发散热量；低温或适温时，如果产热不变，增大风速，会使皮温和水汽压降低，蒸发散热减少；如果产热量增加，蒸发散热亦增加。

（二）对非蒸发散热的影响

主要影响对流散热，而与辐射散热无关。

$$Hc = c\ Ac\ Vn(T_b - T_{air})$$

式中，Hc 为对流散热量；

c 为对流系数；

Ac 为可对流散热的体表面积；

Vn 为气流速度（n：风速指数，牛约为 0.5）；

T_b 为体表温度；

T_{air} 为空气温度。

风速越大，对流散热越多，但对流散热量与气流温度有关。$T_b = T_{air}$ 时，$Hc = 0$；若 $T_b < T_{air}$，机体还会从环境得热。冬季低温而潮湿的空气能显著提高散热量，容易造成家畜感冒性疾病的发生。特别是局部封闭不严时，机体其他部位处于舒适环境中，而不能对局部进行有效调节，易造成冻伤并反射地引起其他部位抵抗力下降，

所以人们常说"不怕大风一片,就怕贼风一线。"

(三)对产热量的影响

适温、高温时,气流不影响机体产热;低温时气流使机体产热增加。

可见,在夏季,加大气流速度有利于机体蒸发散热和对流散热,对家畜健康和生产力有良好的作用;而在冬季,气流增大则显著提高散热量,加剧寒冷对机体的不良作用,加上气流使家畜能量消耗增多,进而使生产力下降。所以,夏季应尽可能增大舍内气流,加速机体散热;冬季尽可能保持低而适宜的气流,以利于保温,同时保持一定气流以便于舍内气体流动,加速 CO_2、NH_3、水汽等有害物质的排出。冬季畜舍应保持 0.1～0.2 m/s 的气流速度,但最好不超过 0.25 m/s。

(四)对生产力的影响

气流通过影响机体的热调节而影响动物生产力,影响的大小和性质与空气温度和湿度有关。

三、气压概述

(一)气压的概念

包围地球表面的空气,因地球引力作用以其本身重量对地球表面产生的压力称为大气压。为便于比较气压大小,以北纬45°的海平面上,气温为0℃时的大气压力,相当于 101 324.72 Pa(760 mmHg),称为一个标准大气压。

(二)气压的单位

气压的国际标准单位是 hPa(百帕)。

过去曾使用过 bar(巴)、mb(毫巴)、mmHg(毫米高汞柱)等单位,它们之间有以下关系:

1 bar＝1 000 mb,1 mb＝0.750 1 mmHg＝100 Pa＝1 hPa

(三)气压的变化

同一地区气压变化不大,但气压的垂直分布有重大差异,随海拔高度增加空气密度减少,气压及各气体分压逐渐减小。如海平面上氧分压为 20 144.95 Pa(151.1 mmHg),而 5 000 m 高空时氧分压下降到 10 799.08 Pa(81 mmHg),所以,高空中,氧的供应将出现不足。

四、气压对家畜的影响

(一)同一地区气压变化对动物的影响

在同一地区内,气压的变化对家畜机体影响不太大,但有些病畜(人)对气压的变化比较敏感,如下雨或阴天时,气压降低,关节炎、神经痛及风湿病的发作率增加。鱼类对气压变化比较敏感,气压下降,氧分压降低,水中溶解氧减少,鱼就会浮出水面。另据试验报道,阴天气压下降时,奶牛产乳量有一定程度的降低。

(二)海拔高度变化对动物的影响

随海拔高度增加,空气密度和压力及组成空气的每一种气体的分压下降,其中主要是氧分压下降。由于吸入空气氧分压降低,故肺泡气氧分压下降,因而动脉血氧分压也随着下降,动脉血氧饱和度降低,因而引起缺氧现象。当海拔达到3 000 m高度时,不适应高海拔的家畜,开始出现呼吸和心跳加快等轻度缺氧症状,如果海拔持续升高,可引起呼吸、心跳显著加快,疲乏,精神委顿,多汗,运动失调等。除缺氧症状外,还出现种种由于气压过低本身所引起的机体病理变化,如皮肤、口腔、鼻腔黏膜血管扩张,毛细血管渗透性增加,甚至破裂出血,肠道内气体膨胀,发生腹痛等。由于这种现象发生于2 000～3 000 m或以上的高海拔地区,所以称为高山病或高原反应。高山病的发生主要是由于高海拔氧分压降低,造成动物组织缺氧所致,也与低气压、紫外线过强、温度下降及CO_2分压降低有关。

(三)家畜对高海拔的驯化和适应

家畜长期处于高海拔的低气压环境中时,可逐渐产生对低气压的忍受力,对高海拔的反应逐渐减轻或消失,并不发生高山病。这主要是由于动物各系统生理功能产生了适应性变化,其适应机制为:

(1)提高肺通气量,增加余气量,以提高微血管中的含氧量。

(2)减少血液储存量,以增加血液循环量;同时造血器官受到低氧刺激,红细胞和血红蛋白的增生加速,血液中红细胞数和血红蛋白值均提高,全身血液总量也增加,使血液的氧容量增大。

(3)加强心脏活动,心跳次数和每搏输出量都上升,血压出现随海拔增高而上升的趋势。

(4)降低组织氧化过程,提高氧的利用率,以减少氧的需要量。

(5)由肾脏中排出血液中过多的HCO_3^-,调整体液的酸碱平衡,使呼吸中枢的反应性和肺通气量持久增加。

(6)血液中的2,3-二磷酸甘油持久增加,使血红蛋白O_2解离曲线右移,改善组织摄氧。这些变化都是机体适应高山上以缺氧低气压为特征的高山气候而产生的,在一定范围内它可以维持机体的生理机能。

但并不是所有家畜都可通过驯化成功的引入高海拔地区,因为每种家畜都有本身的生态特性,当新环境与其生态特性差异过大时,往往会导致生产力和抗病力的下降,或者不能生存下去。

（四）了解气压对动物的影响在引种工作中的意义

（1）动物种属不同，对低气压的适应能力不同，每种家畜对环境的变化都有一定的生理耐受极限，超过此限度家畜就会患病或死亡。因此，不是所有的动物可以顺利地进行异地引种，如山羊、绵羊、马和骡等对低气压环境适应能力较强，而猪对低气压条件比较敏感，适应能力较差。

（2）幼年动物对低气压的适应能力较强，而老年家畜由于机体整体机能衰退，对缺氧反应剧烈，所以老年家畜难以通过训练而适应高山的低气压环境。因此，引种工作从幼龄动物开始较为合适。

（3）在高山、高原地区发展畜牧业时，引种工作要坚持循序渐进的原则，使畜禽慢慢适应低压和缺氧环境，引种工作宜采取"循序渐进、逐步过渡"的方法。

第六节　气象因素对家畜影响的综合评价

一、气象因素的综合评价指标

气温、气湿、气流、气压对机体健康和生产性能的影响，以上各节分别做了介绍，但在生产条件下，温热环境诸因素对家畜总是综合影响的，用单项指标无法说明这种综合作用。因为各因素相互制约、相辅相成，如高温、高湿时动物会感到很热，而同样的高温下，如有风且湿度较低时，动物可能会感到不是那么炎热。因此，在评价气象因素对家畜的影响时，应该把各气象因素综合起来看，这就需要研究出能评价温热环境诸因素共同作用机体效果的一些方法。目前已提出的综合评价指标有：有效温度、温湿指标、风冷却指标等。这些指标都是企图用一个简单的数值来概括气象因素对机体的综合影响。但由于气象因素的变化很复杂，对机体的影响也包括生理机能各个方面，所以用一个简单的数值来综合复杂的气象因素对机体产生的各种生理反应，难免存在一些局限性和缺点，因此需要进一步研究，提出更符合实际的评价指标。

（一）有效温度

有效温度（effective temperature，ET）又称实感温度，它是根据气温、气湿、气流三个主要气象因素的相互制约作用，在人工控制的条件下，以人的主观温热感觉为基础制定的。它是指在不同气温、气湿、气流及辐射热共同作用于机体产生相同影响（感觉）的空气温度。它是以湿度为100%，风速为 0 m/s 时的温度为标准进行比较得来的。在表2-2中,当风速为0,相对湿度为100%,温度为17.8℃,与相对湿度为80%,风速为1 m/s,气温为23.5℃两种不同的气象条件下,人体具有同样舒适感,它们的有效温度即为17.8℃。根据这一原则,可以调整各气象因素,使动物达到同样舒适的感觉。如相对湿度为90%,温度为25.7℃,要达到与湿度100%,温度为17.8℃同样舒适的感觉,就要把风速加大到2 m/s。该表是以人的裸体感觉为基础制定的,不全适合于畜禽,但畜牧生产管理中可根据其基本原则,通过调节各气象因素,以消除高温对动物造成的不良影响,使动物产生与低温下相同的舒适感觉。在家畜环境科学中,能否根据家畜等热区的原理,使三个主要气象因素互相配合,制定出不同家畜的有效温度表,有待进一步研究。

表2-2　在不同湿度和风速下穿着正常的人的有效温度　　　℃

相对湿度	气流速度(m/s)				
(%)	0	0.25	0.50	1.00	2.00
100	17.8	19.6	21.0	22.6	25.3
90	18.3	20.1	21.4	23.1	25.7
80	18.9	20.6	21.9	23.5	26.6
70	19.5	21.1	22.4	23.9	26.6
60	20.1	21.7	22.9	24.4	27.0
50	20.7	22.4	23.5	25.0	27.4
40	21.4	23.0	24.1	25.3	27.8
30	22.3	23.6	24.7	26.0	28.2

引自东北农学院. 家畜环境卫生学(第2版).1990。

根据干球温度和湿球温度对动物体温调节(直肠温度变化)的相对重要性,分别乘以不同系数后相加,所得温度值也称有效温。人和几种动物有效温度的表达式如下:

人:$ET = 0.15T_d + 0.85T_w$

牛:$ET = 0.35T_d + 0.65T_w$

猪:$ET = 0.65T_d + 0.35T_w$

鸡:$ET = 0.75T_d + 0.25T_w$

T_d 为干球温度;T_w 为湿球温度(℃)

(二)温湿指标(数)

温湿指标(数)(temperature-humidity index,THI)又简称温湿指数,是综合温度和湿度来估计炎热程度的指标。原为美国气象局介绍用来评价人在夏季某种气象条件下不适的一种方法,后来也普遍用于家畜,特别是牛。THI的计算公式有多种,这可能是与研究者的试验方法不同等有关。

奶牛的 THI 常用下式计算：

$$THI=0.55T_d+0.2T_{dp}+17.5$$

式中，T_d 为干球温度（℉）；

　　T_{dp} 为露点温度（℉）。

当 THI 小于 69 时，乳牛产奶量不受影响；THI 为 76～77 时，产奶量将下降一个标准差或更多；THI 为 76 以下时，乳牛经过一段时间的适应，产奶量可逐渐恢复正常。因此，乳牛的适宜 THI 值应不大于 75。

高温下，奶牛产奶量减少的量与环境 THI 的关系如下：

$$Mdec=-2.73-1.736NL+0.024\ 74NL\times THI$$

式中，Mdec 为产奶量减少的磅数；

　　NL 为正常产奶量（lb）。

鸡的温湿指数计算公式一般常用下式：

$$THI=0.4(T_d+T_w)+15$$

式中，T_d 为干球温度（℉）；

　　T_w 为湿球温度（℉）。

鸡的适宜 THI 值应不大于 75，当 THI 等于或大于 75 时应采取降温措施。

（三）风冷指数

冷风指数（wind-chill index）是将气温和风速相结合评价寒冷程度的指标，以风冷却力（H）来表示，主要用以估计人类裸体的对流散热量。

$$H[kJ/(m^2\cdot h)]=4.18(\sqrt{100v}+10.45-v)(33-T_d)$$

式中，v 为风速（m/s）；

　　T_d 为干球温度，即气温（℃）；

　　33 为无风时的皮肤温度（℃）。

风冷却力（H）对畜牧生产种热环境综合评定不够直观，但可根据下式将其折算为无风时的冷却温度：

$$冷却温度（℃）=33-H/92.324$$

例如，在 -15℃，风速为 6.71 m/s 时散热量为 H，根据上式可算出 $H=$ 5 953.832 kJ/(m² • h)[1 423 kcal/(m² • h)]，相当于无风时冷却温度（℃）=33- 1 423/22.06=-31.5℃。即机体单位面积单位时间内，在 $v=6.71$ m/s，-15℃的

散热量,与$v=0$ m/s,-31.5℃的散热量是一样的,两种条件下动物有相同的寒冷感。这样,可将不同风速(v)及个同气温的温热环境,转化为$v=0$ m/s时的冷却温度,比较直观,便于比较。

(四)湿卡他冷却力(H_w)

是将气温、气湿、风速、辐射四因素结合起来评价炎热程度的指标。卡他温度表本是测风速的仪器,如果将其球部用脱脂纱布包裹(相当于湿球),在热水中加热球部,使酒精升到安全泡2/3处,挂于预测地点,准确记录酒精面由38℃降到35℃的时间(T),根据每只卡他温度计上的卡他系数(F),按下式可求得湿卡他冷却力(H_w)

$$H_w=F/T$$

式中,F为卡他系数(mcal/cm^2);

T为时间(s)。

T与气温、辐射呈正相关,与风速呈负相关。因湿纱布蒸发散热,所以,T还与气湿有关(正相关)。因每只表上卡他系数一定,因此,H_w与T成反比,即气温高,辐射强,风速小,湿度大时,T较大,H_w变小。对奶牛来说,H_w小于10时产奶量下降;H_w在12～13时产奶量可维持不变;H_w在14～15时较为舒适。

二、家畜耐热、耐寒力的评价

(一)家畜的耐热、耐寒力的概念

家畜的耐热、耐寒力是指家畜在不适宜的环境温度(热负荷)下保持体热平衡和生产力的能力。掌握家畜耐热、耐寒力的评价方法,在引种和育种工作中,对选择适当地气候的品种和个体具有实际意义。

(二)耐热力的估测指标

由于体温是衡量动物热平衡的最好指标,因而许多耐热性的研究大多以体温测量为中心。目前,对牛的测定较多,而其他家畜的资料相对较少。在牛的估测指标中较早提出的是耐热系数(heat tolerance coefficient,HTC)。

这个概念是由A.O.罗德(Rhoad)1944年提出的,他是根据家畜在同样炎热环境中体温升高的程度来衡量的。试验进行于夏季炎热时,将牛放在露天、无风的围栏中(或在荫蔽下的气温为29.4～35℃时),每天上午10时和下午3时各测量体温一次,重复3 d,取其平均数,然后以下式计算耐热系数:

$$HTC=100-10(BT-101)$$

式中,100 为家畜保持正常体温的全部能力;

　　　　10 为炎热时体温升高因子,亦即人为地把温度升高的幅度扩大10 倍,以便于
　　　　比较;

　　　　BT 为试验时的体温(℉);

　　　　101 为正常牛体温(℉),等热区平均体温。

　　耐热系数越大,表示耐热性越强,否则反之。如娟姗牛 HTC 为79,安格斯牛为
59,说明娟姗牛耐热力强。

　　在家畜选种上,以耐热系数作为标准进行耐热性选择时,必须有统一基础,如
品种、性别、年龄、营养水平和生产力等必须完全相同,因为这些因素能显著影响家
畜的耐热性,如果没有统一基础,则耐热系数高的家畜可能是营养不良或低产的
(代谢率低,产热少,耐热),此时用其作为选种或育种的依据则不具有实际意义。

　　1975 年,苏联学者ЮО 拉乌申巴赫认为,该方法只适用于牛,而且其计算式采
用的是牛等热区平均体温。事实上,牛的正常体温范围为37～39℃,因此,HTC 不
能正确反映在正常情况下体温不同的个体的耐热力。因此,他提出了测定环境温度
在 30℃以上的家畜耐热力指数(IHT),在计算公式中采用在适宜温度下动物的实
际体温,并引进不同家畜体温对气温的回归系数 K,其一般计算式为:

$$IHT=100-20[(T_2-T_1)+K(40-t_2)]$$

式中,T_2 为30℃以上热负荷下的体温(℃);

　　　　T_1 为等热区条件下的体温(℃);

　　　　K 为体温对气温的回归系数(牛 0.06,羊 0.05,猪 0.07);

　　　　t_2 为30℃以上热负荷下的环境温度(℃)。

　　测定方法是,以高于30℃的白天的体温作为 T_2,而以同天清晨的体温为 T_1,并
将各种家畜的 K 值分别带入上式,则得出不同家畜的 IHT 值。

　　由于产乳和妊娠畜高温下体温有变化,所以 IHT 一般只用于肥育家畜。

　　影响动物耐热的因素很多,如①体表面积,体表面积/体重的比值越大就越耐
热;②被毛状态(长短、色泽);③脂肪堆积状况;④蒸发散热问题等,因此,在对动物
耐热力进行评价时应综合考虑动物各方面的因素。

(三)耐寒力的评价

　　家畜的耐寒力较强,同时,保温措施比防暑措施容易解决,除原产于热带和初
生的幼畜禽外,正常饲养管理制度下,一般寒冷对动物的威胁不大,因此,对家畜耐
寒力(cold tolerance)研究较少,虽有人提出一些指标,但实际应用中较为困难。有
人提出根据家畜在低温热负荷下产热量的变化来评定其耐寒力的指标——耐寒力

指数(index of cold tolerance，ICT)，其计算公式如下：

$$ICT = 60 - 100(T_2 - T_1)/T_2 + K(t_2 + 10)$$

式中，T_2 为在低温(t_2)情况下暴露 2 h 后的产热量[kcal/(h·kg 活重)]；

　　T_1 为在等热区温度下的产热量[kcal/(h·kg 活重)]；

　　t_2 为低温热负荷时的环境温度(℃)；

　　K 为产热量对气温降低的回归系数(牛为0.6)。

　　耐寒力强的家畜，在低温热负荷下产热增加得少，ICT 则较高。由于机体产热量的测定比较复杂，因此，该方法在实践中广泛应用还有困难。影响耐寒力的因素也很多，主要有：①被毛状态；②皮下脂肪；③代谢状态等。

思　考　题

1. 家畜的热平衡及影响散热的因素。
2. 紫外线、红外线及可见光对家畜的影响。
3. 气温的概念及对家畜的影响。
4. 等热区、临界温度的概念及在畜牧经营上的意义。
5. 气湿的概念及对家畜的影响。
6. 气象因素的综合评价指标

（齐德生、刘凤华）

第三章 畜牧场空气中的有害物质

本章提要：本章主要介绍了畜牧场、畜舍空气中的有害气体、微粒和微生物对人畜健康的危害及控制措施，介绍了绿色植物对空气的净化作用。

第一节 大气中的主要有害气体

大气是无色、无臭、无味的混合气体，在自然状态下其化学组成是相对稳定的。大气其组分可分恒定、可变和不定三种成分。恒定组分中氮占大气总体积的78.09%，氧占20.94%，氩占0.93%，此外尚有氖、氦、氪、氙等微量惰性气体，这些组分的比例在地球表面任何地方几乎是恒定不变的；可变组分中二氧化碳含量为0.02%～0.04%，水汽在4%以下，这些组分的含量随季节、气象因素和人类的生产活动而变化；不定组分指因自然或人为造成的环境污染，如火山爆发、森林火灾、地震、海啸等自然灾害，工农业生产、交通运输、居民生活等，均可产生有害气体导致大气污染。本节仅叙述以下几种污染大气的有害气体。

一、氟 化 物

大气中的氟可以进入土壤和水体，并通过呼吸、饮水和采食对人畜造成危害。氟化物能够在植物和动物体内积聚、富集，是一种累积性的慢性中毒过程。根据世界卫生组织（WHO）报道，全世界已分为富氟区和贫氟区。我国沿海一带大部属人为的富氟区。含氟的空气和微粒从呼吸道吸入后，对呼吸道黏膜有强烈的刺激作用。经口腔摄入的含氟微粒，可经消化道吸收，迅速进入血液循环，大约有75%的氟可与血浆蛋白结合。主要蓄积于牙齿和骨骼中。氟在家畜体内可影响钙、磷代谢，过量的氟可与钙结合为氟化钙沉积与骨骼中，并引起血钙减少，骨骼变形。氟化钙影响牙齿的钙化，使牙齿钙化不全，釉质受损，发生牙齿变形。

不同种类动物对氟的耐受性质不同。禽类的耐受性最强，其次为猪，反刍家畜最敏感。

二、二氧化硫

为无色有刺激性气体,比重1.434,易溶于水,在水中形成亚硫酸。它在潮湿、日光及空气微粒的催化下可氧化成三氧化硫。三氧化硫具有很强的吸湿性极易产生硫酸雾或硫酸雨。

酸雨主要是指pH<5.6的降水,纯净的雨雪降落时,在空气中二氧化碳与水结合形成碳酸具有弱酸性。空气中的二氧化碳浓度一般在316 mg/m³左右,这时的降水pH值可达5.6。因此人们活动影响的pH值降低到5.6以下造成酸性降水。酸雨的形成是一种复杂的大气化学和大气物理过程,其基本原因是大气中有酸性物质存在。现今已经知道的酸性及它们对酸雨形成的贡献量为:硫酸60%～70%,硝酸30%,盐酸5%,有机酸2%,不同地区、不同条件时其比例有差异。由于人为排放二氧化碳和氮氧化物在输送过程中首先在空气中被氧化,然后再生成硫酸或硝酸;或者二氧化硫、氮氧化物被水滴吸收发生氧化作用,是水滴变成酸溶液。若有金属铁、锰等粒子,具有催化剂作用,使这种反应速度加快。酸性降水的自然来源是火山爆发时有大量硫化物喷出,但这种情况并不是经常发生的。酸性降水的重要来源是人为源如大量燃烧燃料排出的废气及矿物燃烧产生的废气。

据1995年中国环境状况公报再一次指出"我国大气污染属煤烟型污染,以尘和酸雨危害最大,污染程度在加重"。目前我国酸雨主要集中在长江以南,西南、中南、华东地区,由北向南逐渐增加,华中地区酸雨污染最重,中心区域酸雨年均pH值低于4.0,酸雨频率在80%以上。西南地区以南充、宜宾、重庆和遵义等城市为中心的酸雨区近年来有所缓解,仅次于华中地区,其中心地区年均pH值低于5.0,酸雨频率高于80%。华东沿海地区的酸雨主要分布在长江下游地区以南至厦门的沿海地区,次地区酸雨污染强度比华中、西南地区弱些,但是区域分布范围较广。华南地区的酸雨主要分布在珠江三角洲及广西的东部地区。

二氧化硫对家畜的主要危害:在于其具有的强烈刺激性和腐蚀作用,主要作用于上呼吸道和眼结膜。

牛对二氧化硫的反应最为敏感,浓度在 30～100 mg/L 时,表现呼吸困难,口吐白沫,体温上升,尸体解剖时呈现严重的支气管炎、肺水肿等。马和羊有较强的抵抗力,同种家畜中一般幼小家畜较为敏感。

我国大气卫生标准规定,二氧化硫的最高允许浓度为 0.5 g/m³。

三、氮氧化物

是 NO、N_2O、NO_2、NO_3、N_2O_3、N_2O_4 和 N_2O_5 等的总称,通常用 NO_x 表示。造成大气污染的 NO_x 主要是 NO 和 NO_2。

氮氧化物主要来源于含氮有机物的燃烧和硝酸、氮肥等生产过程,以及交通车辆排放的尾气。主要成分为一氧化氮,其毒性并不大,但进入大气后氧化为二氧化氮,毒性提高 5 倍,若参与光化学烟雾的形成,则危害程度更加深。

四、大气污染的原因

自然界的:森林火灾、地震、火山爆发、各种矿藏产生微粒,硫化氢,硫氧化物等异常气体。

人为的:排放有毒有害气体、烟雾、氟化物、SO_2、CO 及氮氧化合物等产生的有害气体。

畜牧生产:家畜家禽生理活动所产生的氨、粪臭素、硫化氢、甲烷、吲哚等有害气体。

第二节　畜舍和畜牧场的有害气体

在畜舍和畜牧场内,由于家畜的呼吸、排泄以及生产过程等因素的影响,空气的成分与大气差异较大。这种差异主要表现为有害气体,特别是氨、硫化氢、二氧化碳、甲烷、粪臭素的含量大为增加。有害气体能够危害人畜健康,严重时引起畜产公害。

畜舍内空气的化学成分与大气不同,尤其是封闭式畜舍,空间小、封闭。由家畜呼吸、生产过程和有机物分解等产生了有害气体。恶臭物质:NH_3、H_2S、甲基硫醇、吲哚等几种;其他有害气体:CO_2、挥发性脂肪酸等。产生特点:①由于畜牧生产是一个连续过程,畜禽生理活动产生废弃物多,每天产生大量粪便(feces)、污水(sewage)、垫料(litter),以上这些废弃物腐败分解时都会产生有害气体。②与天气、空气温湿度有关:天气晴朗,废弃物物料的水分少,空气多,使得物料的供氧较多,依靠好氧分解,分解彻底,含 C 物质能够彻底氧化为 CO_2;含 N 物质能够彻底分解为 NO_2。相反,阴天、潮湿,水分对物料气孔有阻塞作用,供氧不足,发生厌氧分解,有机物分解不彻底,产生 NH_3、H_2S 及其他恶臭物质,而且分解慢,对人畜有直接影响,影响正常生理功能,气味不良,影响情绪,影响工作效率。

一、氨 气

(一)性质和来源

氨气(NH_3):无色有刺激性臭味的气体,相对分子质量 17.03,对空气比重 0.956,标准状态下,1 mg NH_3 为 1.316 mL,极易溶于水呈碱性,形成 NH_4OH(氨水),0℃可溶解 9.07 g/L 水,20℃可溶 899 g/L 水。

来源:舍外大气中不含 NH_3,主要来自粪便尿、垫草、饲料等含 N 有机物分解产生,畜舍中的含量与通风、清洁程度、饲养密度等有关。一般 6～35 mg/m³,多者达 150 mg/m³。

(二)对畜禽的作用

首先,溶解于呼吸道和眼结膜上,产生碱性刺激,1% NH_3 溶液的 pH 值为 11.7,使黏膜发炎充血水肿,分泌物增多,重者造成眼灼伤,组织坏死,引起坏死性支气管炎,肺水肿充血,眼失明。

其次,由肺泡进入血液,与血红蛋白结合,破坏其输氧能力,引起组织缺氧。

第三,短时间和低浓度 NH_3 可由尿排出,其化学反应方程为:$2NH_3 + CO_2 \rightarrow CO(NH_2)_2 + H_2O$ 可以缓解,但长时间高浓度中毒则不易缓解,使中枢神经麻痹,中毒性肝病,心脏损伤。

第四,使抵抗力和免疫力降低:家畜如果长期处于低浓度的氨中,对结核病和其他传染病的抵抗力显著减弱。在氨的毒害下,炭疽杆菌、大肠杆菌、肺炎球菌的感染过程显著加快。在家畜中鸡对氨特别敏感,当空气中氨浓度达 8～15 mg/m³ 时,鸡的抵抗力和增重就会下降,出现呼吸器官症状,对鸡新城疫病毒感染敏感,对继发感染敏感性提高;达到 38 mg/m³ 时,鸡患角膜结膜炎,呼吸频率下降。

第五,降低生产力,150 mg/m³ 的 NH_3,能使猪增重降低 17%,饲料利用率下降 18%。

表 3-1 氨浓度对鸡生产性能的影响

NH_3 浓度 (mg/m³)	性成熟(达 50% 产蛋率的日龄)	产蛋率(%)	
		23～26 周	35～38 周
0	158(22.5 周)	70.2	90.9
40	172(24.5 周)	51.2	86.7
56	177(25 周)	49.2	83.8

日本试验:15 mg/m³ 的氨使 6 周龄鸡肺水肿,38 mg/m³ 氨使鸡对球虫病敏感,76 mg/m³ 10 周后,使星杂 288 鸡产蛋率由 81% 降为 62%,将氨浓度降至 15 mg/m³,10 周后,产蛋恢复由 61% 上升到 81%。美国报道:氨对鸡新城疫(Newcastle disease)有促进作用。

(三)氨的卫生标准

家畜长期处于畜舍空气中,氨的容许量应限制的更严些,我国无公害养殖 GB18407.3 规定,场区 <5 mg/m³,猪舍 <20 mg/m³,牛舍 <15 mg/m³,禽舍中雏禽 <8 mg/m³,禽舍中成禽 <12 mg/m³。

人对于 8 mg/m³ 的氨一般不易察觉,15 mg/m³ 时已有感觉,38 mg/m³ 时引起流泪和鼻塞,76 mg/m³ 会使眼泪、鼻涕显著增多。

二、硫 化 氢

(一)性质和来源

硫化氢(H_2S)是一种无色、易挥发的恶臭气体,相对分子质量 34.09,对空气比重 1.19,标准状态下,1 mg H_2S=0.649 7 mL,易溶于水,在 0℃时,1 体积的水可以溶解 4.65 体积的硫化氢。

畜舍中的硫化氢是由含硫有机物分解所产生。主要来自于粪便,尤其当给予家畜以富含蛋白质的日粮,同时家畜消化机能紊乱时,可从肠道排出大量硫化氢气体。管理良好的封闭式畜舍中,硫化氢浓度在 15 mg/m³ 以下,如管理不善,通风不良时,其浓度达到较高程度。封闭式蛋鸡舍中,当鸡蛋破损较多时,可增高空气中的硫化氢浓度。

(二)危害

首先,引起的症状类似 NH_3,但有区别。硫化氢遇动物黏膜上的水分可以很快溶解,并与钠离子结合生成硫化钠,对黏膜产生一定的刺激作用,引起眼炎和呼吸道炎症,严重时发生肺水肿。硫化氢经肺泡进入血液,与氧化型细胞色素氧化酶中的三价铁结合,使酶失去活性,影响细胞氧化过程,造成组织缺氧,所以长期处于低浓度硫化氢环境中,家畜体质变弱,抗病力下降,容易发生肠胃炎,心脏衰竭等。高浓度的硫化氢可以直接抑制呼吸中枢,引起窒息死亡。

猪长期生活在低浓度硫化氢的空气中会感到不适,生长缓慢。浓度为 20 mg/m³ 时,猪变得畏光,丧失食欲,神经质;在 76～300 mg/m³ 时,猪会突然呕吐,失去知觉,接着因呼吸中枢和血管运动中枢麻痹而死亡。

人长期处于中低硫化氢浓度的环境中,会引起头痛和智力下降,眼球酸痛,有烧灼感，眼睛肿胀、畏光等，并引起气管炎和头痛。

（三）硫化氢的卫生标准

我国无公害养殖 GB18407.3 规定，场区<3 mg/m³，猪舍<15 mg/m³，牛舍<12 mg/m³，禽舍中雏禽<3 mg/m³，禽舍中成禽<15 mg/m³。

三、一 氧 化 碳

（一）理化特性

一氧化碳（CO）为无色、无味、无臭的气体，相对分子质量28.01，比重0.967，在标准状态下，1 L 重1.25 g，每毫克的容积为0.8 mL。比空气略轻，燃烧时呈浅蓝色火焰。

（二）一氧化碳的来源

在畜舍空气中一般没有一氧化碳。冬季在封闭式畜舍内生火炉取暖时，如果煤炭燃烧不完全，可能产生一氧化碳，特别是在夜间，门窗关闭，通风不良，此时一氧化碳浓度可能达到中毒的程度。

（三）一氧化碳对家畜的危害

一氧化碳是对血液循环、神经造成损害的一种有害气体，能够与血红蛋白活性中心四级结构中铁卟啉中的铁结合，抑制血红细胞对氧的运输。空气中一氧化碳的浓度为 59 mg/m³ 时，可使人轻度头痛，120 mg/m³ 可使人中度头痛、晕眩，293 mg/m³ 时，严重头痛、头晕，580 mg/m³ 时，恶心、呕吐，1 170 mg/m³ 时出现昏迷，11 704 mg/m³ 时死亡。

（四）一氧化碳的卫生标准

我国卫生标准规定一氧化碳的日平均最高容许量为1 mg/m³；一次最高容许浓度为即3 mg/m³。

四、二 氧 化 碳

（一）理化特性

二氧化碳（CO₂）为无色、无臭、略带酸味的气体。相对分子质量44.01，比重1.524。在标准状态下1 L 重量为1.96 g，每毫克的容积为0.509 mL。

（二）产生来源

畜舍中二氧化碳的主要来源为家畜呼吸。根据测定，一头体重100 kg的肥猪，每小时呼出二氧化碳43 L，一头体重为600 kg、日产奶30 kg 的奶牛，每小时呼出

200 L。1 000 只母鸡每小时可以排出 1 700 L 二氧化碳。

(三)对家畜的危害

二氧化碳本身无毒性,它的危害主要是造成缺氧,引起慢性中毒。家畜长期在缺氧的环境中,表现精神委靡、食欲减退、体质下降,生产力下降,对疾病的抵抗力减弱,特别是对于结核病等传染病易于感染。

在一般畜舍中,二氧化碳浓度很少能达到引起家畜中毒的程度。据报道,猪在2%浓度中,有打哈欠现象,但采食量、日增重还未受到影响;在4%浓度中,呼吸变深加快;10%时引起严重气喘,呈现昏迷;在20%浓度中,体重68 kg的猪超过1 h就有死亡的危险。雏鸡在4%二氧化碳中,无明显生理反应,在15%中昏迷,在17.4%中窒息死亡。

二氧化碳的卫生学意义在于,它表明畜舍空气的污浊程度;同时亦表明畜舍空气中可能存在其他有害气体。因此,二氧化碳的存在可以作为畜舍空气卫生评价的间接指标。

(四)二氧化碳的卫生标准

我国无公害养殖 GB 18407.3 规定,场区 <750 mg/m³,猪舍、牛舍、禽舍均<2 950 mg/m³。

五、畜舍有害气体的清除措施

(1)及时清除粪尿,因粪尿是有害气体产生的主要来源,要防止粪尿在畜舍内积存和腐败分解,也可以训练家畜在舍外排尿。

(2)畜舍中保持良好的通风状态。保持一定的通风量是减少舍内有害气体的有效措施。通过合理地组织畜舍的通风换气,可以排出舍内多余的有害气体和水汽。

(3)加强畜舍防潮保温,使舍温不低于露点温度潮湿的畜舍、四壁和其他物体表面一旦到达露点就会出现水滴凝结,它们可以吸附大量的氨和硫化氢,当舍温升高时,挥发出来污染空气。因此舍内保温隔热设计应是防潮的重要措施。

(4)铺垫草可吸收有害气体。在畜床上铺垫草可以吸收有害气体。垫料的吸收能力与其种类和数量有关。麦秸、稻草、锯末、树叶等都对有害气体有一定的吸收能力。

(5)粪尿上洒过磷酸钙吸收氨气。过磷酸钙能吸附氨气生成铵盐,从而降低舍内氨气的浓度。

八、恶臭物质

(一)理化性质和来源

　　恶臭物质是指刺激人的嗅觉,使人产生厌恶感,并对人和动物产生有害作用的一类物质。畜牧场的恶臭来自家畜粪便、污水、垫料、饲料、畜尸等的腐败分解产物,家畜的新鲜粪便、消化道排出的气体、皮脂腺和汗腺的分泌物、畜体的外激素、黏附在体表的污物等以及呼出的CO_2(含量比大气高约100倍)也会散发出不同种畜禽特有的难闻气味。有资料表明,牛粪产生的恶臭成分有94种,猪粪有230种,鸡粪有150种。恶臭物质主要包括挥发性脂肪酸、酸类、醇类、酚类、醛类、酮类、酯类、胺类、硫醇类以及含氮杂环化合物等有机成分,氨、硫化氢等无机成分。

(二)恶臭物质对家畜的影响

　　畜牧场恶臭的成分及其性质非常复杂,其中有一些并无恶臭甚至具有芳香味,但对动物有刺激性和毒。此外,恶臭对人和动物的危害与其浓度和作用时间有关。低浓度,短时间的作用一般不会有显著危害;高浓度臭气往往导致对健康损害的急性症状,但在生产中这种机会较少;值得注意的是低浓度,长时间的作用,有生产慢性中毒的危险,应引起重视。

　　所有的恶臭物质都能影响人畜的生理机能。家畜突然暴露在有恶臭气体的环境中,就会反射性的引起吸气抑制,呼吸次数减少,深度变浅,轻则产生刺激,发生炎症;重则使神经麻痹,窒息死亡。经常受恶臭刺激,会使内分泌功能紊乱,影响机体的代谢活动。恶臭可引发血压,脉搏变化,如氨气等刺激性的臭气会出现血压先下降后上升,脉搏先减慢后加快的现象。恶臭还可使嗅觉丧失,嗅觉疲劳等障碍,头痛,头晕,失眠,烦躁,忧郁等。有些恶臭物质随降雨进入土壤或水体,可污染水和饲料,通过饲料和饮水可对畜体消化系统造成危害,如发生胃肠炎,丧失食欲,呕吐,恶心,腹泻等。

(三)恶臭的评定

　　畜牧场的恶臭是多种成分的复合物,不是单一臭气的简单叠加,而是各种成分相互作用及各种气体相抵,相加,相互促进而反应的结果。加之影响各种臭气成分在畜舍空气和牧场大气中浓度的因素十分复杂,如气象条件,场址选择,牧场建筑物布局,绿化,畜舍设计,通风排水,清粪方式和设备,饲养密度,饲料成分,饲养工艺,粪便的加工和利用等。所以要测定各种臭气的浓度十分困难,且往往得不到满意的结果,在实践中也没有测定的必要。对恶臭的评定主要根据恶臭对人嗅觉的刺激程度来衡量(即恶臭强度),正常人对某种臭气能够勉强察觉到的最低浓度称为该种臭气的嗅阈值。恶臭强度不仅取决于浓度,也取决于其嗅阈值。相同浓度的臭气,阈值越低,臭味越强。如硫醇类化合物的阈值就较低,即使其产生量不大,也会发生较强的恶臭。

人类对臭味的感觉比较灵敏,能感受极微量的臭气,如对粪臭素的最小感知量为 $4 \times 10^{-6} \, mg/m^3$。因此,对某一恶臭污染源所排放的恶臭物质种类,性质,污染范围及恶臭强度等做检验评价时,多采用访问法和嗅觉法。我国对恶臭强度的表示方法采用6级评定法详见第八章表8-3。嗅觉是人的主观感觉,不同的人对相同臭气给出的嗅阈值可能是不同的,这之间会有一定的误差,在生产实践中必须予以考虑和注意。

第三节　畜舍和畜牧场空气中的尘埃和微生物

一、总悬浮物(TSP)与可吸入颗粒物(PM₁₀)

(一)概念和来源

指空气中的固体尘粒。灰尘的大小,可以用灰尘颗粒的直径来表示,一般为1～1 000 μm,其中以10～100 μm 居多数,称为粉尘。其中,粉尘从粒径大小来看主要分为三种,大于10 μm 者称为降尘,能够在空气中停留4～9 h,小于10 μm 称为飘尘,能够在空气中停留19～98 d,小于0.1 μm 称为微尘,能够在空气中停留5～10年。一般来说,大气中的灰尘主要是由风吹起的干燥土壤,属于无机性的,但也有少量有机性的,如植物碎片,花粉,孢子等。家畜的活动可以产生大量灰尘,并可改变灰尘的组成。例如,牛的露天饲养场的下风处,灰尘数量比上风处多3倍,而且有机性灰尘(毛屑,饲料粉粒等)所占的比例很大。

来源:大气中尘埃来自:土壤;工农业生产、交通运输、居民生活产生的粉尘、烟尘;火山爆发产生的尘埃无机尘占2/3～3/4。畜禽舍内尘埃来自:①随风带入一部分;②清扫、分发饲料、饲草、刷拭;③畜禽本身活动也产生。畜舍内的灰尘,除由大气带进一部分外,主要由饲养管理工作引起。例如,打扫地面,分发干草和干粉料,刷拭家畜,翻动垫草等,都会使畜舍空气中的灰尘大量增加。而这些灰尘,一般都是有机性的。在大型封闭式畜舍中,灰尘量往往很高,甚至影响了空气的能见度,其特点:①有机尘占比例高,达50%或更高;②小于5 μm 居多,含量为103～106 粒/m³,分发垫草时可高于平时10倍。根据测定:一年产1.2万头猪场,每小时由猪舍排出

的尘埃可达 2 kg，一个年产 40 万只的养禽工厂，每小时可排出 29.8 kg 粉尘。

（二）对畜禽的危害

微粒降落在家畜体表上，可与皮脂腺的分泌物、细毛、皮屑等混合在一起，粘结在皮肤上，引起皮肤发痒，甚至发炎；同时还能堵塞皮脂腺和汗腺的出口。皮脂腺分泌受阻后可使皮肤缺乏油脂，表皮变的干燥脆弱，易遭损伤和破裂。汗腺分泌受阻，使皮肤的散热功能降低。影响体热调节。

大量的微粒可以进入呼吸道内。$5\sim10~\mu m$ 被上呼吸道阻留 $60\%\sim80\%$，$<5~\mu m$ 可进入肺深部，$0.4~\mu m$ 可自由进出肺泡。被阻塞在鼻腔内的无机性微粒，对鼻腔黏膜发生刺激作用，若微粒中夹带病原微生物，可使家畜感染。进入气管或支气管的微粒，由于纤毛上皮运动，咳嗽，吞噬细胞的作用而引起转移，部分溶解于支气管黏膜中，可以使家畜发生气管炎或支气管炎。有的微粒进入细支气管末端和肺泡内，在那里滞留下来。侵入肺泡的微粒，部分可随呼吸排出，部分被吞噬溶解，有的停留在肺组织内，引起肺炎等。据估计猪肺炎有 37% 发生在微粒数量较多的舍内。部分停留在肺组织的微粒，可通过肺泡间隙，侵入周围结缔组织的淋巴间隙和淋巴管内，并能阻塞淋巴管、引起尘肺病。还能引起呼吸量和耗氧量下降：$1.8\sim4.8~mg/(m^3\cdot h)$ 分别下降 9.3% 和 8.8%。$50\sim70~mg/m^3$，人就无法忍受了。此外，尘埃是微生物的良好载体和庇护所，并可吸附 NH_3 和 H_2S 等有害气体。

（三）标准

我国无公害养殖 GB 18407.3 规定，TSP：场区 $<2~mg/m^3$，猪舍 $<3~mg/m^3$，牛舍 $<4~mg/m^3$，禽舍中 $<8~mg/m^3$。PM_{10} 场区 $<1~mg/m^3$，猪舍 $<1~mg/m^3$，牛舍 $<2~mg/m^3$，禽舍中 $<4~mg/m^3$。

二、畜舍和畜牧场空气中的微生物

空气本身对微生物的生存是不利的，因为它比较干燥，缺乏营养物质，而且太阳光中的紫外线具有杀菌能力。但是，空气中夹杂着大量灰尘，微生物可以附着在上面生存。所以，空气中微生物的数量，同灰尘的多少有着直接关系。一切能使空气中灰尘增多的因素，都会使微生物随之增多。如空气中的尘埃和液滴为微生物提供氧及庇护所，同时也成为传染源。刮风时微生物增多，降雨、雪时减少，在 $\leqslant5~\mu m$ 的尘埃或微滴上，可随风传播 30 km。大多微生物的数量可为每立方米上百、上千或上万个，并因天气而变化。种类大约有 100 种，大多为非致病菌，其中也有些致病菌。如绿脓杆菌、葡萄球菌、破伤风杆菌、炭疽芽孢、丹毒，可引起结核、布氏杆菌病、马立克、新城疫、猪瘟等。畜舍空气无紫外线，有机尘埃多，空气流动比较缓慢，所以微生物种类多,是大气的50～100倍。试验证明,在一般生产条件下,乳牛舍1 L空气中含有121～2 530个微生物菌落,干扫地板,可使1 L空气中的菌落数增至16 000个。手工刷拭家畜,使1 L空气中菌落数由3 400个猛增至38 600个,而机械刷拭影响较小,仅由3 650个增至5 280个。有人检查了46栋猪舍和鸡舍的空气微生物情况,结果母猪产圈每升空气中有菌落800～1 000个,肥猪舍有300～500个,产蛋鸡舍有50～200个,雏鸡舍有1 500～3 000个。另一人测的产蛋鸡舍为200～300个,雏鸡舍为500～800个。还有人发现,鸡舍空气里的1 g尘埃中含有大肠杆菌25万～250万个,它们通过空气侵入呼吸道黏膜,会引起许多疾病。

舍内家畜的密度对空气中的细菌数有直接影响,实践证明,舍饲家畜禽的饲养密度与空气中微生物数量呈正相关。

三、预防措施

(一)控制来源

(1)合理选择、布局、规划牧场,牧场周围设防疫沟,防止小动物将病原微生物带入场内。同时进出场区的人员和车辆必须消毒。如洗澡、换衣服、紫外线照射以及通过消毒池等。

(2)饲养日常管理中不干扫地面、干刷拭家畜。

(3)及时隔离病畜,避免病员微生物的传播。

(4)及时清除粪便和污水;清洗和消毒,可以使畜舍空气中的细菌数量下降。例如,母猪产圈经过清洗和消毒后,空气中的细菌总数由每立方米10万个降为1 000个。鸡舍冲洗、清扫、消毒的效果见表3-2。

表3-2　鸡舍内清扫、冲洗、消毒的效果

方法	舍内空气下落的细菌数		清扫后减少
	清扫前	清扫后	(%)
清扫	1 425	1 125	21.5
清扫＋水洗	1 530	610	60.1
清扫＋水洗＋喷雾消毒	1 275	127	90.0
清扫＋水洗＋蒸汽消毒	1 425	40	97.2

(二)清除

(1)保证良好的通风换气,及时排出舍内微粒。机械通风时可在进气口设防尘装置,进行空气过滤。

（2）绿化可以使尘埃减少35％～67％；细菌减少22％～79％。

（3）采用全进全出制，及时消毒畜舍，结合带畜消毒彻底清除舍内病原微生物。

第四节　绿色植物对空气的净化作用

一、畜牧场绿色植物的防污作用

畜牧场的绿化植物具有一定的防治和减轻畜牧场污染的能力。其绿化植物的防污作用有如下几方面：

（一）净化畜牧场空气中的二氧化碳

畜牧场由于畜禽集中、饲养量大、密集高，在一定空间内耗氧量大，畜禽呼吸产生的二氧化碳量也比较多（每只或每头，每时排出二氧化碳量见表3-3），从畜舍内排出的二氧化碳量也较多，因此绿化畜牧场的环境，依靠绿色植物来吸收产生的大量二氧化碳是非常必要的。

表3-3　每只或每头畜禽，每小时排出二氧化碳量

畜禽种类	二氧化碳量（L/h）	畜禽种类	二氧化碳量（L/h）
成年禽	1.7～2.0	种公猪	44～77
蛋鸡	1.6～2.3	大肥猪	47～83
肉鸡	1.6～2.2	公羊	25～35
成年鸭	1.0～3.5	母羊	19～28
空怀及妊娠母猪	36～48	妊娠母羊	22～28
妊娠4个月母猪	43～57	羔羊	39～64
哺乳母猪	87～114	种公羊	110～162
仔猪后备育肥猪	17～41		

植物通过光合作用吸收二氧化碳和水蒸气，产生氧气，故绿色植物是地球上二氧化碳的消耗者，也是氧气的天然加工厂。通常情况下，$1\ hm^2$ 阔叶林1 d可以消耗1 t 二氧化碳，放出0.73 t 氧气。在生长良好的草坪进行光合作用时，每平方米面积上，1 h可吸收二氧化碳1.5 g，每头后备猪每小时呼出的二氧化碳约为38 g，需要 $25\ m^2$ 的草坪才能消耗1头后备猪呼出的二氧化碳。

（二）吸收有害气体

绿色植物能吸收二氧化硫、氟化氢、氯气、氨、汞和铅的气体，从而净化畜牧场

的生态环境。

1. 绿色植物吸收二氧化硫　当植物叶子吸收二氧化硫后,会产生亚硫酸盐,随后植物以一定的速度将亚硫酸盐氧化成为硫酸盐。在大气中二氧化硫的浓度不足以使植物吸收的速度越过将亚硫酸盐转化为硫酸盐的速度,其植物的叶子不会受害,并能不断吸收大气中的二氧化硫。硫是植物中含硫氨基酸的成分,一般植物叶子中含硫量为 $0.1\%\sim0.3\%$(干重)。若环境中的二氧化硫浓度增高时,就能促进植物吸收二氧化硫,最高可达到正常含量的 $5\sim10$ 倍。

植物吸收二氧化硫的能力和速度,与畜牧场的空气中含二氧化硫浓度、污染的时间、季节及环境温湿度等有密切关系。若畜牧场空气中含二氧化硫的浓度高,则植物吸收二氧化硫的速度就快,数量也大。据试验证明,以二氧化硫对荔枝叶进行人工熏气,将荔枝叶进行分析,其结果如表3-4所示。

表 3-4　不同浓度二氧化硫对荔枝叶进行人工熏气结果表

二氧化硫的浓度	对照组	$1\ mg/m^3$ 组	$2\ mg/m^3$ 组	$3\ mg/m^3$ 组	$4\ mg/m^3$ 组	$5\ mg/m^3$ 组
荔枝叶中的二氧化硫(干重,%)	0.31	0.45	0.50	0.59	0.65	0.69

本试验是在夏季进行的,同时发现二氧化硫污染的时间越长植物吸收量越大,但经过一定时间荔枝叶子会停止吸收而受损;二氧化硫的浓度过大同样也会使荔枝叶子受损,吸收二氧化硫的能力反而降低。

据资料报道,在高温高湿环境下,植物吸收二氧化硫的速度加快。例如在 80% 以上的相对湿度环境下,吸收二氧化硫的速度比在 10% 相对湿度下快 $5\sim10$ 倍。植物在秋冬季节里,吸收二氧化硫量小;而植物在春夏季里,由于生长发育旺盛,吸收二氧化硫能力强。植物种类不同则吸收二氧化硫的能力也不同,如表3-5。

表 3-5　松林、柳杉林、垂柳、紫花苜蓿吸收二氧化硫量

植物种类	吸收二氧化硫情况
松　林	每天可从 $1\ m^3$ 空气中吸收 20 mg 的二氧化硫
柳杉林	$1\ hm^2$ 柳杉林每年可吸收 720 kg 的二氧化硫
垂　柳	$1\ hm^2$ 垂柳在生长季节每月可吸收 10 kg 二氧化硫
紫花苜蓿	$100\ km^2$ 的紫花苜蓿每年可使空气中二氧化硫减少 600 t 以上
落叶树	吸收硫的能力最强
常绿树	吸收硫的能力比落叶树次之
针叶树	吸收硫的能力较差

　　同时必须注意到,同一株植物不同部位和同种但不同年龄的植物叶子吸收二氧化硫的能力也有差别。

　　2. 绿色植物吸收氟化氢 一般说来,植物吸收氟化氢的能力是很强的。各种植物吸收氟化氢的能力和对氟化氢的耐受力不同,如表3-6所示。

表3-6　各种植物含氟情况

植物种类	各种植物含氟化氢情况	植物种类	各种植物含氟化氢情况
菜豆	叶子含氟 $200\sim500$ mg/m³ 时不受害	果树	叶子可含氟 $9\sim269$ mg/m³
菠菜	叶子含氟 $200\sim500$ mg/m³ 时不受害	落叶树	叶子可含氟 $6\sim226$ mg/m³
万寿菊	叶子含氟 $200\sim500$ mg/m³ 时不受害	甜橙	叶子可含氟 $63\sim130$ mg/m³
矮牵牛	叶子含氟 $200\sim500$ mg/m³ 时不受害	苹果橘子	叶子可含氟 100 mg/m³
唐菖蒲	叶子含氟 $30\sim50$ mg/m³ 时出现受害	李树	叶子可含氟 $130\sim1\,400$ mg/m³
桃树	叶子含氟 $30\sim50$ mg/m³ 时出现受害	松树	叶子可含氟 $10\sim106$ mg/m³

　　有些植物叶子甚至每立方米可吸收数千毫克的氟化物,也就是说1 kg这类植物的叶子(干)可吸收数千毫克的氟化物。

　　有人采用人工熏气试验的方法证明植物的吸收氟能力,如表3-7所示。

表3-7　采用人工熏气试验方法植物吸收氟能力

植物种类	吸收氟能力
燕麦	用 7.7 mg/m³ 熏气 7 d,可含氟 505 mg/m³
芹菜	用 23 mg/m³ 熏气 6 d,可含氟 224 mg/m³
番茄叶	用 26 mg/m³ 的氟化氢熏 24 h 后,可含氟化物 174 mg/m³
番茄叶	用 80 mg/m³ 的氟化氢熏 24 h 后,可含氟化物 327 mg/m³
茶叶	用 $1\sim6$ mg/m³ 的氟化氢熏气 8 d,可含氟 512 mg/m³

　　相同的植物,由于生长期不同吸收氟化物能力也不同。生长在氟污染生态环境中的植物,在整个生长季节中也能不断吸收和逐渐积累。大气中的氟化氢气体通过树林后,能因树木的吸收而降低其浓度。据资料报道,以含氟化氢和二氧化硫的空气,通过厚度为30 cm的紫花苜蓿覆盖层以后,氟化氢的浓度可降低80%,二氧化硫可降低45%。

　　从畜牧场方面来说,绿化植物林可防止畜牧场外界的有害气体对场内人畜的危害。种植吸氟能力强的植物可以起到净化空气作用,但是这些植物不能作为饲草来喂养家畜。

　　3. 绿色植物吸收氯气 绿色植物也具有一定的吸收和降低空气中氯气浓度的能力,如表3-8所示。

表 3-8　银桦、蓝桉和刺槐对氯气吸收量

种类	非污染区含氯量	距污染区 2 000 m 处含氯量	距污染区 400～500 m 处含氯量
银桦	0.41 g/kg 干叶	6.27 g/kg 干叶	13.55 g/kg 干叶
蓝桉	0.38 g/kg 干叶	8.09 g/kg 干叶	12.64 g/kg 干叶
刺槐	0.47 g/kg 干叶	4.09 g/kg 干叶	16.50 g/kg 干叶

　　据有关资料报道：1 hm² 蓝桉可吸收氯的量为 32.5 kg；每公顷刺槐可吸收氯的量为 42 kg；每公顷银桦可吸收氯量为 35 kg。又有女贞、滇朴、柽柳、君迁子、槐树、樟叶槭、桑树、红背桂、番石榴、小叶驳骨丹、夹竹桃等树木都具有较强的吸收氯的能力。

　　4. 绿色植物能吸收氨气、汞的气体、铅的气体和其他重金属的气体　一般绿色植物都能吸收氨气，种植植物以吸收畜牧场产生的氨气是一个较好的方法。可种植如下树木：樟树、樟叶槭、桑树、槐树、枸桔、棕榈、大叶黄杨、蓝桉、银桦、红背桂、番石榴、小叶驳骨丹、紫花夹竹桃、红花夹竹桃、树菠萝、人心果、蝴蝶果、木麻黄、盆架子、菩提榕、蒲桃、黄槿、红果仔、向阳花和玉米等。

　　汞的气体对人畜毒害作用很大，所以对畜牧场进行绿化，特别是对周边有化工厂的畜牧场进行绿化，对防止有害气体侵袭具有重要意义。有些绿色植物能够吸收汞的气体而减少空气中的含汞量。据上海市园林管理处测定，有 13 种植物在汞污染环境下能吸收一定数量的汞蒸气而其生长不受到影响，如表 3-9。

表 3-9　13 种绿色植物每千克干叶吸收汞量

树种	每千克干叶吸收汞的毫克数	树种	每千克干叶吸收汞的毫克数
夹竹桃	96	紫荆	7.4
棕榈	84	广玉兰	6.8
桑树	60	月桂	6.8
樱花	60	桂花	5.1
大叶黄杨	52	珊瑚树	2.2
八仙花	22	腊梅	1.4
美人蕉	19.2	(在非污染区的对照植物叶子中含汞量均为 0)	

　　榆树、槐树、石榴、刺槐、女贞、大叶黄杨、向日葵等植物都吸收一定数量的铅蒸气。据日本有人试验，发现有些植物能够吸收一定数量的铅、铜、锌、镉、铁等重金属的气体，如表 3-10 所示。

表 3-10 一些绿色植物叶子中的重金属浓度 mg/m³

种类	铜	锌	铅	镉	铁
枪木	15	28	10	1.36	1 024
天仙果	18	154	20	12.75	1 524
木姜子	14	68	15	2.78	1 786
红楠	8	50	10	1.63	262
五爪楠	6	87	5	1.63	476

有些绿色植物能吸收醛、酮、醇、醚和致癌症物质安息吡啉等有毒气体(如栓皮槭等植物);此外,有些绿色植物(如苏铁)能吸收二氧化氮。

二、绿色植物吸滞灰尘

在畜牧场内除了有害气体外,灰尘和粉尘同样是主要的污染物质。灰尘和粉尘中包含多种有机和无机物,人畜生活在灰尘和粉尘污染严重的环境中,很容易引起呼吸系统疾病,同时也会引起流行病暴发。所以消除畜牧场灰尘和粉尘污染也是一项不可忽视的工作。许多绿色植物对灰尘和粉尘有很好的阻挡、过滤和吸附作用,从而可减轻畜牧场内大气的污染。

不同的树种消除灰尘和粉尘能力是不同的。一般认为针叶树的滞尘能力较强,松柏类总的叶面积大,而且能分泌油脂,故能吸附较多的灰尘和粉尘。

根据南京有关单位对一些阔叶树叶子单位面积上的滞尘量作了比较(表3-11)。

表 3-11 绿色植物叶子面积上的滞尘量 g/m²

种类	滞尘量	种类	滞尘量	种类	滞尘量	种类	滞尘量
绣球	0.63	樱花	2.75	夹竹桃	5.28	女贞	6.63
栀子	1.47	五角枫	3.45	桑树	5.39	重阳木	6.81
桂花	2.02	泡桐	3.53	槐树	5.87	广玉兰	7.10
黄金树	2.05	悬铃木	3.73	臭椿	5.88	木槿	8.13
白杨	2.06	紫薇	4.42	楝树	5.89	朴树	9.37
腊梅	2.42	丝棉木	4.77	刺槐	6.37	榆树	12.27
乌桕	3.39	三角枫	5.52	大叶黄杨	6.63	刺楸	14.53

植物滞尘能力与植物叶片面积、叶面粗糙程度、叶片着生角度、树冠大小、疏密度等因素有关。据前苏联资料报道,一些树种的滞尘能力如图3-1所示。

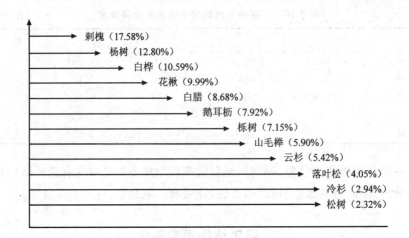

刺槐（17.58%）
杨树（12.80%）
白桦（10.59%）
花楸（9.99%）
白腊（8.68%）
鹅耳枥（7.92%）
栎树（7.15%）
山毛榉（5.90%）
云杉（5.42%）
落叶松（4.05%）
冷杉（2.94%）
松树（2.32%）

图 3-1　一些树种的滞尘能力图

三、绿色植物能减少畜牧场空气中的细菌

　　畜牧场内的空气散布着多种细菌，而且细菌数量很高，据测定，有些猪舍或鸡舍的细菌含量高达每立方米几千到几万，其中有许多是对人畜体有害的病菌。绿色植物可以减少畜舍中空气中的细菌。主要原因：一方面绿色植物能净化畜舍中的灰尘，从而也减少了细菌，另一方面绿色植物本身具有杀菌作用而净化畜舍空气中的细菌。

　　目前已发现许多绿色植物能分泌出杀死细菌、真菌和原生动物的挥发性物质。例如大蒜、洋葱能杀死葡萄球菌、链球菌及其他细菌；桦树、银白杨、新疆圆柏、橙、柠檬等叶子能杀死原生动物；地榆根的水浸液能杀死痢疾杆菌的各菌系以及伤寒、副伤寒 A 和 B 的病原。又如肉桂油、柠檬油、丁香酚、百里香油、天竺葵油等也具有杀菌作用。前人用针叶树的挥发油作为外科手术的消毒药。具有较强杀菌能力的植物有：紫薇、悬铃木、柠檬桉、黑胡桃、枳壳、稠李、柊、柳杉、白皮松、柏木、薜荔、复叶槭、茉莉、柠檬、桧柏属臭椿、楝树、紫杉、马尾松、杉木、侧柏、樟树、山胡椒、山鸡椒、枫香、黄连等具有一定的杀菌能力。

　　畜牧场绿化对净化或减少空气中的细菌有一定积极作用。故此，畜牧场应该大力提倡绿化造林，才能达到净化畜牧场空气，消除畜禽致病因素的目的。

思 考 题

1. 畜牧场的有害气体是如何产生的？对人畜健康有何危害？有什么控制措施？
2. 畜舍内测定二氧化碳的卫生学意义？
3. 微粒如何分类，在饲养管理过程中如何减少空气中的微粒？
4. 畜舍内微生物的危害及控制措施有哪些？
5. 绿色植物对畜牧场空气的净化作用有哪些？

（王　军）

第四章　水、土壤和噪声

本章提要：本章阐明了水环境、土壤环境的重要性及其卫生学特性，阐述了水的人工净化与消毒措施。介绍了噪声对家畜的影响和控制措施。

第一节　水　环　境

水是地球上一切生命赖以生存的物质基础，也是畜牧生产中不可缺少的物质。水是构成家畜机体的主要成分，动物体内的水大部分与蛋白质结合形成胶体，使组织细胞具有一定的形态、硬度和弹性，水约占家畜体重的2/3。水是一种理想的溶剂，畜体的一切生理、生化过程都在水溶液或水的参与下进行，是化学反应的介质，在酶的作用下，参与很多生物化学反应，如水解、水合、氧化还原反应、有机化合物的合成和细胞的呼吸过程等，营养物质的消化、吸收以及养分的运输，代谢尾产物的排泄也必须有水的参与。由于水的比热大，导热性好，蒸发热高，所以在维持畜体热平衡中，水既能储存热能，也能迅速传递热能和蒸发散失热能，对维持体温的恒定起着关键作用；因此，家畜离不开水，缺水比缺饲料对其健康的危害更大。

此外，畜牧生产过程中，人畜用水、饲料调制、畜舍、工艺设施与工具的清洗和消毒以及畜产品的加工过程也需要大量的水，因此只有在水的质和量上满足畜牧生产需要，才能保证最终生产出安全、优质的畜产品。

一、水　源　概　述

天然水的分类和成分：天然水一般可分为大气水、地表水和地下水；大气水（atmosphere moisture）指以水蒸气、云、雨、雪、霜及冰雹的形式存在的水。地表水（surface water）包括江河水、湖泊水及海洋水。地下水（ground water）是指存在于上填层和岩石层的水。

水和水体（water body）：水和水体是两个不同的概念。天然水体是指河流、湖泊、沼泽、水库、地下水、冰川、海洋等储水体的总称。它不仅包括水，还包括水中的溶解物、悬浮物以及底泥和水生生物,是指地表被水覆盖的自然综合体系,是一个完整的生态系统。当水体受到重金属污染后,重金属污染物通过吸附、沉淀的方式,易从水中转移到底泥中,水中重金属的含量一般都不高,所以仅从水的角度考虑,似乎未受到污染,但从整个水体来说,已受到严重的污染,而且是不易净化的长期的次生污染。

水在自然界分布广泛,可分为地面水、地下水和降水三大类。但因其来源、环境条件和存在形式不同,又有各自的卫生特点。

(一)地面水

地面水包括江、河、湖、塘及水库等。这些水主要由降水或地下水在地表径流汇集而成,容易受到生活及工业废水的污染,常常因此引起疾病流行或慢性中毒。地面水一般来源广、水量足,又因为它本身有较好的自净能力,所以仍然是被广泛使用的水源。河流的流水一般比池塘的死水自净能力强;水量大的比水量小的自净能力强。因此,在条件许可的情况下,应尽量选用水量大、流动的地面水作牧场水源。在管理上可采取分段用水和分塘用水。

(二)地下水

地下水深藏在地下,是由降水和地表水经土层渗透到地面以下而形成。地下水经过地层的渗滤作用,水中的悬浮物和细菌大部分被滤除。同时,地下水被弱透水土层或不透水层覆盖或分开,水的交换很慢或停顿,受污染的机会少。但是地下水在流经地层和渗透过程中,可溶解土壤中各种矿物盐类而使水质硬度增加,因此,地下水的水质与其存在地层的岩石和沉积物的性质密切相关,化学成分较为复杂。该水质的基本特征是悬浮杂质少,水清澈透明,有机物和细菌含量极少,溶解盐含量高,硬度和矿化度较大,不易受污染,水量充足而稳定和便于卫生防护。但有些地区地下水含有某些矿物性毒物,如氟化物、砷化物等,往往引起地方性疾病。所以,当选用地下水时,应首先进行检验,才能选作水源。

(三)降水

大气降水指雨、雪,是由海洋和陆地蒸发的水蒸气凝聚形成的,其水质依地区的条件而定。靠近海洋的降水可混入海水飞沫;内陆的降水可混入大气中的灰尘、细菌;城市和工业区的降水可混入煤烟、SO_2 等各种可溶性气体和化合物,因而易受污染。但总的来说,大气降水是含杂质较少而矿化度很低的软水。降水由于储存困难、水量无保障,因此除缺乏地面水和地下水的地区外,一般不用作畜牧场的水源。

二、水的卫生学标准和特性

水的卫生学标准根据使用目的不同分畜禽饮用水水质标准和畜禽产品加工用水水质标准。在GB/T 18407.3—2001《无公害畜禽肉产地环境要求》中规定了无公害畜禽肉产地环境要求、试验方法、评价原则、防疫措施及其他要求,适用与畜禽养殖场、屠宰场、畜禽类产品加工厂以及产品运输储存单位。因此对畜牧场水源的卫生学标准必须在执行GB/T 18407.3—2001 的基础上,具体落实到NY 5027—2001 无公害食品《畜禽饮用水水质标准》以及 NY 5028—2001 无公害食品《畜禽产品加工用水水质标准》上。

表4-1　畜禽饮用水水质标准

项目			标准值	
			畜	禽
感官性状及一般化学指标	色(°)	≤	色度不超过30°	
	浑浊度(°)	≤	不超过20°	
	臭和味	≤	不得有异臭、异味	
	肉眼可见物	≤	不得含有	
	总硬度(以 CaCO₃ 计)(mg/L)	≤	1 500	
	pH 值		5.5~9	6.4~8.0
	溶解性总固体(mg/L)	≤	4 000	2 000
	氯化物(以 Cl⁻计)(mg/L)	≤	1 000	250
	硫酸盐(以 SO₄²⁻ 计)(mg/L)	≤	500	250
细菌学指标	总大肠菌群(个/100 mL)	≤	成年畜10,幼畜和禽1	
毒理学指标	氟化物(以 F⁻计)(mg/L)	≤	2.0	2.0
	氰化物(mg/L)	≤	0.2	0.05
	总砷(mg/L)	≤	0.2	0.2
	总汞(mg/L)	≤	0.01	0.001
	铅(mg/L)	≤	0.1	0.1
	铬(六价)(mg/L)	≤	0.1	0.05
	镉(mg/L)	≤	0.05	0.01
	硝酸盐(以 N 计)(mg/L)	≤	30	30

1. 水的感官性状　包括水的温度、色度、浑浊度、臭和味、肉眼可见物等项。水体受到污染后,水的感官性状和一般化学指标往往发生变化。因此上述指标可作为水是否被污染的参考。

(1)水温。温度是水的重要物理特性,它可影响水中生物、水体自净和人类对水的利用。地面水的温度随季节和气候的变化而变化,一般来讲,水温的变化总是落后于大气温度的变化,其变化范围为0.1~30℃之间。地下水的温度比较稳定,水温为8~12℃。当大量工业含热废水进入地面水时可造成热污染,导致水中溶解氧下降,危害水生生物。

(2)色。洁净的水无色。自然环境中的水由于受某些自然因素的影响而使水呈现不同的颜色,如流经沼泽地带的地面水,由于含腐殖质而呈棕色或褐色;有大量藻类生存的地面水里呈绿色或黄绿色。清洁的地下水无色,而含有氧化铁时,水呈黄褐色;含有黑色矿物质的水呈灰色;当水体受到有色工业污染时,可使水呈现该工业废水所特有的颜色。所以,当发现水体有色时,应调查它的来源。我国《畜禽饮用水水质标准》中规定色度不超过30°。

(3)浑浊度。表示水中悬浮物和胶体物对光线透析阻碍程度的物理量。浑浊度的标准单位是以1 L水中含有相当于1 mg标准硅藻土形成的浑浊状况,作为1个浑浊度单位,简称1°。

地下水因有地层的覆盖和过滤作用,水的浑浊度较地面水为低。地面水往往由于降水将邻近地面的泥土或污物冲入;或因生活污水、工业废水排入;或因强风急流冲击到水底和岸边的淤泥,致使水的浑浊度提高。我国《畜禽饮用水水质标准》中规定浑浊度不得超过20°。

(4)臭。指水质对鼻子嗅觉的不良刺激。清洁的水没有异臭。地面水中如有大量的藻类或原生动物时,水呈水草臭或腥臭。当水中含有人畜排泄物、垃圾、生活污水、工业废水或硫化物等时,可出现不同的臭气。水的臭气通过嗅觉来判断,可以分为泥土气味、沼泽气味、芳香气味、鱼腥气味、霉烂气味、硫化氢气味等。根据臭气的性质,常常可以辨别污染的来源。

(5)味。指水质对舌头味觉的刺激。清洁的水应适口而无味。天然水中各种矿物质盐类和杂物的量达到一定浓度时,可使水发生异常的味道。如水中含有过量的氯化物,可使水有咸味;含硫酸钠或硫酸镁时有苦味;含有铁盐呈涩味;水中含有大量腐殖质时产生沼泽味。动物尸体在水中分解、腐败可产生臭味。

2. 水的化学性状　水的化学性状比较复杂,因而采用较多的评价指标,pH值、总硬度、溶解性总固体、氯化物、硫酸盐等用来阐明水质的化学性质遭受污染的状况。

(1)pH值。决定于它所含氢离子及氢氧离子的多少。天然水的pH值一般在7.2~8.5之间。当水质出现偏碱或偏酸时,表示水有受到污染的可能。地面水被有机物严重污染时,有机物被氧化而产生大量游离的二氧化碳,可使水的pH值大大降低。被工业废水污染的地面水,pH 值也可发生明显的变化。

我国《畜禽饮用水水质标准》规定,pH 值在家畜为5.5～9.0;禽类为6.4～8.0。过高则盐类的析出,水的感官恶化,还会降低氯化消毒的效果。若水的pH 值过低,则能加强水对金属(铁、铅、铝等)的溶解,具有较大的腐蚀作用。

(2)总硬度。水的硬度(hardness)是指溶于水中的钙、镁盐类(碳酸盐、重碳酸盐、硫酸盐、硝酸盐、氯化物等)的总含量,一般以相当于 $CaCO_3$ 的量(mg/L)表示。通常,$CaCO_3$ 的量低于75 mg/L 时属于软水,超过此量即为硬水。硬度的划分并非基于对健康的影响,而主要是考虑到硬水煮沸时会在锅炉内沉积水垢等影响而加以划分的。水的硬度过高时易析出沉淀物而阻塞水管及饮水器喷嘴,从而影响畜牧场的供水。地下水的硬度一般比地面水高。地面水硬度随水流经过地区的地质条件而不同,一般都变化不大。但当流经石灰岩层或其他钙、镁岩层时,则硬度增加。我国《畜禽饮用水水质标准》规定,总硬度(以 $CaCO_3$ 计)不超过1 500 mg。

(3)氮化物。包括有机氮、蛋白氮、氨氮、亚硝酸盐氮和硝酸盐氮。有机氮是指有机含氮化合物的总称。蛋白氮是指已经分解成较为简单结构的有机氮。它们主要来源于动植物,如粪便、植物体、藻类和原生动物的腐败等。当水中有机氮和蛋白氮显著增高时,说明水体新近受到明显的有机污染。

①氨氮。是天然水被人畜粪便等有机物污染后,在耗氧微生物的作用下分解成的中间产物。当水中氨氮的含量增多时,表示水体最近受到污染。必须注意,当水流经沼泽地时,可因植物性有机物的分解而使水中氨氮含量增高。

②亚硝酸盐氮。是水中氨在有氧条件下,经亚硝酸菌的作用分解的产物。亚硝酸盐的含量高,表示该水有机物的无机化过程尚未完成,污染危害仍然存在。

导致水中亚硝酸盐氮含量增加还有其他因素:如硝酸盐还原、夏季雷电作用使空气中氧和氮化合成氮氧化合物,遇雨后部分成为亚硝酸盐而进入水中等。这些亚硝酸盐的出现与污染无关,因此在运用亚硝酸盐指标时必须弄清其来源,以作出正确的评价。

③硝酸盐氮。是含氮有机物分解的最终产物。如水体中仅硝酸盐含量增高,而氨氮、亚硝酸盐氮含量均低甚至没有,说明污染时间已久,现已趋向自净。此外,水中的硝酸盐也直接来自地层。

在实际工作中,当水体"三氮"含量增加时,除应排除与人畜粪便无关的来源外,往往需要根据水中"三氮"的变化规律进行综合分析。当三者均增高时,表明该水体过去、新近都受污染,目前自净正在进行,如水体中仅硝酸盐氮增加,表明污染已久,且已趋于净化。

(4)氯化物。自然界的水一般都含有氯化物,其含量随地区而不同。但在同一地区内,通常水体中的氯化物是相当稳定的。为了确定水源是否受到污染,掌握正常情况卜本地水中氯化物的含量,是十分必要的。我国《畜禽饮用水水质标准》规定,氯化物以Cl计,在家畜为1 000 mg/L;禽类为250 mg/L。水中氯化物是流经含氯化物的地层、受生活污水或工业废水的污染等。水中氯化物含量突然增加时,表明水有被污染的可能。尤其是含氮化合物同时增加,更能说明水体被污染。

(5)硫酸盐　天然水中均含有硫酸盐,且多以硫酸镁的形态存在。含有大量硫酸盐的水,其永久性硬度高。我国《畜禽饮用水水质标准》以硫酸盐计,在家畜为500 mg/L;禽类为250 mg/L。当水中硫酸盐含量突然增加时,表明水可能被生活污水、工业废水或化肥硫酸铵等污染。硫酸盐含量过高可影响水味和引起动物轻度腹泻。

(6)溶解氧(dissolved oxygen,DO)　指溶解在水中的氧含量,其含量与空气的氧分压、水温有关。一般而言,同一地区空气中氧分压变化甚微,故水温是主要影响因素,水温越低,水中溶解氧含量越高。清洁的地面水溶解氧含量接近饱和状态。水层越深,溶解氧含量越低,尤其是湖泊、水库等静止水更为明显。当水中有大量藻类时,其光合作用释放出的氧,可使水中溶解氧呈过饱和状态。当有机物污染或藻类大量死亡时,水中溶解氧迅速减少,甚至使水体处于厌氧状态。于是水中厌氧微生物繁殖,有机物发生腐败,水体发臭。

3. 毒理学指标　有毒元素　饮水中可能含有微量的有毒元素,如氟化物、砷、铅、汞、镉、硒、铬、钼等,当其含量超过一定的允许含量时,就会直接危害动物的健康和生产性能。现将国外家畜饮用水质量标准中有关饮水中有毒元素的最大允许量标准列示于表4-2供参考。

表4-2　家畜饮用水中有毒元素的最大允许含量

项目	TFWQG(1987)①	NRC(1974)②	澳大利亚③
氟化物	2.0	2.0	2.0
砷	2.5	0.2	1.0
铅	0.1	0.1	0.5
汞	0.003	0.01	0.002
镉	0.02	0.05	0.01
硒	0.05	—	0.02
铬	1.0	1.0	1~5
钼	0.5	—	0.01
钴	1.0	1.0	—
铝	5.0	—	—

续表4-2

项目	TFWQG(1987)①	NRC(1974)②	澳大利亚③
硼	5.0	—	—
镍	1.0	1.0	—
钒	0.1	0.1	—
铍	0.1	—	—

注：①TFWQG(1987)——Task Force on Water Quality Guidelines,1987;

②NRC(1974)——National Research Council,1974;

③澳大利亚畜牧饮用水标准。

上述指标称为水的毒理学指标,是指水质标准中所规定的某些物质本身是毒物。当其含量超过一定程度时,就会直接危害机体,引起中毒。这类指标往往是直接说明水体受到某种工业废水污染的重要证据。下面介绍我国NY 5027—2001无公害食品《畜禽饮用水水质标准》规定的指标。

(1)氟化物。水中一般含有适量的氟化物,它有良好的抗龋齿作用,而含氟量高则可引起中毒。一般认为,水中含氟量低于 0.5 mg/L 时,能引起龋齿;超过1.5 mg/L时,则可引起氟中毒。因此,NY 5027—2001无公害食品《畜禽饮用水水质标准》规定含氟量不超过2.0 mg/L。

由于大多数地区天然水源都含有微量的氟,所以水中氟含量不足的情况并不普遍。在更多的情况下是含量过高。水中氟化物含量过高带来的危害比含量不足更为明显和严重。地面水高氟的起因。主要是各种含氟工业(如磷酸厂、炼铝厂、玻璃厂、枕木防腐厂等)废水污染的结果。地下水中含氟量则有明显的地区性,在含氟矿层(如萤石、冰晶石、磷灰石等)丰富的地区,水中含氟量往往较高。在搞好饮水卫生和水源选择上应予重视。

(2)氰化物。水中氰化物主要来源于含氰化物的各种工业(如炼焦、电镀、选矿、金属冶炼等)废水的污染。氰化物毒性很强,可引起急性中毒。长期饮用含氰化物的水,还可引起慢性中毒,使甲状腺素生成量减少,从而表现出甲状腺机能低下的一系列症状。在我国《畜禽饮用水水质标准》中要求比较严格,规定氰化物含量家畜不得超过0.2 mg/L,禽类不超过0.05 mg/L。

(3)汞。含汞工业废水种类甚多,主要有电器、电解、涂料、农药、催化剂、造纸、医药、冶金等工业废水。此外,农业生产中的有机汞杀菌剂浸种,多年应用也会造成环境污染,可由土壤转入水体。汞的毒性很强,而有机汞的毒性又超过无机汞。无机汞如$HgCl$、$HgCl_2$、HgO 等在水中不溶解,进入生物组织较少。有机汞化合物如烷基汞(CH_3Hg、C_2H_5Hg)、苯基汞(C_6H_5Hg)等,有很强的脂溶性,容易进入生物组织,并有很高的富集作用。无机汞在水体中易沉淀于底层沉积物中,在微生物作用下转化为有机汞,然后进入生物体内,通过食物链逐渐富集,如最后进入人体,危害极大。

汞及其化合物在机体内,分布广且不易分解。排泄较慢,在我国《畜禽饮用水水质标准》中规定汞含量家畜不得超过 0.01 mg/L,禽类不超过 0.001 mg/L。

(4)砷。砷是传统的剧毒药,俗称砒霜,即三氧化二砷。砷主要存在于冶炼、农药、氮肥、制革、染色、涂料等多种工业废水中。砷不溶于水、存在于水溶液中的是各种化合物或离子。例如 H_3AsO_4、H_3AsO_3、$H_3AsO_4^-$、AsO_3^- 等。很多砷盐难溶或微溶于水。砷所引起的中毒有急性和慢性之分。成年人经口服 $100\sim130$ mg 可致死,长期饮用含砷量为 0.2 mg/L 以上的水可慢性中毒。慢性中毒表现为肝和肾的炎症、神经麻痹和皮肤溃疡,近年来还发现有致癌作用。农药砷酸铅、砷酸钙杀虫剂,是污染环境的来源之一,现已禁止使用。饲料添加剂阿散酸、洛克沙生也为砷制剂。在我国《畜禽饮用水水质标准》中规定总砷含量不超过 0.2 mg/L。

(5)硝酸盐与亚硝酸盐。水中的硝酸盐摄入体内后,可被胃肠道中的某些细菌(硝酸盐还原菌)转化为亚硝酸盐,被吸收入血后能使血红蛋白转变为高铁血红蛋白,导致血液失去携氧能力,可引起机体缺氧,甚至窒息死亡。硝酸盐和亚硝酸盐随饮水进入体内,于一定条件下在胃内、口腔、膀胱内(特别是在感染时)可与仲铵形成致癌物亚硝铵。

动物饮水中硝酸盐和亚硝酸盐的允许含量,各国的规定不一致。我国畜禽饮用水规定为 30 mg/L;美国 TFWQG(1987)资料,亚硝酸盐(以 N 计)为 10 mg/L,硝酸盐+亚硝酸盐(以 N 计)则为 100 mg/L,美国 NRC(1974)资料,亚硝酸盐(以 N 计)为 33 mg/L,硝酸盐+亚硝酸盐(以 N 计)则为 440mg/L。澳大利亚(1974)畜牧饮用水水源中硝酸盐(以 NO_3^- 计)的允许量为 $90\sim120$ mg/L。

4. 水的细菌学指标 水中可能含有多种细菌,其中以埃希氏杆菌属、沙门氏菌属及钩端螺旋体属最为常见。评价水质卫生的细菌学指标通常有细菌总数和大肠菌群数。虽然水中的非致病性细菌含量较高时可能对动物机体无害,但在饮水卫生要求上总的原则是水中的细菌越少越好。

畜禽饮用水每 100 mL 的细菌总数成年家畜应不超过 10 个,幼龄家畜和禽类应不超过 1 个。饮用水只要加强管理和消毒,一般能达到此标准。

至于作为饮用水的水源,对水源水质中大肠菌群数的限量,我国生活饮用水卫生标准(GB 5749—1985)规定:若只经过加氯即供作生活饮用的水源水,总大肠菌群平均每升不得超过 1 000 个,经过净化处理及加氯消毒后供作生活饮用的水源水,总大肠菌群平均每升不得超过 10 000 个。这一规定也可适用于畜牧饮用水水源水质的要求。美国国家事务局(1973)建议,家畜饮用水水源中大肠菌群数应不超过5 000个/100 mL。

细菌学检查特别是肠道菌的检查,可作为水受到动物性污染及其污染程度的有力根据,在流行病学上具有重要意义。在实际工作中,通常以检验水中的细菌总数和大肠杆菌总数来间接判断水质受到人畜粪便等的污染程度,再结合水质理化分析结果,综合分析,才能正确而客观地判断水质。

(1)细菌总数。于37℃培养24 h后所生长的细菌菌落数。但在人工培养基上生长繁殖的仅仅是适合于实验条件的细菌菌株,不是水中所有的细菌都能在这种条件下生长。所以细菌总数并不能表示水中全部细菌,也无法说明究竟有无病原菌存在。细菌总数只能用于相对地评价水质是否被污染和污染程度。当水被人畜粪便及其他物质污染时,水中细菌总数急剧增加。因此,细菌总数可作为水被污染的指标。

(2)大肠菌群数。水中大肠菌群的数量,一般用大肠菌群指数或大肠菌群值来表示。大肠菌群指数是指1 L水中所含大肠菌群的数目。大肠菌群值是指含有1个大肠菌群的水的最小容积(毫升数),这两种指标互为倒数关系,可用下式表示:

$$大肠菌群指数＝1\ 000/大肠菌群数$$

在正常情况下,肠道中主要有大肠菌落、粪链球菌(肠球菌)和厌气芽孢菌三类。它们都可随人畜粪便进入水体。由于大肠菌群在肠道中数量最多,生存时间比粪链球菌长而比厌气芽孢菌短,生活条件又与肠道病原菌相似,因而能反映水体被粪便污染的时间和状况。该指标检查技术简便,故被作为水质卫生指标,它可直接反映水体受人畜粪便污染的状况。

三、水的人工净化与消毒

畜牧场用水量较大,天然水质很难达到NY 5027无公害食品《畜禽饮用水水质》要求以及畜牧场人员《生活饮用水卫生标准》要求,因此针对不同的水源条件,经常要进行水的净化与消毒。水的净化处理方法有沉淀(自然沉淀及混凝沉淀)、过滤、消毒和其他特殊的净化处理措施。沉淀和过滤的目的主要是改善水质的物理性状,除去悬浮物质及部分病原体,消毒的目的主要是杀灭水中的各种病原微生物,保证畜禽饮用安全。一般来讲可根据牧场水源的具体情况,适当选择相应的净化消毒措施。

地面水常含有泥沙等悬浮物和胶体物质,比较浑浊,细菌的含量较多,需要采用混凝沉淀、沙滤和消毒法来改善水质,才能达到NY5027无公害食品《畜禽饮用水水质》要求。地下水相对较为清洁,只需消毒处理。有时水源水质较特殊,则应采用特殊处理法(如除铁、除氟、除臭、软化等)。

（一）混凝沉淀

从天然水源取水时,当水流速度减慢或静止时,水中原有悬浮物可借本身重力逐渐向水底下沉,使水澄清,称为"自然沉淀",但水中较细的悬浮物及胶质微粒,因带有负电荷,彼此相斥,不易凝集沉降,因此必须加入明矾、硫酸铝和铁盐(如硫酸亚铁、三氯化铁等)混凝剂,与水中的重碳酸盐生成带正电荷的胶状物,带正电荷的胶状物与水中原有的带负电荷的极小的悬浮物及胶质微粒凝聚成絮状物而加快沉降,此称"混凝沉淀"。这种絮状物表面积和吸附力均较大,可吸附一些不带电荷的悬浮微粒及病原体共同沉降,因而使水的物理性状大大改善,可减少病原微生物90%左右。该过程主要形成氢氧化铝和氢氧化铁胶状物:

$$Al_2(SO_4)_3+3Ca(HCO_3)_2 \Longrightarrow 2Al(OH)_3\downarrow+3CaSO_4+6CO_2\uparrow$$
$$2FeCl_3+3Ca(HCO_3)_2 \longrightarrow 2Fe(OH)_3\downarrow+3CaCl_2+6CO_2\uparrow$$

这种胶状物带正电荷,能与水中具有负电荷的微粒相互吸引凝集,形成逐渐加大的絮状物而沉降。混凝沉淀一般可减除悬浮物70%～95%,其除菌效果约90%。

混凝沉淀的效果与一系列因素有关,如浑浊度大小、温度高低、混凝沉淀的时间长短和不同的混凝剂用量。可通过混凝沉淀试验来确定,普通河水用明矾时,需40～60 mg/L。浑浊度低的水,以及在冬季水温低时,往往不易混凝沉淀,此时可投加助凝剂如硅酸钠等,以促进混凝。

（二）沙滤

沙滤是把浑浊的水通过沙层,使水中悬浮物、微生物等阻留在沙层上部,水即得到净化。沙滤的基本原理是阻隔、沉淀和吸附作用。滤水的效果决定于滤池的构造、滤料粒径的适当组合、滤层的厚度、滤过的速度、水的浑浊和滤池的管理情况等因素。

集中式给水的过滤,一般可分为慢沙滤池和快沙滤池两种。目前大部分自来水厂采用快沙滤池;而简易自来水厂多采用慢沙滤池。

分散式给水的过滤,可在河或湖边挖渗水井,使水经过地层自然滤过,从而改善水质。如能在水源和渗水井之间挖一沙滤沟,或建筑水边沙滤井,则能更好地改善水质。此外,也可采用沙滤缸或沙滤桶来滤过。

（三）消毒

水经过混凝沉凝和沙滤处理后,细菌含量已大大减少,但没有完全除去,病原菌还有存在的可能。在大型畜禽养殖场采用集中式供水时,经净化处理(混凝沉淀和过滤)后的水,还必须进行消毒。地下水可不经净化处理,但通常仍需消毒。集中式供水的主要卫生问题是细菌学指标超标,其原因主要是由于部分以地面水为水源的农村水厂是实行季节性投加消毒剂,而大部分以地下水为水源的农村水厂全年均未投加消毒剂,因此导致细菌学指标合格率低。为了确保饮水安全,必须再经过消毒处理。

饮水消毒的方法很多,如氯化法、煮沸法、紫外线照射法、臭氧法、超声波法、高锰酸钾法等。目前应用最广的是氯化消毒法,因为此法杀菌力强、设备简单、使用方便、费用低。饮水消毒国内外大多采用氯化消毒,常用的氯化消毒剂有液态氯、漂白粉(含有效氯约30%)或漂白粉精(含有效氯60%～70%)、次氯酸钠、二氧化氯等。集中式给水的加氯消毒,主要用液态氯。经加氯机配成氯的水溶液或直接将氯气加入管道中。小型水厂和一般分散式给水多用漂白粉。漂白粉的杀菌能力取决于其所含"有效氯"。新制漂白粉一般含有效氯 25%～35%,但漂白粉易受空气中二氧化碳、水分、光线和高温等影响而发生分解,使有效氯含量不断减少。因此,须将漂白粉装在密闭、避光、低温、干燥处,并在使用前检查其中有效氯含量。如果有效氯含量低于15%,则不适于作饮水消毒用。此外,还有漂白粉精片,它的有效氯含量高而且稳定,使用比较方便。

目前国内还有在饮用水消毒上效果好、价格低、作用迅速持久的消毒产品即由北京金惠昌生物安全技术有限公司生产的惠昌消毒液机生产的复合消毒液。该消毒液以次氯酸钠为主,兼有二氧化氯、初生态氧以及一些未知成分,具有连续持久生产稳定浓度的复合消毒液的能力,符合畜牧场消毒量大、要求效果好、成本低、无残留毒副作用、无环境毒性的要求。一般情况下,含氯消毒剂在饮水消毒中的浓度在 7～12 mg/L。

含氯消毒剂的作用机制主要有以下方面:

(1)形成的次氯酸作用于菌体蛋白质,干扰、破坏病原微生物的酶系统。

(2)消毒剂中的有效氯直接作用于菌体蛋白质,改变病原微生物的细胞膜的通透性,使病原微生物的蛋白质凝固、变性。

(3)二氧化氯在消毒过程中,通过释放初生态氧,表现出强氧化能力,达到氧化分解微生物蛋白质、抑制微生物生长和杀灭微生物。

实际上不同的含氯消毒剂的微观作用机制多以一种作用机制为主,并兼有其他作用。特别是复方配制的消毒剂具有多种协同、增效的杀菌作用。一般来说消毒剂的作用是杀灭病原微生物(细菌、病毒、真菌),其作用机制是破坏性的,如破坏酶系统,使微生物的生命活动全部停止。活性蛋白质一经变性、凝固,就会产生不可逆的化学反应,微生物则失去代偿机会,永远失去活性、直至死亡。因此当消毒对象确定后,消毒剂的使用得当,则很少存在像抗生素那样的耐药性问题。像人们日常生活饮水中水源处理使用的含氯消毒剂,始终没有交替就是一个最典型的例子。但由于作为生物性生产的畜禽场由于消毒目标不同,消毒剂成本不同,可以根据消毒对象选择不同的消毒剂,达到优势组合。

$$Cl_2 + H_2O \longrightarrow HOCl + HCl$$

$$HOCl \Longrightarrow H^+ + OCl^-$$

加氯消毒的效果,与水的pH值、浑浊度、水温、加氯剂量及接触时间、余氯的性质及量等有关。当水温为20℃和pH值为7左右时,氯与水接触30 min,水中剩余的游离性氯(次氯酸或次氯酸根)大于0.3 mg/L,才能完全杀灭病菌。水温低、pH值高、接触时间短时,则要求保留更高的余氯,从而应加入的氯量也需增多。

消毒剂的用量,除满足在接触时间内与水中各种物质作用所需要的有效氯量外,还应该使水在消毒后有适量的剩余,以保证持续的杀菌能力。

(四)供水系统的清洗

供水系统应定期(通常每周1~2次)冲洗,可防止水管中沉积物的积聚。在集约化养鸡场实行"全进全出制"时,于新鸡群入舍之前,在进行鸡舍清洁的同时,也应对供水系统进行冲洗。通常可先采用高压水冲洗供水管道内腔,而后加入清洁剂,经约1 h后,排出药液,再以清水冲洗。清洁通常分为酸性清洁剂(如柠檬酸、醋等)和碱性清洁剂(如氨水)两类。使用清洁剂可除去供水管道中沉积的水垢、锈迹、水藻等,并与水中的钙或镁相结合。

此外,在采用经水投药的方法防治疾病时,于经水投药之前2 d和用药之后2 d也应使用清洁剂来清洗供水系统。

第二节 土 壤

土壤是家畜生存的重要环境,但随着现代畜牧业向舍饲化方向的发展,其直接影响越来越小。而主要是通过饮水和饲料等间接影响家畜健康和生产性能。但土质对畜舍建筑有较重要影响。

一、土壤的物理性状

土壤是由地壳表面的岩石经过长期的风化和生物学作用形成的,其固形成分主要是矿物质颗粒，即土粒。土粒依其直径大小分为石砾（粒径1～3 mm）、沙粒（粒径1～0.01 mm）、粉沙（粒径0.01～0.001 mm）、黏粒（粒径小于0.001 mm）四种。土壤的分类根据各种粒径土粒所占的比例分为黏土、沙土和沙壤土三大类。

表 4-3　土壤机械组成的分类

土壤质地名称	黏土			沙壤土			沙土	
	重黏土	黏土	轻黏土	重壤土	壤土	轻壤土	沙土	沙砾
<0.01 mm 粉粒含量（%）	>80	80～50	50～40	40～30	30～20	20～10	10～5	<5
>0.01 mm 沙粒含量（%）	<20	20～50	50～60	60～70	70～80	80～90	90～95	>95

土壤的物理特性包括土壤的热容量、透气性、容水量、毛细管作用等。

（一）沙土

颗粒较大、粒间孔隙大、透气透水性强、吸湿性小、毛细管作用弱，所以易于干燥和有利于有机物分解。它的导热性大，热容量小，易增温，也易降温，昼夜温差明显，这种特性对家畜是不利的。

（二）黏土

颗粒细、粒间孔隙也极小、透气、透水性弱、吸湿性强、容水量大、毛细管作用明显，故易变潮湿、泥泞。当长期积水时，也易沼泽化。在其上修建畜舍，舍内容易潮湿，也易于孳生蚊蝇。这种土壤的自净能力也差。由于其容水量大，在寒冷地区冬天结冻时，体积膨胀变形，可导致建筑物基础损坏。有的黏土含碳酸盐较多，受潮后碳酸盐被溶解，造成土质松软，使建筑物下沉或倾斜。

（三）沙壤土

这类土壤由于沙粒和黏粒的比例比较适宜，兼具沙土和黏土的优点。它既有一定数量的大孔隙，又有多量的毛细管孔隙，所以透气透水性良好、持水性小，因而雨后也不会泥泞，易于保持适当的干燥。可防止病原菌、寄生虫卵、蚊蝇等生存和繁殖。同时，由于透气性好，有利于土壤本身的自净。这种土壤的导热性小、热容量较大、土温比较稳定，故对家畜的健康、卫生防疫、绿化种植等都比较适宜。又由于其抗压性较好、膨胀性小，也适于做畜舍建筑地基。

二、土壤的化学特性

土壤的成分很复杂，包括矿物质、有机物、土壤溶液和气体。一般土壤中矿物质占很大比例，约为90%～99%，而有机物占1%～10%。沙土几乎只有矿物质，而泥炭土则绝大部分是有机质。

土壤中的化学元素,与家畜关系最密切的有钙、磷、钾、钠、镁、硫等常量元素以及家畜所必需的微量元素如碘、氟、钴、钼、锰、锌、铁、铜、硒、硼、锶、镍等。此外,土壤中含量最多的元素如氧、硅、铝等,虽与家畜的营养需要无直接关系,但都是土壤矿物质组成的主要成分,如SiO_2、Al_2O_3及磷酸盐、碳酸盐、硝酸盐、氯化物、硫化物、氨等,这些都是植物的重要养分。

畜体中的化学元素主要从饲料中获得,土壤中某些元素的缺乏或过多,往往通过饲料和水引起家畜地方性营养代谢疾病(表4-3)。例如,土壤中钙和磷的缺乏可引起家畜的佝偻病和软骨症;缺镁则导致畜体物质代谢紊乱、异嗜,甚至出现痉挛症;土壤中缺钾或钠时,家畜表现食欲不振、消化不良、生长发育受阻等。一般情况下,土壤中常量元素的含量较丰富,大多能通过饲料来满足家畜的需要。但家畜对某些元素的需要量较多(如钙),或植物性饲料中含量较低(如钠),故应注意在日粮中补充。

表4-4　某种元素缺乏或过量引起的病症

元素	缺乏引起的病症	过量引起的病症	日粮干物质中含量的致毒反应量
钙	骨骼病变,骨软症	影响消化、扰乱代谢、骨畸形	持续含1%以上
磷	幼畜佝偻病;成畜骨质软化症。多发于牧草含磷量0.2%以下地区	甲状旁腺机能亢进、跛行、长骨骨折	持续超过干物质的0.75%以上
镁	低镁痉挛、惊厥,牛羊搐搦症。一般青草含镁量低于干物质的0.2%发病	降低采食量、腹泻	以不超过0.6%为宜
钾	生长停滞、痉挛、瘫痪。日粮干物质中的含量低于0.15%发病	影响镁的代谢,为镁痉挛的原因	
钠	生长迟缓、产乳量下降、异食癖	雏鸡食盐中毒	一般不超过5%,猪1%食盐
氯	阻碍雏鸡生长、神经系统病变		鸡3%食盐
硫	食欲不振、虚弱、产毛量下降	元素硫无明显致毒作用	硫酸盐形式的硫超过0.05%可中毒
铁	幼畜贫血、腹泻	瘤胃弛缓、腹泻、肾机能障碍	
铜	贫血,牛羊骨质疏松,后肢轻瘫;禽胚胎死亡;牧草中少于3 mg/kg,出现缺铜症	牛羊红细胞溶解、且血红蛋白尿和黄疸	羊超过50 mg/kg;牛100 mg/kg;猪250 mg/kg;雏鸡300 mg/kg

续表4-4

元素	缺乏引起的病症	过量引起的病症	日粮干物质中含量的致毒反应量
钴	幼畜生长停滞、成畜消瘦、母畜流产.含钴低于0.1 mg/kg DM发病	食欲减退,贫血	肉牛 8 mg/kg;羊 10~12 mg/kg
硒	肝坏死、白肌病;鸡渗出性素质病、脑软化。饲料中低于0.1 mg/kg发病	慢性消瘦贫血、跛行;急性为瞎眼、痉挛、衰竭	鸡10 mg/kg
锰	生长停滞、骨质疏脆、鸡脱腱病、繁殖率低	食欲不良、体内储铁下降,发生缺铁贫血	超过1 000 mg/kg
锌	生长受阻、皮肤角化不全、睾丸发育不良	对铁、铜吸收不利而贫血	为日粮干物质的500~1 000 mg/kg
碘	甲状腺肥大、生长迟缓、胚胎早死	鸡产蛋量下降;兔死亡率提高	以不超过 4.8 mg/kg为宜
铬	胆固醇或血糖升高、动脉粥样硬化	致畸、致癌、抑制胎儿生长	
氟	牙齿保健不良,饲料和饮水中以0.5~1.0 mg/kg为佳	齿病变如波状齿、锐齿、骨畸形、跛行	以不超过20 mg/kg为宜
钼	雏鸡生长不良、种蛋质量下降	牛腹泻、消瘦,引起缺铜相同的骨骼病和贫血	超过6 mg/kg即可中毒
硅	骨骼和羽毛发育不良、形成瘦腿骨	在肾、膀胱、尿道中形成结石	

　　土壤中的微量元素主要来源于成土母质,其含量与土壤形成过程有密切关系。如火成岩的玄武岩,其沉积物上发育的土壤含铁、锰、铜和锌较丰富;沉积岩发育的土壤含硼比火成岩多。黏土的微量元素含量一般高于沙质土。有机物对微量元素有络合作用,因此,富含腐殖质的土壤有利于许多微量元素的存在。

　　气候因素亦影响土壤微量元素的分布,如湿润多雨的山岳地区,由于土壤淋溶现象明显,易溶性高的元素,如碘则异常缺乏,家畜常出现地方性甲状腺肿大;而气候炎热干燥的荒漠土、灰钙土、盐碱土等,由于氟、硒等微量元素过剩,家畜常表现氟骨症、硒中毒;潮湿的土壤有利于三叶草对钴的吸收,而土壤的含水量与气候因素有关,因此有些地区牛、羊钴的缺乏症发病率有季节性的变化。

　　除上述几种微量元素及其引起的生物地球化学地方病外,还有许多微量元素如锰、钼、硼、锶、镍等,它们在土壤中含量的异常,都能引起动物发生一些特异的生物及病理的变化。

三、土壤的生物学特性

土壤中的生物包括微生物、植物和动物。微生物中有细菌、放线菌及病毒等；植物中有真菌、藻类等；动物包括鞭毛虫、纤毛虫、蠕虫、线虫、昆虫等。微生物多集中在土壤表层，越深越少，富含腐殖质的表层土每克可有细菌200万～2亿个。

土壤的细菌大多是非病原性杂菌，如丝状菌、酵母菌、球菌以及硝化菌、固氮菌等。土壤深层多为厌氧性菌，这些微生物为有机物分解所必需，对土壤的自净具有重大作用。

土壤中存在着微生物之间的生存竞争，土壤的温度、湿度、pH值、营养物质等为不利于病原菌生存的因素。但富含有机质或被污染的土壤，或抗逆性较强的病原菌，都可能长期生存下来，如破伤风杆菌和炭疽杆菌在土壤中可存活16～17年以上，霍乱杆菌可生存9个月，布鲁氏杆菌可生存2个月，沙门氏杆菌可生存12个月。土壤中非固有的病原菌如伤寒菌、痢疾菌等，在干燥地方可生存2周，在湿润地方可生存2～5个月。在冻土地带，细菌可以长期生存，能够形成芽孢的病原菌存活的时间更长，而炭疽芽孢可存活数十年。因此，发生过疫病的地区会对家畜构成很大威胁。此外，由于人、畜粪尿、尸体等物的污染，各种致病寄生虫的幼虫和卵，原生动物如蛔虫、钩虫、阿米巴原虫等，在土壤中也有较强的抵抗力，在低洼地、沼泽地生存时间较长，常成为家畜寄生虫病的传染源。

第三节 噪 声

近年来，随着工农业生产的发展，畜牧业机械化程度的提高和畜牧场规模的日益扩大，噪声的来源越来越多，强度越来越大，已严重地影响了家畜的健康和生产性能，引起畜牧工作者的重视。噪声干扰人们的正常生活，长期生活在噪声污染中，易造成听力障碍，同时噪声对神经系统、心血管系统都有危害，其危害程度随噪声强度的大小和影响时间的长短而异。

一、噪声的概念

从物理观点来讲，声音可以分为两大类：一类是物体呈周期性振动所发出的声音，称为乐音；另一类是物体成不规则、无周期性振动所发出的声音，叫做"噪声"。

从生理学观点来讲,凡是使家畜讨厌、烦躁、影响家畜正常的生理机能、导致家畜生产性能下降、危害家畜健康的声音都叫做"噪声"。

二、噪声对机体的一般影响

在噪声的长时间作用下,对人的身体可产生不良的影响:一是对听觉器官引起"特异性"病变,造成听觉器官的损伤;二是引起"非特异性"病变,表现为全身各系统,特别是中枢神经系统、心血管系统和内分泌系统。

(一)对听觉器官的损伤

人和动物的听觉适应有一定限度。在强烈噪声持续作用下,听力减弱,听力敏感性下降。离开噪声环境后,听觉敏感性恢复时间需要数分钟以上,甚至数小时至十几小时。这种现象称为"听力疲劳",是听觉的功能性变化。但是长时间遭受过强的噪声刺激,就会由功能性影响发展成器质性损伤,造成听力下降,引起内耳的退行性病变,叫做"噪声性耳聋"。一般认为,如果听力下降 30 dB,就是产生病理变化的先兆。研究表明只有在 80 dB 下,才能保护所有的人不致耳聋。但是从技术上和经济上考虑,畜牧生产中很难实现这一标准。

(二)对机体的非特异性影响

噪声长期作用于中枢,可使大脑皮层的兴奋和抑制过程平衡失调,条件反射异常,脑血管张力受到损害。这些变化在早期是可复原的,时间过长,就是可能形成顽固的兴奋性,并累及植物性神经系统,产生头痛、头晕、耳鸣、心悸、失眠或嗜睡、全身无力等神经症候群,严重者可产生精神错乱。

噪声可引起植物神经系统功能紊乱,表现为血压升高或降低、出现窦性心动过速或过缓、窦性心律不齐、心室前期与传导阻滞。噪声可致心肌损害。在噪声较强的环境中,冠心病与动脉硬化的发病率显著增高。

噪声可导致血液白细胞总数上升,淋巴球起初上升、继而减少。

噪声可引起胃肠道功能障碍,胃液分泌异常,胃酸减少(少数人增多),胃蠕动减弱,食欲不振,甚至发生恶心、呕吐。噪声的长时期作用,可引起胃病和胃溃疡。

此外,有些研究发现,噪声对基础代谢、免疫力、内分泌、皮肤湿度等,也有一定影响;还影响胎儿体重,并和胎儿畸形有关。

(三)对人正常生活的影响

噪声最令人烦恼的影响,是使人不能睡眠。噪声还对人们入睡的持续时间和睡眠深度具有显著影响。噪声使人烦躁不安,容易疲乏,注意力不易集中,反应迟钝,不仅影响工作效率,而且使工作质量下降,事故发生率明显上升。

三、噪声对家畜生产性能的影响

噪声对家畜的影响,研究还比较少,目前主要集中在对于生产性能上的影响上。

110～115 dB 的噪声会使乳牛产奶量下降30％以上,同时会发生流产、早产现象。噪声对奶牛的不良影响,可能是使垂体-肾上腺素系统机能失调而引起的。噪声由 75 dB 增至 100 dB,可使绵羊的平均日增重显著下降,饲料利用率也降低。

噪声可使猪受惊,但猪很快适应。因此在增重、饲料转化率上没有明显影响。有人实验发现,高强度噪声使猪的死亡率增高。

对于鸡,90～100 dB 的噪声可引起暂时性坠蛋现象,继之则逐渐适应。但持续的超过这一强度的噪声,会使产蛋量减少。130 dB 可使鸡体重下降,甚至死亡。用爆破声和85～89 dB 的稳定噪声对鸡进行刺激,结果成年鸡、大雏和中雏都受到影响。

表 4-5　噪声对来航鸡的影响

组　　别	对照	试验
平均产蛋率(％)	82.9	78.0
平均蛋重(g)	52.4	51.0
软壳蛋率(％)	0	1.9
血斑蛋发生率(％)	3.1	4.6

引自李震钟. 家畜环境卫生学附牧场设计. 下同。

表 4-6　噪声对成年鸡、大雏和小雏的影响

组别	成年鸡		大雏			中雏		废鸡
	产蛋率 (％)	体重减少 (％)	开产 日龄	产蛋率 (％)	平均体 重(g)	开产 日龄	产蛋率 (％)	(％)
对照	81.3	10～30	160	66	1 702	147.9	54	15
试验	72.4	35～55	160.6	46	1 740	148.2	32	24

噪声会使家畜受惊,引起损伤。家畜遇突然噪声会受惊,狂奔,发生撞伤、跌伤和碰坏某些设备。但是也发现,马、牛、羊、猪对于噪声都能很快的适应,因而不再有行为上的反应。

但是,一定水平的声音对于动物是完全必要的。据报道,音乐对鹌鹑的发育具有良好的促进作用。轻音乐可使鸡群保持安静、减少惊群发生率。而低强度的轻音乐能使乳牛产奶量增多；但是这方面的试验尚少，有待于进一步研究。

四、畜牧场噪声的来源及防治措施

畜牧场的噪声，从大的方面看，有三个来源：一是外界传入，如飞机、火车、汽车、雷鸣等；二是场内机械生产，如锄草机、饲料粉碎机、风机、真空泵、除粪机、喂料机以及饲养管理工具的碰撞声；三是家畜自身产生，如鸣叫、争斗、采食、走动等。据测定，畜舍风机的噪声强度，在最近处可达84 dB；真空泵和挤奶机的噪声为75～90 dB，除粪机为63～70 dB。家畜自身产生的噪声，在相对安静时最低为48.5～63.9 dB；饲喂、挤奶、收蛋、开动风机时，各方面的噪声汇集在一起，可达70.0～94.8 dB。

畜牧业中的噪声标准，目前尚无材料。我国1979年颁发的《工业企业噪声卫生标准》(试行草案)规定，工业企业的生产车间和作业场所的工作地点的噪声标准为85 dB。这是指每天在噪声环境下工作8 h而言的。如果每天接触噪声不到8 h，噪声标准可适当放宽。这个标准，可以作为畜牧兽医工作者的参考。

为了减少噪声，建场时应选好厂址，尽量避免外界干扰；场内的规划应当合理，使汽车、拖拉机等不能靠近畜舍；牧场内应选择性能优良、噪声小的机械设备；装置机械时，应注意消声和隔音。畜舍周围大量植树，可使外来的噪声降低10 dB以上。

思 考 题

1. 水源的卫生学特性及人工消毒净化措施。
2. 土壤对家畜的影响。
3. 噪声对家畜健康和生产力的影响及控制措施。

（刘凤华、鲁　琳）

第五章　畜舍环境的改善与控制

本章提要：本章主要介绍畜舍环境的改善与控制的基本概念、基础理论和应用技术。内容包括畜舍的基本结构、畜舍的类型和特点、畜舍的保温和隔热、通风与换气、采光以及畜舍的给排水。畜舍环境的改善与控制，就是根据家畜生产的需要，调控畜舍小气候条件，一般通过畜舍的围护结构的保温隔热性能设计（建筑热工设计）、畜舍建筑设计和小气候调控设备来实现。本章内容对畜牧场畜舍环境控制和畜牧场的设计，具有指导作用和实用性。

环境是动物赖以生存的基础，同家畜品种、饲料和疾病一样，是影响畜牧生产水平的主要因素。我国地域辽阔，气候类型多样，无论南方还是北方，绝大多数地区都存在家畜、家禽生存环境不适应其要求的矛盾。为使畜禽遗传力得以充分发挥，获取最高的生产效率，必须对畜舍环境加以改善和控制，即改善和控制畜舍小气候条件。

畜舍的外墙、屋顶、门窗和地面构成了畜舍的外壳，称为畜舍的外围护结构，畜舍依靠外围护结构不同程度地与外界隔绝，形成不同于舍外气候的畜舍小气候。畜舍小气候状况，不仅取决于外围护结构的保温隔热性能，还取决于畜舍的通风、采光、给排水等设计是否合理，同时还应采取小气候调节设备来对畜舍环境进行人为控制。

畜舍环境的改善与控制的宗旨是为家畜创造适宜的环境条件，提高生产效率，提高经济效益。因此，在实际生产中，不是为家畜建立理想的环境，也不是畜舍环境的调控措施和手段越先进越好，必须结合当地的条件，借鉴国内外先进的科学技术，采用较适宜的环境调控措施，改善畜舍小气候，同时配合日常精心的环境管理，才能取得满意的效果。

第一节　畜舍的基本结构

畜舍的主要结构如图5-1所示。包括基础、墙、屋顶、地面、门窗等。根据主要结构的形式和材料不同,可分为砖结构、木结构、钢筋混凝土结构和混合结构。

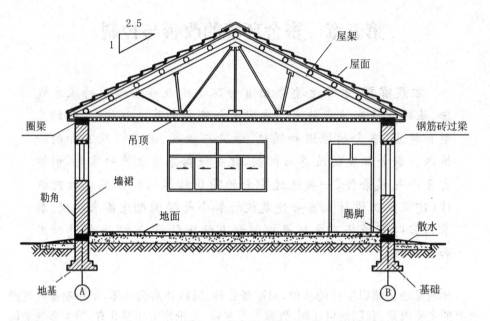

图 5-1　畜舍的主要结构

一、基础和地基

基础和地基是房舍的承重构件,共同保证畜舍坚固、耐久和安全。因此,要求其必须具备足够的强度和稳定性,防止畜舍因沉降(下沉)过大和产生不均匀沉降而引起裂缝和倾斜。

(一)基础

基础是畜舍地面以下承受畜舍的各种荷载并将其传给地基的构件。它的作用是将畜舍本身重量及舍内固定在地面和墙上的设备、屋顶积雪等全部荷载传给地基。墙和整个畜舍的坚固与稳定状况取决于基础。故基础应具备坚固、耐久、抗机械作用能力及防潮、抗震、抗冻能力。如条形基础一般由垫层、大放脚(墙以下的加宽部分)和基础墙组成。砖基础每层放脚宽度一般宽出墙为60 mm。

用做基础的材料除机制砖外,还有碎砖三合土、灰土、毛石等。灰土基础的主要优点是经济、实用,适用于地下水位低,地基条件较好的地区;毛石基础适用于盛产石头的山区。基础的底面宽度和埋置深度应根据畜舍的总荷载、地基的承载力、土层的冻胀程度及地下水位高低等情况计算确定。北方地区在膨胀土层修建畜舍时，应将基础埋置在土层最大冻结深度以下。基础受潮是引起墙壁潮湿及舍内湿度大的原因之一，故应注意基础防潮、防水。基础的防潮层设在基础墙的顶部，舍内地坪以下60 mm。基础应尽量避免埋置在地下水中。加强基础的保温对改善畜舍环境有重要意义。

（二）地基

地基是基础下面承受荷载的那部分土层，有天然地基和人工地基之分。

总荷载较小的简易畜舍或小型畜舍可直接建在天然地基上，可作畜舍天然地基的土层必须具备足够的承重能力，足够的厚度，且组成一致、压缩性（下沉度）小而匀（不超过2~3 cm）、抗冲刷力强、膨胀性小、地下水位在2 m以下，且无侵蚀作用。

常用的天然地基有：沙砾、碎石、岩性土层以及有足够厚度、且不受地下水冲刷的沙质土层是良好的天然地基。黏土、黄土含水多时压缩性很大，且冬季膨胀性也大，如不能保证干燥，不适于做天然地基。富含植物有机质的土层、填土也不适用。

土层在施工前经过人工处理加固的称为人工地基，畜舍一般应尽量选用天然地基，为了选准地基，在建筑畜舍之前，应确切地掌握有关土层的组成情况、厚度及地下水位等资料，只有这样，才能保证选择的正确性。

二、墙

（一）定义

墙是基础以上露出地面的部分，是承接屋顶的全部荷载并传给基础的承重构件，也是将畜舍与外部空间隔开的外围护结构，是畜舍的主要结构。以砖墙为例，墙的重量占畜舍建筑物总重量的40%~65%，造价占总造价的30%~40%。同时墙体也在畜舍结构中占有特殊的地位，据测定，冬季通过墙散失的热量占整个畜舍总失热量的35%~40%，舍内的湿度、通风、采光也要通过墙上的窗户来调节，因此，墙对畜舍舍内温湿状况的保持起着重要作用。

（二）分类

墙有不同的功能，起承受屋顶荷载的墙称为承重墙；起分隔舍内房间的墙称为隔断墙（或隔墙）。直接与外界接触的墙统称外墙，不与外界接触的墙为内墙。外墙之两长墙叫纵墙或主墙，两短墙叫端墙或山墙。

由于各种墙的功能不同，故在设计与施工中的要求也不同。墙体必须具备：坚固、耐久、抗震、耐水、保温、防火、抗冻；结构简单、便于清扫、消毒；同时应有良好的保温与隔热性能。墙体的保温、隔热能力取决于所采用的建筑材料的特性与厚度。

尽可能选用隔热性能好的材料,保证最好的隔热设计,在经济上是最有利的措施。受潮不仅可使墙的导热加快,造成舍内潮湿,而且会影响墙体寿命,所以必须对墙采取严格的防潮、防水措施。

防潮措施有:用防水好且耐久的材料抹面以保护墙面不受雨雪的侵蚀;沿外墙四周做好散水或排水沟;墙内表面一般用白灰水泥砂浆粉刷,墙裙高 1.0～1.5 m;生活办公用房踢脚高 0.15 m、散水宽 0.6～0.8 m、坡度 2%、勒脚高约为 0.5 m 等。这些措施对于加强墙的坚固性、防止水汽渗入墙体、提高墙的保温性均有重要作用。

常用的墙体材料主要有砖、石、土、混凝土等。在畜舍建筑中,也有采用双层钢板中间夹聚苯板或岩棉等保温材料的板块,即彩钢复合板作为墙体,效果较好。

(三)畜舍的样式

根据外墙的设置情况,畜舍的样式可分为:敞棚(凉亭)式、开放式、半开放式、有窗式和无窗式(图 5-2),畜舍样式在第二节有详细介绍。

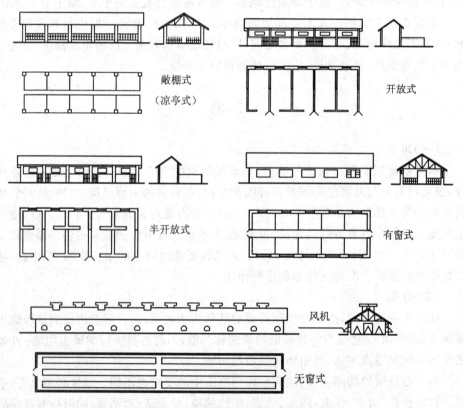

图 5-2 按外墙区分的畜舍样式

三、屋顶和天棚

（一）屋顶

屋顶是畜舍顶部的承重构件和围护构件,主要作用是承重、保温隔热和防水。它是由支承结构和屋面组成.支承结构承受着畜舍顶部包括自重在内的全部荷载,并将其传给墙或柱;屋面起围护作用,可以抵御降水和风沙的侵袭,以及隔绝太阳辐射等,以满足生产需要。屋顶对于畜舍的冬季保温和夏季隔热都有重要意义。屋顶的保温与隔热的作用比墙重要,因为舍内上部空气温度高,屋顶内外实际温差总是大于外墙内外温差。屋顶除了要求防水、保温、承重外,还要求不透气、光滑、耐久、耐火、结构轻便、简单、造价便宜。任何一种材料不可能兼有防水、保温、承重三种功能,所以正确选择屋顶、处理好三方面的关系,对于保证畜舍环境的控制极为重要。

屋顶形式种类繁多,在畜舍建筑中常用的有以下几种形式(图5-3):

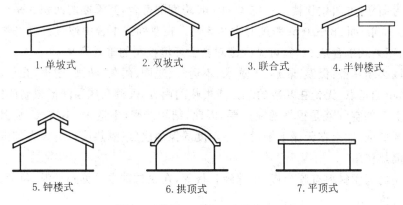

1. 单坡式　　2. 双坡式　　3. 联合式　　4. 半钟楼式

5. 钟楼式　　　　6. 拱顶式　　　　7. 平顶式

图5-3　按屋顶形式区分的畜舍样式

1. 单坡式屋顶　屋顶只有一个坡向,跨度较小,结构简单,造价低廉,可就地取材。因前面敞开无坡,采光充分,舍内阳光充足、干燥。缺点是净高较低不便于工人在舍内操作,前面易刮进风雪。故只适用于单列舍和较小规模的畜群。

2. 双坡式屋顶　是最基本的畜舍屋顶形式,目前我国使用最为广泛。这种形式的屋顶可适用于较大跨度的畜舍,可用于各种规模的各种畜群,同时有利保温和通风,这种屋顶易于修建,比较经济。

3. 联合式屋顶　这种屋顶是在单坡式屋顶前缘增加一个短缘,起挡风避雨作用,适用于跨度较小的畜舍。与单坡式屋顶畜舍相比,采光略差,但保温能力较强。

4. 钟楼式和半钟楼式屋顶 这是在双坡式屋顶上增设双侧或单侧天窗的屋顶形式,以加强通风和采光,这种屋顶多在跨度较大的畜舍采用。其屋架结构复杂,用料特别是木料投资较大,造价较高,这种屋顶适用于温暖地区。

5. 拱顶式屋顶 是一种省木料、省钢材的屋顶,一般用砖、石等材料发旋砌筑,跨度较小的畜舍用单曲拱,跨度较大时用双曲拱,拱顶面层须做保温层和防水层,这类屋顶造价较低。

6. 平屋顶 随着建材工业的发展,平屋顶的使用逐渐增多。其优点是可充分利用屋顶平台,节省木材,缺点是防水问题比较难解决。

此外,还有哥德式、锯齿式、折板式等形式的屋顶,这些在畜舍建筑上很少选用。

(二)天棚

又名顶棚、吊顶、天花板,是将畜舍与屋顶下空间隔开的结构。天棚的功能主要在于加强畜舍冬季的保温和夏季的防热,同时也有利于通风换气。天棚上屋顶下的空间称为阁楼,也叫做顶楼。一栋8～10 m跨度的畜舍,其天棚的面积几乎比墙的总面积大1倍,而18～20 m跨度时大2.5倍。在双列式牛舍中通过天棚失热可达36%,而四列式牛舍达44%,可见天棚对畜舍环境控制的重要意义。

天棚必须具备:保温、隔热、不透水、不透气、坚固、耐久、防潮、耐火、光滑、结构轻便、简单的特点。无论在寒冷的北方或炎热的南方,天棚与屋顶间形成封闭空间,其间不流动的空气就是很好的隔热层,因此,结构严密(不透水、不透气)是保温隔热的重要保证。如果在天棚上铺设足够厚度的保温层(或隔热层),将大大加强天棚的保温隔热作用。

常用的天棚材料有胶合板、矿棉吸音板等,在农村常常可见到草泥、芦苇、草席等简易天棚。

畜舍内的高度通常以净高表示。净高指舍内地面至天棚的高,无天棚时指室内地面至屋架下弦的高,也叫柁下高。在寒冷地区,适当降低净高有利保温;而在炎热地区,加大净高则是加强通风、缓和高温影响的有力措施。

四、地 面

(一)定义

地面也叫地平,指单层房舍的地表构造部分,多层房舍的水平分隔层称为楼面。因为家畜直接在畜舍地面上生活(包括躺卧休息、睡眠、排泄),所以畜舍地面也叫畜床。畜舍地面质量好坏,不仅可影响舍内小气候与卫生状况,还会影响畜体及产品(奶、毛)的清洁,甚至影响家畜的健康及生产力。

(二)畜舍地面应具备的基本要求

(1)坚实、致密、平坦、有弹性、不硬、不滑。

(2)有利于消毒排污。

(3)保温、不渗水、不潮湿。

(4)经济适用。当前畜舍建筑中,很难有一种材料能满足上述诸要求,因此与畜舍地面有关的家畜肢蹄病、乳房炎及感冒等病症比较难以克服。

(三)常见畜舍地面类型

畜舍一般采用混凝土地面,它除了保温性能差外,其他性能均较好。土地面、三合土地面、砖地面、木地面等,保温性能虽好于混凝土地面,但不坚固、易吸水、不便于清洗、消毒。沥青混凝土地面保温隔热较好,其他性能也较理想,但因含有危害畜禽健康的有毒有害物质,现已禁止在畜舍内使用。图5-4是几种地面的一般做法。地面性能与畜舍环境、家畜健康直接相关。

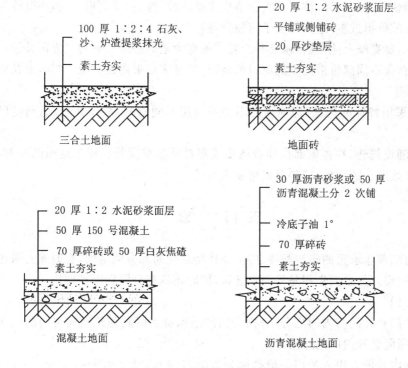

图5-4　几种地面的一般做法

　　地面的保温隔热性能对畜舍小气候的影响很大。如果在选用材料及结构上能有保证,当家畜躺在地面——畜床上时,热能可被地面蓄积起来,而不致传导散失,在家畜站起后大部分热能放散至舍内空气中。这不仅有利地面保温,而且有利舍温调节。有材料证明:奶牛在1 d内有50%的时间躺在牛床上,中间起立12～14次,整个牛群起立后,舍温可升高1～2℃。

　　地面的防水、隔潮性能对地面本身的导热性和舍内小气候状况、卫生状况的影响也很大。地面隔潮防水不好是地面潮湿、畜舍空气湿度大的原因之一。地面透水,畜尿、粪水及洗涤水会渗入地面下土层。这样,使地面导热能力增强,从而导致畜体躺卧时失热增多,同时微生物容易繁殖,污水腐败分解也易使空气污染。

　　地面平坦、有弹性且不滑,在畜牧生产上是一项重要的环境卫生学要求。地面太硬,不仅家畜躺卧时感到不舒适,且对家畜四肢(尤其拴养时)有害,易引起膝关节水肿,家畜也易疲劳。地面太滑,家畜易摔倒,以致挫伤、骨折、母畜流产。地面不平,如卵石地面,容易伤害家畜蹄、腱;也易积水,且不便清扫、消毒。地面向排尿沟应有适当坡度,以保证洗涤水及尿水顺利排走。牛、马舍地面的适宜坡度为1%～1.5%,猪舍为2%～3%。坡度过大会造成家畜四肢、腱、韧带负重不匀,而对拴养家畜会致后肢负担过重,造成母畜子宫脱垂与流产。

　　因此,要克服上述矛盾,修建符合要求的畜舍地面必须从下列三方面补救:

　　(1)畜舍不同部位采用不同材料的地面,如畜床部采用三合土、木板,而在通道采用混凝土。

　　(2)采用特殊的构造,即地面的不同层次用不同材料,取长补短,达到良好的效果。

　　(3)铺设厩垫,在畜床部位铺设橡皮或塑料厩垫在国外已用于地面的改善,并收到良好效果。铺木板、铺垫草也可视为厩垫。

五、门　　窗

　　门窗均属非承重的建筑配件。门主要作用是交通和分隔房间,有时兼有采光和通风作用;窗户的主要作用是采光和通风,同时还具有分隔和围护作用。

(一)门

　　畜舍门有外门与内门之分,舍内分间的门和畜舍附属建筑通向舍内的门叫内门,畜舍通向舍外的门叫外门。

　　畜舍内专供人出入的门一般高度为2.0～2.4 m,宽度0.9～1.0 m;供人、畜、手推车出入的门一般高2.0～2.4 m,宽1.4～2.0 m;供牛自动饲喂车通过的门高度和宽度均3.2～4.0 m。供家畜出入的圈栏门取决于隔栏高度,宽度一般为:猪为0.6～0.8 m,牛、马为1.2～1.5 m;羊小群饲养为0.8～1.2 m,大群饲养为2.5～3.0 m,鸡为0.25～0.30 m。门的位置可根据畜舍的长度和跨度确定,一般设在两端墙和纵墙上,若畜舍在纵墙上设门,最好设在向阳背风的一侧。

在寒冷地区为加强门的保温,通常设门斗以防冷空气侵入,并可缓和舍内热能的外流。门斗的深度应不小于2 m,宽度应比门大出1.0～1.2 m。

畜舍门应向外开,门上不应有尖锐突出物,不应有木槛,不应有台阶。但为了防止雨雪水淌入舍内,畜舍地面应高出舍外20～30 cm。舍内外以坡道相联系。

(二)窗

畜舍窗户可为木窗、钢窗和铝合金窗,形式多为外开平开窗、也可用悬窗。由于窗户多设在墙或屋顶上,是墙与屋顶失热的重要部分,因此窗的面积、位置、形状和数量等,应根据不同的气候条件和家畜的要求,合理进行设计。考虑到采光、通风与保温的矛盾,在寒冷地区窗的设置必须统筹兼顾。一般原则是:在保证采光系数要求的前提下尽量少设窗户,以能保证夏季通风为宜。有的畜舍采用一种导热系数小的透明、半透明的材料做屋顶或屋顶的一部分(如阳光板),这就解决了采光与保温的矛盾,但这种结构的使用还有待于深入研究。在畜舍建筑中也有采用密闭畜舍,即无窗畜舍,目的是为了更有效地控制畜舍环境;但前提是必须保证可靠的人工照明和可靠的通风换气系统,要有充足可靠的电源。

六、其他结构和配件

过梁和圈梁:过梁是设在门窗洞口上的构件,起承受洞口以上构件的重量的作用,有砖过梁(砖拱)、钢筋砖过梁和钢筋混凝土过梁。圈梁是加强房舍整体稳定性的构件,设在墙顶部或中部,或地基上。畜舍一般不高,圈梁可设于墙顶部(檐下),沿内外墙交圈制作。采用钢筋砖圈梁和钢筋混凝土圈梁。一般地说,砖过梁高度为24 cm;钢筋砖过梁和钢筋砖圈梁高度为30～42 cm,钢筋混凝土圈梁高度为18～24 cm。过梁和圈梁的宽度一般与墙厚等同。

第二节　畜舍类型和特点

畜舍的作用是为家畜提供适宜的环境,不同类型的畜舍一方面影响舍内小气候条件如温度、湿度、通风换气、光照等;另一方面影响畜舍环境改善的程度和控制能力。例如,开放舍小气候条件受舍外环境条件影响较大,不利于采用环境控制设施和手段。因此,根据家畜的需求和当地气候条件,确定适宜的畜舍类型特别重要。

前节已经讲过,畜舍类型按照墙可分为:凉棚式(敞棚式)、开放式、半开放式、有窗式和无窗式畜舍;按畜舍屋顶形式可分为:单坡式、双坡式、联合式、半钟楼式、钟楼式和拱顶等样式。如果从环境控制和改善的角度,根据人工对畜舍环境的调控程度分类,可将畜舍分为开放式和密闭式两种形式。

一、开放式畜舍

开放式畜舍指充分利用自然条件,辅以人工调控或不进行人工调控的畜舍。一般按其封闭程度分为完全开放式畜舍(敞棚式、凉亭式)、半开放式畜舍和有窗式畜舍三种。

(一)完全开放式畜舍

也称为敞棚式、凉棚或凉亭式畜舍,畜舍只有端墙或四面无墙的。这类形式的畜舍只能起到遮阳、蔽雨及部分挡风作用。为了扩大完全开放式畜舍的使用范围,克服其保温能力较差的弱点,可以在畜舍前后加卷帘,利用亭檐效用和温室效应,保证夏季通风良好、冬季保温也得到一定程度的改善,如简易节能开放型鸡舍、牛舍、羊舍,都属于这一类型。完全开放式畜舍用材少,施工易,造价低,多适用于炎热及温暖地区。

(二)半开放式畜舍

指三面有墙,正面上部敞开或有半截墙的畜舍。通常敞开部分朝南,冬季可保证阳光照入舍内,而在夏季只照到屋顶。有墙部分则在冬季起挡风作用。这类畜舍的开敞部分在冬天可以附设卷帘、塑料薄膜、阳光板形成封闭状态,从而改善舍内小气候。半开放式畜舍应用地区较广,在北方一般使用垫草,增加抗寒能力。这种畜舍适用于养各种成年家畜,特别是耐寒的牛、马、绵羊等。

(三)有窗式畜舍

指通过墙体、窗户、屋顶等围护结构形成全封闭状态的畜舍形式,具有较好的保温隔热能力,便于人工控制舍内环境条件。其通风换气、采光均主要依靠门、窗或通风管。它的特点是防寒较易,防暑较难,可以采用环境控制设施进行调控。另一特点是舍内温度分布不均匀。天棚和屋顶温度较高,地面较低;舍中央部位的温度较窗户和墙壁附近温度高,由于这一特点,我们必须把热调节功能差、怕冷的初生仔畜尽量安置在畜舍中央过冬;在采用多层笼养方式育雏的育雏室内,把日龄较小、体重较低的雏禽安置在上层,同时必须加强畜舍外围护结构的保温隔热设计,满足家畜的要求。在我国各地,这种畜舍应用最为广泛。

二、密闭式畜舍

密闭式畜舍也称为无窗畜舍,是指畜舍内的环境条件完全靠人工调控。由于这种畜舍舍内环境条件容易控制,可以使用各种控制手段,自动化、机械化程度高,省人工,生产效率高;另外由于发达国家电能便宜,劳动力昂贵,所以在发达国家应用较多。在我国则相反,电价高、廉价劳动力很多,故我国应用密闭式畜舍较少。

除上述两种畜舍形式外,还有大棚式畜禽舍、拱板结构畜禽舍、复合聚苯板组装式畜禽舍、被动式太阳能猪舍等多种建筑形式。另外还有一些新形式的畜舍,如联栋式畜舍,优点是减少畜禽场占地面积,缓解人畜争地的矛盾,降低畜禽场建设投资等。现在,畜禽舍建筑结构采用热镀锌钢材料、无焊口装配式工艺,将温室技术与养殖技术有机结合,研制出了一系列标准化的装配式畜禽舍,在降低建造成本和运行费用的同时,通过进行环境控制,实现优质、高效和低耗生产。总之,畜舍的形式是不断发展变化的,新材料、新技术不断应用于畜舍,使畜舍建筑越来越符合家畜对环境条件的要求。

三、畜舍样式的选择

畜舍样式的选择主要是根据当地的气候条件和家畜种类及饲养阶段确定的,在我国畜舍选择开放式较多,密闭式较少。一般热带气候区域选用完全开放式畜舍、寒带气候区域选择有窗开放式畜舍,牛以防暑为主、幼畜以防寒为主。畜舍样式选择可参考表5-1。

表5-1　中国畜舍建筑气候分区

气候区域	1月份平均气温(℃)	7月份平均气温(℃)	平均湿度(%)	建筑要求	畜舍种类
Ⅰ区	−10～−30	5～26	—	防寒、保温、供暖	有窗式或密闭式
Ⅱ区	−5～−10	17～29	50～70	冬季保温、夏季通风	有窗式或密闭式或半开放式
Ⅲ区	−2～11	27～30	70～87	夏季降温、通风防潮	有窗式、半开放式或敞棚式
Ⅳ区	10以上	27以上	75～80	夏季防暑降温、通风、隔热遮阳	有窗式、半开放式或敞棚式

续表5-1

气候区域	1月份平均气温（℃）	7月份平均气温（℃）	平均湿度（%）	建筑要求	畜舍种类
Ⅴ区	5以上	18～28	70～80	冬暖夏凉	有窗式、半开放式或敞棚式
Ⅵ区	5～20	6～18	60	防寒	有窗式或密闭式
Ⅶ区	－6～29	6～26	30～55	防寒	有窗式或密闭式

引自张岫云编著·农业建筑学·1988。

第三节　畜舍的保温和隔热

　　畜舍的防寒、防暑性能，在很大程度上取决于外围护结构的保温隔热性能。保温隔热设计合理的畜舍，除极端寒冷和炎热地区之外，一般可以保证家畜对温度的基本要求，只有幼畜，由于其本身热调节机能尚不完善，对低温极其敏感，故需要通过采暖以保证幼畜所要求的适宜温度。畜舍保温和隔热就是通过确定围护结构的热阻值、建筑防寒与防暑措施，以及所采用的供暖、降温设备，达到防寒、防暑的目的。

一、建筑材料的物理特性

　　畜舍环境的控制在很大程度上受畜舍各部结构的热工特性即保温隔热能力的制约，而建筑结构的热工特性又与建筑材料的特性有关。了解和掌握建筑材料的有关特性，对于理解和解决畜舍环境的控制，以及在日常工作中管理和使用畜舍均有重要意义。

（一）建筑材料的热工特性

　　建筑材料由于其组成和结构上的差异，具有不同的热物理特性。表示建筑材料热物理特性的指标主要是导热系数和蓄热系数。

　　1. 导热系数（λ）　是表示材料传导热量能力的热物理指标。其单位为 $W/(m \cdot K)$（瓦/米·开）或 $kcal/(m \cdot h \cdot ℃)$（千卡/米·小时·度）。导热性强的材料，保温隔热能力差；相反，导热性弱的材料保温隔热能力强。材料的导热性决定于材料的成分、构造、孔隙率、含水量及发生热传导时的温差等因素。一般建筑材料的 λ 值与其密度和材料的湿度（材料吸湿后含游离水分的多少）呈正比。多数材料的 λ 值的范围在 $0.029 \sim 3.5 W/(m \cdot K)$ 之间，建筑上习惯把 λ 值小于 $0.23 W/(m \cdot K)$

[即 $0.2\,kcal/(m \cdot h \cdot ℃)$] 的材料称为保温隔热材料。

畜舍建筑结构往往由多种材料组成,因此围护结构的导热性以总传热系数表示。

总传热系数(K)是设计或判断畜舍结构保温隔热性能好坏的一个指标。总传热系数是根据该结构所用材料层的导热系数求得的。总传热系数表示:当舍内外温度相差 1 K 时,每小时通过 1 m^2 面积的畜舍外围护结构传导的热量[$W/(m^2 \cdot K)$]。总传热系数越大,说明该结构的导热能力越强,故表明其保温隔热能力越小。

2. 蓄热系数(S) 是表示建筑材料储藏热量能力的热物理指标。单位为 $W/(m^2 \cdot K)$[或 $kcal/(m^2 \cdot h \cdot ℃)$]。外界气温在 24 h 内的变化,可近似地视作谐波(按正弦余弦曲线作规则变化)。当材料层受到谐波热作用时,其内外表面温度也按同一周期波动,但其表面温度波动的幅度减小、称为"衰减",振幅减少的倍数叫衰减度;出现高峰的时间推迟,称为"延迟"。材料的蓄热系数大,吸收和容纳的热量多,材料层表面温度波动越小,延迟时间也越长。所以在炎热地区选择蓄热系数大的材料有利。一般蓄热系数大的材料导热系数也大,只有某些有机材料(如稻壳等)两者均较大。

(二)建筑材料的空气特性

建筑材料的保温性能与强度在很大程度上取决于其空气特性。而材料的特性又与材料的孔隙多少和其中所含空气的数量有关。材料的空气特性通常用间接指标来表示:

1. 容重(ρ) 指材料在自然状态下单位体积的重量,单位为 kg/m^3。容重反映材料内的孔隙状况,有孔隙才有可能存在空气。所以也用孔隙率,即在材料中孔隙所占百分率来表示。容重小的材料,孔隙多,其中充满空气,而空气的导热系数仅为 $0.023\,W/(m \cdot K)$。所以,多孔的、轻质的材料保温、隔热性能好。同样,疏松的纤维材料(芦苇、稻草等)、颗粒材料(锯末、炉灰等),也是由于所含孔隙多且充满空气而具有良好的保温隔热性能。纤维材料的导热系数随纤维截面积减小而减小,即越细保温越好。并且横纤维方向的导热性小于顺纤维方向;颗粒材料的导热性则随单位体积中颗粒的增多而降低。

2. 透气性 透气性也是衡量材料隔热能力的一个指标。空气的隔热作用只有当其处于相对稳定状态时才能表现出来。因此,连通的、粗孔的材料因其中的空气可以流动,故保温隔热能力不如封闭的、微孔的材料好。

但是,材料的孔隙虽然有利于保温,但却与材料的强度有矛盾。

(三)建筑材料的水分特性

建筑材料的热工特性,在很大程度上受其水分特性的影响。当材料孔隙中的空气被水取代时,由于水的导热系数为 0.58 W/(m·K),是空气的 24 倍,故潮湿材料的导热能力显著加大。材料的水分特性主要表现在以下几方面:

1. 吸水性 指材料在水中能吸收水分,并当自水中取出时能保持这些水分的性质。

2. 吸湿性 当周围空气的湿度变化时,材料的湿度也随着变化的性质,叫吸湿性。

材料吸湿性的大小,决定于材料本身的组织构造和化学成分。一定组织构造和化学成分的材料,其含水率决定于周围空气的相对湿度与温度。当空气中相对湿度增高及结构表面温度降低时,材料吸湿性随之增高。当物体表面的孔隙多时,吸湿性也增高。

3. 透水性 材料在水压力作用下,能使水透过的性质,称为透水性。透水性大的材料,水分易于透过。孔隙率大以及连通开口孔隙的材料,透水性较大。畜舍地面由于受地下水以及洗涤水、污水等因素的影响,要求地面结构具有不透水性。

4. 耐水性 材料在长期饱和水作用下,强度不降低或不严重降低的性质,称为耐水性。一般材料,随含水量的增加,强度均有所降低。这是由于水透入材料微粒之间,降低其联结力、软化某些不耐水成分所致。在畜舍中受水侵蚀或处于潮湿环境的结构,应选用耐水性强的材料。

可见,材料的水分特性不仅影响材料的保温隔热性能,而且影响材料的强度。因此,在建筑施工中采取严格的防潮措施具有极其重要的意义。

上述几种特性只涉及材料的一些物理性质,在选择材料时还应考虑材料的机械性质,如强度、弹性、韧性、硬度及耐磨性等。上述这些性质体现在每一种具体材料上,彼此相互制约、相互影响。比如:同种材料,它的孔隙率大时,则疏松、容重小,导热性往往也低,而强度、硬度、耐磨性和抗冻性却较差。

二、围护结构的传热

围护结构的传热是指热量由温度较高的一侧传递到温度较低一侧的过程,热量在由围护结构传出或传入的过程中,要遇到内外表面层流边界层(由表面流动的空气形成)的阻碍作用(称为内或外表面热转移阻),还要受到围护结构材料层的阻碍作用(材料层热阻)。由于热量的传出或传入受到维护结构的阻碍作用,故围护结构的保温隔热能力,常用热阻来衡量。

材料层热阻(R):指某材料层阻止热传递能力的热物理指标。它的单位为 $m^2·K/W$,即当材料层构两侧温差为 1℃时,通过每平方米面积,传出 1 W 热量所

需要的小时数。材料层的热阻等于材料的厚度与它的导热系数的比值,即:

$$R = \frac{\delta}{\lambda}$$

式中,R 为单一材料层的热阻($m^2 \cdot K/W$);

    δ 为材料层的厚度(m);

    λ 为材料的导热系数[$W/(m \cdot K)$]。多层材料的热阻等于各种材料的热阻值之和($\sum R$)。

    围护结构的传热过程如图5-5所示,冬季舍内的热量向舍外传递时,假设围护结构两侧所受的热作用是固定不变的(称为"稳定传热"),即舍内外气温分别为 t_n 和 t_w 时的传热,热量由舍内传至墙壁内外表面时,温度降为 τ_n 和 τ_w,热量传到舍外时温度降为 t_w;夏季围护结构的传热过程与冬季的方向相反。

    围护结构内外表面空气层的热阻称为内表面热转移阻(R_n)和外表面热转移阻(R_w),材料层的热阻为 $\sum R$,则围护结构总热阻(R_0)为:

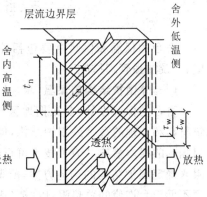

图 5-5 围护结构的传热过程

$$R_0 = R_n + \sum R + R_w$$

以总传热系数(K)表示,则为:

$$K = \frac{1}{R_0} = \frac{1}{\frac{1}{\alpha_n} + \sum \frac{\delta}{\lambda} + \frac{1}{\alpha_w}}$$

    事实上,围护结构两侧的热作用都是谐波,传热过程很复杂。为了简化计算,在建筑热工设计中均按稳定传热考虑,围护结构内外表面热转移阻 R_n 和 R_w,可根据表面位置、形状和不同季节,选择固定值(表5-2)。

表 5-2 外围护结构内外表面热转移阻 R_n 和 R_w

季节	单位	墙		屋 顶		吊 顶	
		R_n	R_w	R_n	R_w	R_n	R_w
冬季	$m^2 \cdot K/W$	0.115	0.043	0.115	0.043	0.115	0.086
夏季	$m^2 \cdot K/W$	0.115	0.0537	0.1433	0.0537	0.172	0.172

由此看出,要使围护结构的保温隔热性能达到设计要求,要选择导热系数小的材料,还要增加材料层厚度,使通过材料层传送的热量控制在允许范围内。也就是说,无论在寒冷地区为保证舍内热量不致散失,还是在炎热地区避免外界热能传入舍内,均要求畜舍外围护结构必须具备一定的热阻。否则,畜舍就会出现冬天过冷、夏天过热的现象,因为畜舍围护结构的传热与畜舍内外的温差和围护结构的面积成正比,与围护结构的总热阻值成反比。

三、畜舍的保温和供暖

畜舍的保温和供暖主要包括外围护结构的保温设计、建筑防寒设计、畜舍供暖,以及加强管理措施。

(一)外围护结构的保温

畜舍的保温设计,要根据地区气候差异和畜种气候生理的要求选择适当的建筑材料和合理的畜舍外围护结构,使围护结构总热阻值达到基本要求,这是畜舍保温隔热的根本措施。为了技术可行经济合理,在建筑热工设计中,根据冬季低限热阻来确定围护结构的构造方案,所谓冬季低限热阻值是指保证围护结构内表面温度不低于允许值的总热阻,以"R_0^d"表示,单位为$m^2 \cdot K/W$。在我国工业与民用建筑设计规范中,对相对湿度大于60%,而且不允许内表面结露的房间,墙的内表面温度要求在冬季不得低于舍内的露点温度t_1。对于屋顶,由于舍内空气受热上升,屋顶失热比等面积的墙要多,潮湿空气更容易在屋顶凝结,故要求屋顶内表面温度比舍内露点温度高1℃。畜舍的湿度一般比较大,其内表面温度也应按此规定执行。国外非常重视畜舍建筑的保温隔热能力,如气候条件与我国哈尔滨地区相似的美国威斯康星州推荐屋顶热阻为$4.4\ m^2 \cdot K/W$,墙体热阻为$2.64\ m^2 \cdot K/W$;又如加拿大畜舍建筑的舍外设计温度为$-12.2℃$的地区(相当于喀什、延安、大连等地区),屋顶热阻要求为$2.12\ m^2 \cdot K/W$,墙体热阻为$1.76\ m^2 \cdot K/W$,比我国相应地区民用住房的冬季低限热阻(屋顶$0.77\ m^2 \cdot K/W$,墙体$0.62\ m^2 \cdot K/W$)高出2~3倍。

作为畜牧兽医工作者,不必掌握有关冬季低限热阻和供暖热负荷(即供暖设备需要提供的热量)等计算,只需在工艺设计中提出畜禽对舍温要求的最低生产界限和舍内相对湿度标准(附表1)以及舍内计算温度(t_n)、湿度(Φ)和露点温度t_1,并提出墙和屋顶内表面温度τ_n的最低允许值(墙$\tau_n > t_1$,屋顶$\tau_n > (t_1+1)$)的要求,由设计部门按此要求进行设计。有关畜舍建筑热工设计的上述几项参数,我国尚无标准,我们参考国外资料和我国实践经验,对冬季各种畜禽舍舍内计算温度t_n、湿度Φ

和露点温度 t_1,提出推荐值列于表5-3,供参考。

表5-3 畜舍冬季舍内计算温度 t_n、湿度 Φ 和露点温度 t_1 推荐值

畜 舍	参数		
	计算温度 t_n(℃)	计算湿度 Φ(%)	露点温度 t_1(℃)
猪产房,保育仔猪舍	20	70	14.3
育雏鸡舍,0~4 周肉用雏鸡舍;雏火鸡、鹌鹑、珍珠鸡舍	20	65	13.2
雏鸭舍,雏鹅舍	20	70	14.3
牛产房,产间,犊牛预防室;羊产圈,哺乳母羊舍	13	70	7.6
公猪舍,空怀及妊娠母猪舍,育成及后备猪舍,育肥猪舍;育成鸡舍,肉鸡舍,蛋鸡舍,火鸡舍,鹌鹑舍,珍珠鸡舍	15	70	9.5
种鸭舍,蛋用鸭舍,肉鸭舍;鹅舍	13	75	8.7
育成及青年牛舍,成年母牛舍,成年羊舍	10	70	4.7

在选择墙和屋顶的构造方案时,尽量选择导热系数小的材料。如选用空心砖代替普通红砖,墙的热阻值可提高41%,而用加气混凝土块,则可提高6倍。现在一些新型保温材料已经应用在畜舍建筑上,如中间夹聚苯板的双层彩钢复合板、透明的阳光板、钢板内喷聚乙烯发泡等,可提请设计部门结合当地的材料和习惯做法采用。

(二)建筑防寒措施

1. 选择适宜于防寒的畜舍样式 选择畜舍样式应考虑当地冬季寒冷程度和饲养畜禽的种类及饲养阶段。例如,严寒地区宜选择有窗式或密闭式畜舍,冬冷夏热地区的成年畜禽舍可以考虑选用半开放式,但冬季须搭设塑料棚或设塑料薄膜窗保温。成年乳牛较耐寒而不耐热,故可以采用半钟楼式或钟楼式,以利夏季防暑。

2. 畜舍的朝向 畜舍朝向,不仅影响采光,而且与夏季通风及冬季冷风侵袭有关。由于冬季主导风向对畜舍迎风面所造成的压力,使墙体细孔不断由外向内渗透寒气,是冬季畜舍的冷源,致使畜舍温度下降、失热量增加。在设计畜舍朝向时,应根据本地风向频率,结合防寒、防暑要求,确定适宜朝向。宜选择畜舍纵墙与冬季主风向平行或形成0°~45°角的朝向,这样冷风渗透量减少,有利于保温。而选择畜舍纵墙与夏季主风向形成30°~45°角,则涡风区减少,通风均匀,有利于防暑,排除污浊空气效果也好。在寒冷的北方,由于冬春季风多偏西、偏北,故在实践中,畜舍以南向为好。

3. 门窗设计 门窗的热阻值较小。单层木窗的 R_0 值为0.172 m²·K/W,仅为一砖厚(240 mm),内粉刷砖墙热阻值的1/3强。同时,门窗缝隙会造成冬季的冷风

渗透,外门开启失热量也很大。因此,在寒冷地区,门窗的设置应在满足通风和采光的条件下,尽量少设。北侧和西侧冬季迎风,应尽量不设门,必须设门时应加门斗,北侧窗面积也应酌情减少,一般可按南窗面积的 1/2～1/4 设置。必要时畜舍的窗也可采用双层窗或单框双层玻璃窗。

4. 减少外围护结构的面积   由于畜舍单位时间的失热量与外围护结构面积成正比,故减小外墙和屋顶的面积是有效的防寒措施。在寒冷地区,屋顶吊装天棚是重要的防寒保温措施。它的作用在于使屋顶与畜舍空间之间形成一个不流动的空气间层,所以对保温极为重要。屋顶铺足够的保温层(炉灰、锯末、玻璃棉、膨胀珍珠岩、矿棉等),是加大屋顶热阻值的有效方法。以防寒为主的地区,畜舍高度不宜过大,以减少外墙面积和舍内空间,但桁下(吊顶下)高度一般不宜低于 2.4 m。根据吊顶的有无,畜舍跨度、畜舍种类、寒冷程度等情况,畜舍高度一般为 2.7～3.0 m。有吊顶的笼养鸡舍,笼顶至吊顶的垂直距离宜保持 1.0～1.3 m,以利通风排污。畜舍的跨度与外墙面积有关,相同面积和高度的畜舍,跨度大者其外墙总长度小。例如面积均为 600 m、墙高均为 2.7 m 的两栋畜舍,6 m 跨、100 m 长的一栋,外墙总长度为 212 m,外墙总面积为 572.4 m²;10 m 跨、60 m 长的一栋,外墙总长度和总面积分别为 140 m 和 378 m²,都分别为前者的 66%。但加大跨度不利于通风和光照,特别是采用自然通风和光照的畜舍,跨度一般不宜超过 8 m;否则,夏季通风效果差,冬季北侧光照少、阴冷。修建多层畜舍不仅可以节约土地面积,而且有利于保温隔热,因为顶层和底层分别避免了地面或屋顶失热,其他各层则避免了地面和屋顶双向失热。但多层畜舍单位面积造价较高,且饲料、产品、粪污的上下运输和家畜转群较困难,须设专用电梯或升降装置。

5. 畜舍地面的保温   畜舍地面的保温、隔热性能,直接影响地面平养畜禽的体热调节,也关系到舍内热量的散失,因此畜舍地面保温很重要。直接铺设在土地上的地面,其各层材料的导热系数 λ 值均大于 1.16 W/m·K 时,统称为非保温地面。为了提高地面保温性能,可在地面中铺设导热系数小于 1.16 W/m·K 的保温层。铺设保温层的地面,称为保温地面。亦可在家畜的畜床上加设木板或塑料等措施,以减缓地面散热。如果畜舍温度保持在 10～13℃,地面失热不明显。可见,地面散热比屋顶和墙散热都少。畜舍的地面选择可参考第一节的内容,根据当地条件和材料选择适宜的保温地面。

(三)畜舍的供暖

在采取各种防寒措施仍不能保障要求的舍温时,须采取供暖措施。

畜舍供暖分集中供暖和局部供暖。集中供暖由一个集中的热源(锅炉房或其他热源),将热水、蒸汽或预热后的空气,通过管道输送到舍内或舍内的散热器(暖气片等）。局部采暖则由火炉（包括火墙、地龙等）、电热器、保温伞、红外线灯等就地产生热能，供给家畜的局部环境。采用哪种供暖方式应根据畜禽要求和供暖设备投资、运转费用等综合考虑。在我国，初生仔猪和雏鸡舍多采用局部供暖：在仔猪栏铺设红外电热板或仔猪栏上方悬挂红外线保温伞；在雏鸡舍用火炉、电热育雏笼、保温伞等设备供暖。利用红外线照射仔猪，一般一窝一盏（125 W）；采用保温伞育雏，一般每 800～1 000 只雏一个。在母猪分娩舍采用红外线照射仔猪比较合理，既可保证仔猪所需较高的温度，而又不致影响母猪。红外线灯的瓦数不同、悬挂高度和距离不同，温度也不同（在仔猪保温箱内，箱长 110 cm，宽 70 cm，高 90 cm）。也有采用畜床下敷设电阻丝或热水管做所谓热垫的。地面下铺设水管的办法，通常是在水泥地面下 5.0～7.5 cm 深处铺水管，水管之间距离一般 46 cm（因热能向水管四周扩散的距离为 23 cm）。为防止热能散失，水管下一定要铺设隔热层（一般铺一层 2.5 cm 厚的聚氨酯）；水管上面最好也铺隔热层。近几年，通风供暖设备的研制有了新的进展，暖风机、热风炉在寒冷地区已经推广，有效地解决了冬季通风与保温的矛盾。

采用集中供暖时，必须由设计部门根据采暖热负荷计算散热器、采暖管道及锅炉，畜牧兽医工作者应为他们提供舍温要求值、畜禽产热量、通风需要量等参数（见附表 3 至附表 6）。

（四）加强防寒管理

对家畜的饲养管理及对畜舍本身的维修保养与越冬准备，直接或间接地对畜舍的防寒保温起到不容忽视的作用。

1. 调整饲养密度 在不影响饲养管理及舍内卫生状况的前提下，适当加大舍内家畜家禽的密度，等于增加热源，可提高舍温，所以是一项行之有效的辅助性防寒保温措施。

2. 利用垫草 垫草可保温吸湿，以改善畜体周围小气候，是在寒冷地区常用的一种简便易行的防寒措施。铺垫草不仅可改进冷硬地面的使用价值，而且可在畜体周围形成温暖的小气候状况。此外，铺垫草也是一项防潮措施。

3. 控制湿度 防止舍内潮湿是间接保温的有效办法。潮湿不仅可加剧畜舍结构的失热，同时由于空气潮湿不得不加大通风换气，而冬季通风占畜舍失热的很大比重：不采暖舍高达 40% 以上；采暖舍高达 80%。

4. 控制气流防止贼风 在设计施工中应保证结构严密，防止冷风渗透。入冬前设置挡风障，控制通风换气量，防止气流过大。实验证明，在冬季，舍内气流由 0.1 m/s 增大到 0.8 m/s，相当于舍温降低 6℃。冬季舍内气流速度应控制在 0.1～0.2 m/s。

5. 利用温室效应防寒　窗户敷加透光塑料薄膜等都可起到不同程度的保温与防冷风侵袭作用。尤其要充分利用太阳辐射和玻璃及某些透明塑料的独特性能形成的"温室效应"，以提高舍温。

这些防寒管理措施可根据畜牧场的实际情况加以利用。此外，寒冷时调整日粮、提高日粮中的能量浓度和提高饮水温度对于家畜抵抗寒冷也有重要意义。

四、畜舍的防暑与降温

高温对家畜家禽的健康和生产力的发挥会产生负面影响，而且危害比低温还大。从生理上看，家畜一般比较耐寒而怕热，尤其是毛皮类动物。

畜舍的防暑设计包括外围护结构隔热设计、畜舍防暑措施和畜舍降温设备设计。

（一）外围护结构的隔热

外围护结构隔热的目的，在于控制内表面温度不致过高，适当加大衰减度和延迟时间。畜舍外围护结构的隔热性能由夏季低限热阻（R_0^{xd}）、低限总衰减度（v_0^d）和总延迟时间（ξ_0）来衡量。

1. 夏季低限热阻（R_0^{xd}）　就是保障内表面温度不超过允许值的热阻，称为"夏季低限热阻"，以 R_0^{xd} 表示，单位为 $m^2 \cdot K/W$。在炎热的夏季，畜舍的热量来源主要是通过外围护结构（特别是屋顶）传入的热，以及畜体产生的热量。由于夏季舍内外温差很小，舍外气温有时甚至可高于舍内，因此，仅靠通风排除这些热量，使舍温保持家畜适宜值是不可能的。只能靠加大外围护结构夏季总热阻 $R_{0,x}$ 来控制其内表面温度使之不致过高，以降低对人畜造成的热辐射，同时也可减少传入的热量。在我国工业与民用建筑热工设计规范中，规定一般房间的外围护结构内表面温度 τ_n，允许比舍内气温 t_n 高2℃，而舍内气温 t_n 允许比舍外气温 t_w（可由设计人员查工业与民用建筑夏季通风室外计算温度参数）高1℃。我国尚无畜牧建筑热工标准，确定内表面温度可以此为依据。如北京以夏季通风室外计算温度30℃作为舍外气温 t_w，则舍内计算温度 t_n 为 $30+1=31$℃，外围护结构内表面温度 τ_n 应为 $30+1+2=33$℃。

2. 低限总衰减度（v_0^d）　舍外综合温度振幅 Atz（即综合温度峰值 $t_{z,max}$ 与综合温度昼夜平均值 $t_{z,p}$ 之差）与外围护结构内表面温度振幅 $A_{\tau n}$（即内表面温度峰值 $\tau_{n,max}$ 与内表面温度昼夜平均值 $\tau_{n,p}$ 之差）的比值，称为"总衰减度"或"总衰减倍数"，以 v_0 表示。房舍的内表面温度振幅（$A_{\tau n}$）不宜过大，我国对工业与民用建筑规定，一般房间的围护结构内表面温度振幅允许值 $[A_{\tau n}]$ 不得超过 2.5℃，我们建议畜禽建筑也采用该值，则保证畜舍内表面温度振幅不大于 2.5℃ 的总衰减度，称为低限总衰减度（v_0^d）。以低阻总衰减度来控制畜舍内表面温度振幅不致过大，可以减少人畜的不适感。

3. 总延迟时间(ξ_0)　是指畜舍外围护结构内表面温度的峰值比舍外综合温度的峰值推迟的时间，以ξ_0表示，单位为小时。对于昼夜使用的房舍来说，总延迟时间ξ_0能够延迟到外界综合温度已经较低的夜间，避免两个温度峰值双重作用，人畜会感到较舒适。建议畜舍的总延迟时间采用8～10 h，使内表面温度峰值出现在22:00～24:00。

作为畜牧兽医工作者，可以在工艺设计中提出以上3项指标的要求，由设计部门去计算所需夏季低限热阻R_0^{xd}、低限总衰减度v_0^d和总延迟时间ξ_0，并依此来设计外围护结构的构造。

（二）建筑防暑与绿化

1. 建筑防暑　包括通风屋顶、建筑遮阳、浅色光平外表面和加强舍内通风的建筑措施。建筑遮阳一般要增加投资，在经济上可行时方可采用。

（1）通风屋顶。通风屋顶是将屋顶做成双层，靠中间空气层的流动将顶层传入的热量带走，阻止热量传入舍内，如图5-6所示，隔热效果如表5-4所示。在以防暑为主的地区可以采用通风屋顶，夏热冬冷的地区，为避免冬季降温可以采用双坡吊顶，在两山墙上设通风口（加百叶窗或铁丝网防鸟兽进入），夏季通风防暑，冬季关闭百叶窗保温。

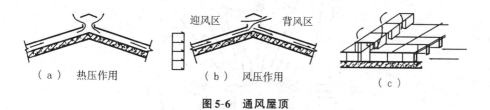

| （a）　热压作用 | （b）　风压作用 | （c） |

图5-6　通风屋顶

表5-4　实体屋顶和通风屋顶隔热效果的比较

屋 顶 做 法	舍外气温（℃）		综合温度（℃）		结构热阻（$\sum R$）m²·K/W	热惰性指标（$\sum D$）	总衰减度（v_0）	总延迟时间（ξ_0）	内表面温度（℃）	
	最高	平均	最高	平均					最高	平均
实体结构 25 mm 黏土方砖 20 mm 水泥砂浆 100 mm 钢筋混凝土板	34.0	29.5	62.9	38.1	0.135	1.44	3.7	4	37.6	30.8

续表5-4

屋 顶 做 法	舍外气温（℃）		综合温度（℃）		结构热阻（$\sum R$）m²·K/W	热惰性指标（$\sum D$）	总衰减度（v_0）	总延迟时间（ξ_0）	内表面温度（℃）	
	最高	平均	最高	平均					最高	平均
通风屋顶 25 mm 黏土方砖 180 厚通风空气间层 100 mm 钢筋混凝土顶板	34.0	29.5	62.9	38.1	0.11	1.22	16.8	4	26.2	24.7

（2）建筑遮阳。太阳辐射不仅来自太阳的直射,而且来自散射和反射（如图5-7）。一切可以遮断太阳直接辐射的设施与措施统称为"遮阳"。畜舍建筑遮阳是采用加长屋顶出檐、设置水平或垂直的混凝土遮阳板。试验证明,通过遮阳可在不同方向的外围护结构上使传入舍内的热量减少17%～35%。

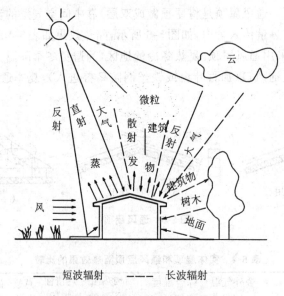

图 5-7　建筑物与环境之间的辐射传递

（3）采用浅色、光平外表面。外围护结构外表面的颜色深浅和光平程度,决定其对太阳辐射热的吸收和反射能力。色浅而光平的表面对辐射热吸收少而反射多、深色粗糙的表面则吸收多而反射少。例如,深黑色、粗糙的油毡屋面,对太阳辐射热的吸收系数为0.86,红瓦屋面和水泥粉刷的浅灰色光平墙面均为0.56,白色石膏粉刷的光平表面为0.26。由此可见,采用浅色光平表面可以减少太阳辐射热向舍内的传递,是有效的隔热措施之一。

　　(4)加强舍内通风的建筑措施。在自然通风畜舍设置地窗、天窗(钟楼或半钟楼式)、通风屋脊、屋顶风管等,是加强畜舍通风的有效措施,(详见本章第四节)。

　　2. 设置凉棚　在运动场设置凉棚一般可使家畜得到的辐射热负荷减少 $30\% \sim 50\%$,据在美国加州 8 月份的测定,凉棚使家畜体表辐射热负荷从 $769\ W/m^2$ 减弱到 $526\ W/m^2$,相当于使平均辐射温度从 $67.2\ ℃$ 降低到 $36.7\ ℃$。

　　凉棚以长轴东西向配置可为家畜提供最长的暴露在北侧凉爽天空的时间,同时,棚下阴影的移动也最小。长轴南北向配置不利遮阳。

　　棚下地面应大于凉棚投影面积,一般东西走向的凉棚,东西两端应各长出 $3 \sim 4\ m$,南北两侧应各宽出 $1.0 \sim 1.5\ m$。地面力求平坦,以保证家畜舒适地躺卧,对奶牛尤为重要。地面选材应注意坚固。混凝土地面既可避免泥泞,又利于清粪。凉棚高度视家畜种类和当地气候条件而定,猪 $2.5\ m$ 左右,牛约 $3.5\ m$;潮湿多云地区宜较低,干燥地区可较高。若跨度不大,棚顶宜呈单坡、南低北高,顶部刷白色、底部刷黑色较为合理。

　　但这些措施会加大土建投资,故可以考虑采用绿化遮阳。绿化不仅起遮阳作用,还具有降低夏季舍外气温、减少空气中尘埃和微生物、减弱噪声等作用。绿化遮阳可以种植树干高、树冠大的乔木,为窗口和屋顶遮阳;也可以搭架种植爬蔓植物,在南墙窗口和屋顶上方形成绿阴棚。爬蔓植物宜穴栽,穴距不宜太小,垂直攀爬的茎叶,须注意修剪,以免生长过密,影响畜舍通风。

　　3. 绿化防暑　绿化除具有净化空气、防风、改善小气候状况、美化环境等作用外,还具有缓和太阳辐射、降低环境温度的意义。绿化的降温作用有以下三点:通过植物的蒸腾作用和光合作用,吸收太阳辐射热以降低气温。树林的树叶面积是树林种植面积的 75 倍;草地上草叶面积是草地面积的 $25 \sim 35$ 倍。这些比绿化面积大几十倍的叶面积通过蒸腾作用和光合作用,大量吸收太阳辐射热,从而可显著降低空气温度;通过遮阳以降低辐射。草地上的草可遮挡 80% 的太阳光;茂盛的树木能挡住 $50\% \sim 90\%$ 的太阳辐射热,故可使建筑物和地表面温度降低。绿化了的地面比未绿化地面的辐射热低 $4 \sim 15$ 倍;通过植物根部所保持的水分,也可从地面吸收大量热能而降温。

　　由于绿化的上述降温作用,使空气"冷却",同时使地表面温度降低,从而使辐射到外墙、屋面和门、窗的热量减少,并通过树木遮阳挡住阳光透入舍内,降低了舍内气温。

　　此外,减少舍内家畜头数也可缓和夏季舍内过热。

（三）畜舍的降温

在炎热条件下，在围护结构隔热、建筑防暑和绿化措施不能满足家畜的要求时，可采取必要的防暑设备与设施，从而避免或缓和因热应激而引起的健康状况的异常和生产力下降。除采用机械通风设备，增加通风换气量、促进对流散热外，还可采用加大水分蒸发或直接的制冷设备降低畜舍空气或畜体的温度。

1. 蒸发降温 这是利用汽化热原理使家畜散热或使空气降温的方法。蒸发降温可以促进畜体蒸发散热和环境蒸发降温，主要有淋浴、喷雾和蒸发垫（湿帘）等设备。蒸发降温在干热地区效果好；而在高温高湿热地区效果降低。

（1）喷淋与喷雾。是用机械设备向畜体或畜舍喷水，借助汽化吸热而达到畜体散热和畜舍降温的目的。对畜体喷淋（水滴粒径大）优于喷雾（雾化之细滴）。喷淋时，水易于冲透被毛而润湿皮肤，故利于畜体蒸发散热；而后者只能喷湿被毛，不易润湿皮肤，散热效果差，且还会使舍内空气湿度增高，进而遏止畜体蒸发散热。但喷雾可结合通风设备，降低畜舍的气温，效果较好；还具有定期对畜舍消毒的功能。

喷淋和喷雾都只能间歇地进行，不应连续地喷。对奶牛、肉牛和猪一般以喷 1 min，停 30 min 较为理想。因为皮肤喷湿后，应使之蒸发，才会起到散热作用。当然，间歇喷淋时间和蒸发效果与空气的温度和湿度有关。空气干燥，有利蒸发，故皮肤喷湿后，变干的时间也短。为取得最好的蒸发散热效果，应该是迅速喷湿畜体，即停止喷淋，待变干后，又重复喷淋。蒸发降温中的喷淋与喷雾可通过时间继电器与热敏元件实现自动控制。

（2）蒸发垫（湿帘）。也叫湿帘通风系统。该装置主要部件是用麻布、刨花或专用蜂窝状纸等吸水、透风材料制作的蒸发垫，由水管不断往蒸发垫上淋水，将蒸发垫置于机械通风的进风口，气流通过时，水分蒸发吸热，降低进舍气流的温度（图 5-8）。有资料报道：当舍外气温在 28～38℃时，湿垫可使舍温降低 2～8℃。但舍外空气湿度对降温效果有明显影响，有人试验，当空气湿度为 50%、60%、75% 时，采用湿帘可使舍温分别降低 6.5℃、5℃和 2℃。因此，在干旱的内陆地区，湿帘通风降温系统的效果更为理想。近年来，随着正压通风的推广，设备厂家将湿帘装在塑料或玻璃钢箱中，风机由一侧向湿帘箱送风，另一侧设风管通入畜舍，降低了温度的空气，由风管上的多个出风口送入畜舍而降温，如将风管布置和出风设计为直接吹向畜体，则效果更好。

2. 冷风设备 冷风机是一种喷雾和冷风相结合的新型设备（图 5-9），国内外均有生产。冷风机技术参数各厂家不同，一般喷雾雾滴直径可在 30 μm 以下，喷雾量可达 0.15～0.20 m³/h；通风量为 6 000～9 000 m³/h，舍内风速可达 1.0 m/s 以上，降温范围长度为 15～18 m，宽度 8～12 m。这种设备降温效果比较好。

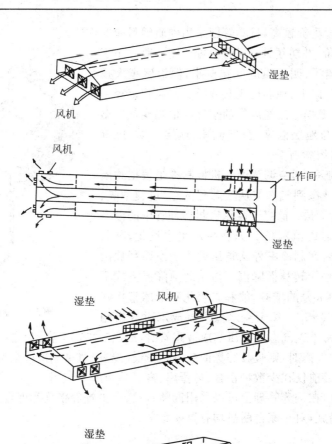

图 5-8　几种湿垫风机降温系统布置图

3. 地能利用装置　利用地下恒温层,用某种设备使外界空气与该处地层换热,可利用其能量使畜舍供暖或降温。例如,美国依阿华州的一家公司,在地下 3 m 深处以辐射状水平埋置 12 根 30 m 长的钢管,每条管的一端与垂直通入猪舍的中央风管相通,另一端分别露出地面作为进风口,中央风管中设风机向猪舍内送风。外界空气由每条风管的进风口进入水平管,通过管壁与地层换热,夏季使进气温度降低,冬季使进气温度升高,从而对猪舍进行降温或供暖。据测定,当夏季舍外气温为 35℃时,吹进猪舍的气流温度为 24℃,当冬季舍外气温为－28℃时,进气温度可升至1℃。钢管造价较高,日本等国采用硬质塑料薄壁管,可降低造价,并防锈蚀。风管埋置深度一般不小于0.6 m,埋置越深,四季温度变化愈小,但深度越大投资越高,0.6 m以下,地温已无昼夜差异。风管直径一般为0.12～0.20 m。流经风管的空气与地层换热的温度变换效率,与地层温度、空气流速、地层土质、风管材料及长度等因素有关。

4. 机械制冷,即空调降温 机械制冷是根据物质状态变化(从液态到气态或从气态到液态)过程中吸、放热原理设计而成。储存于高压密封循环管中的液态制冷剂(常用氨或氟利昂12),在冷却室中汽化,吸收大量热量,然后在制冷室外又被压缩为液态而释放出热量,实现了热能转移而降温。由于此项降温方式不会导致空气中水分的增减,故和二氧化碳干冰直接降温统称"干式冷却"。每千克水蒸气凝成水时放出约

图5-9 冷风机

2 260 kJ热;每千克气态氨被压缩成液态氨时,放出1 225 kJ热。反之,当这些物质由液态恢复到气态时,则吸收等量的热,而使空气降温。机械制冷效果最好,但成本很高。因此,目前仅在少数种畜舍、种蛋库、畜产品冷库中应用。

除此之外,在饲养管理上可以采用调整日粮、减少饲养密度和保证充足清洁凉爽的饮水等措施,对于家畜耐热均有重要意义。

第四节 畜舍通风与换气

畜舍的通风换气是畜舍环境控制的第一要素。其目的有两个:①在气温高的夏季通过加大气流促进畜体的散热使其感到舒适,以缓和高温对家畜的不良影响;②可以排除畜舍中的污浊空气、尘埃、微生物和有毒有害气体,防止畜舍内潮湿,保障舍内空气清新,尤其在畜舍密闭的情况下,引进舍外的新鲜空气,排除舍内的污浊空气,以改善畜舍空气环境质量。畜舍的通风换气在任何季节都是必要的,它的效果直接影响畜舍空气的温度、湿度及空气质量等,特别是大规模集约化畜牧场更是如此。畜舍的通风换气一般以通风量(m^3/h)和风速(m/s)来衡量。

畜舍通风方式:①自然通风是设进、排风口(主要指门窗),靠风压和热压为动力的通风。开放舍可采用自然通风。②机械通风是靠通风机械为动力的通风。封闭舍必须采用机械通风。

合理的通风设计,可以保证畜舍的通风量和风速,并合理组织气流,使之在舍内分布均匀。通风系统的设计必须遵循空气动力学的原理,从送风口尺寸、构造、送风速度与建筑形式、舍内圈栏笼架等设备的布置、排风口的排布等综合考虑。

一、畜舍通风换气量的确定

确定合理的通风换气量是组织畜舍通风换气的最基本的依据。通风换气量的确定,主要可以根据畜舍内产生的二氧化碳、水汽、热能计算,但通常是根据家畜通风换气的参数来确定。

(一)根据畜禽通风换气参数计算通风量

通风换气参数设畜舍通风设计的主要依据,技术发达国家为各种家畜制定了通风换气量技术参数,我国正在进行各类畜舍的环境控制标准的制定工作,附表2是各种家畜的通风换气量技术参数,可以参考。

在畜舍设计中,一般以夏季通风量为标准设计,并根据当地的气候条件考虑冬季通风措施。如在北方寒冷地区虽以夏季通风量标准设计,但还应以冬季通风量为依据确定通风管道面积,作为冬季通风措施。在一年内影响通风效率的两个关键时刻是最冷时期和最热时期。在最冷时期,通风系统应尽可能多地排除产生的水汽,而尽可能少地带走热能,所以要求规定最小的通风量;而在最热时期,则应在节约的原则下,尽可能地排除热量,并能在家畜周围造成一个舒适的气流环境,故要求规定最大的通风量。可见畜禽的通风换气参数可根据当地气候条件作适当调整。

(二)根据二氧化碳计算通风量

二氧化碳作为家畜营养物质代谢的产物,代表空气的污浊程度。各种家畜的二氧化碳呼出量可查表求得。用二氧化碳计算通风量的原理在于:根据舍内家畜产生的二氧化碳总量,求出每小时需由舍外导入多少新鲜空气,可将舍内聚积的二氧化碳冲淡至家畜环境卫生学规定允许含量。其公式为:

$$L = \frac{mK}{C_1 - C_2}$$

式中,L 为该舍所需通风换气量(m^3/h);

K 为每头家畜的二氧化碳产量[$L/(h \cdot 头)$],查附表2、3和5。此外,用天然气做燃料取暖时,产生的二氧化碳也要计算在内(如鸡舍用保温伞,燃烧 1 kg 丙烷产生二氧化碳 2.75 m^3);

m 为舍内家畜的头数;

C_1 为舍内空气中二氧化碳允许含量(1.5 L/m^3);

C_2 为舍外大气中二氧化碳含量(0.3 L/m^3)。

通常,根据二氧化碳算得的通风量,往往不足以排除舍内产生的水汽,故只适用于温暖、干燥地区。在潮湿地区,尤其是寒冷地区应根据水汽和热量来计算通风量。

(三)根据水汽计算通风换气量

家畜的呼吸和舍内水分蒸发不断地产生大量水汽,这些水汽如不排除,就会导致舍内潮湿,影响畜禽生产力和健康,故需借通风换气系统不断将水汽排除。用水汽计算通风换气量的依据,就是通过由舍外导入比较干燥的新鲜空气,以置换舍内的潮湿空气,根据舍内外空气中所含水分之差异而求得排除舍内所产的水汽所需要的通风换气量。其公式为:

$$L = \frac{Q}{q_1 - q_2}$$

式中,L 为排除舍内产生的水汽,每小时需由舍外导入的新鲜空气量(m^3/h);

Q 为家畜在舍内产生的水汽量及由潮湿物体蒸发的水汽量(g/h),查附表 3 和 5;

q_1 为舍内空气湿度保持适宜范围时,所含的水汽量(g/m^3);

q_2 为舍外大气中所含水汽量(g/m^3)。

由潮湿物体表面蒸发的水汽,通常按家畜产生水汽总量的10%(猪舍按25%)计算。显然,这种估计不能代表实际情况。因为不同的饲养管理方式(如喂干料或稀料、是否在舍内喂饲、清粪是否及时、用水冲粪还是训练猪在舍外排粪尿等)、畜舍所在地地下水位高低、地面和墙壁的隔潮程度等对舍内水汽的产生影响都很大。

用水汽算得的通风换气量,一般大于用二氧化碳算得的量,故在潮湿、寒冷地区用水汽计算通风换气量较为合理。但是,要保证畜舍有效的通风换气,关键一点,在于畜舍必须具备良好的隔热性能。否则畜舍保温不好,水汽在外围护结构表面凝结,还会破坏通风换气。

(四)根据热平衡要求计算通风换气量

家畜在代谢过程中不断地向外散热,在夏季为了防止舍温过高,必须通过通风将过多的热量驱散;而在冬季如何有效地利用这些热能温热空气,以保证不断地将舍内产生的水汽、有害气体、灰尘等排出,这就是根据热量计算通风量的理论依据。

根据热量计算畜舍通风换气量的方法也叫热平衡法,即畜舍通风换气必须在适宜的舍温环境中进行。其公式是:

$$Q = \Delta t(L \times 1.3 + \sum KF) + W$$

式中,Q 为家畜产生的可感热(kJ/h),查表 3 和 5;

Δt 为舍内外空气温差(℃);

L 为通风换气量(m^3/h);

1.3 为空气的热容量[kJ/(m^3·℃)];

$\sum KF$ 为通过外围护结构散失的总热量[kJ/(h·℃)]——K 为外围护结构的总传热系数[kJ/(m^3·h·℃)],F 为外围护结构的面积(m^2),$\sum$ 为各外围护结构失热量相加符号;

W 为由地面及其他潮湿物体表面蒸发水分所消耗的热能,按家畜总产热的10%(猪按 25%)计算。

此公式加以变化可求通风换气量,即:

$$L = \frac{Q - \sum KF \times \Delta t - W}{1.3 \times \Delta t}$$

由上式看出:根据热量计算通风换气量,实际是根据舍内的余热计算通风换气量,这个通风量只能用于排除多余的热能,不能保证在冬季排除多余的水汽和污浊空气。

但用热平衡计算的办法来衡量畜舍保温性能的好坏、所确定的通风换气量是否能得到保证,以及是否需要补充热源等,都具有重要意义。因此,用热量计算通风换气量是对其他确定通风换气量办法的补充和对所确定通风换气量能否得到保证的检验。

(五)畜舍通风换气次数

在确定了通风量以后,需计算畜舍的换气次数。换气次数是指在 1 h 内换入新鲜空气的体积为畜舍容积的倍数。

$$畜舍通风换气次数 = L/V$$

式中,V 为畜舍容积(m^3);

L 为新鲜空气的体积。

一般规定,畜舍冬季换气应保持 3～4 次/h,除炎热季节外,一般不超过 5 次/h,冬季换气次数过多,容易引起舍内气温降低。

二、畜舍的自然通风

畜舍的自然通风是指依靠自然界的风压或热压,产生空气流动、通过畜舍外围护结构的空隙所形成的空气交换。

（一）自然通风的原理

自然通风的动力为风压或热压。风压指大气流动（即刮风）时，作用于建筑物表面的压力。风压通风是当风吹向建筑物时，迎风面形成正压区，背风面形成负压区，气流由正压区开口流入，由负压区开口排出，从而实现畜舍的自然通风（图5-10）。只要有风，就有自然通风现象。风压通风量的大小，取决于风向角、风速、进风口和排风口的面积；舍内气流分布取决于进风口的形状、位置及分布等。

热压指空气温度不均而发生密度差异，产生热压。热压通风即舍内空气受热源作用而膨胀上升，在高处形成高压区，屋顶与天棚如有开口或孔隙，空气就会排出舍外；畜舍下部因冷空气不断遇热上升，形成空气稀薄的负压区，舍外较冷的新鲜空气由下部开口不断渗入舍内，如此循环，形成自然通风（图5-11）。热压通风量的大小，取决于舍内外温差、进风口和排风口的面积；舍内气流分布则取决于进风口和排风口的形状、位置和分布。

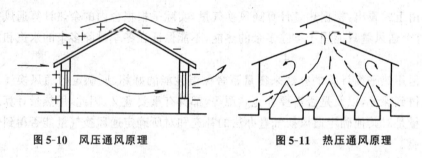

图5-10　风压通风原理　　　　　　　　图5-11　热压通风原理

自然通风实际是风压通风和热压通风同时进行，但风压的作用大于热压。要提高畜舍的自然通风效果，就要使二者的作用相加，同时还要注意畜舍跨度不宜过大，9 m以内为好；门窗及卷帘启闭自如、关闭严密；合理设计畜舍朝向、进气口方位、笼具布置等。

（二）自然通风设计

在自然通风设计时，由于畜舍外风力无法确定，故一般是按无风时设计，以热压为动力计算。方法如下：

1. 确定排气口的面积　根据空气平衡方程式：进风量$L_进$等于排风量$L_排$，故畜舍通风量$L=L_进=L_排=3\,600\,FV$

排风速度v的计算公式为：

$$v(m/s)=\mu\sqrt{2gH(t_n-t_w)/(273+t_w)}$$

式中,H 为排气口中心之间垂直距离(m);

　　μ 为排气口阻力系数,取 0.5;

　　g 为重力加速度 9.8 m/s²;

　　t_n,t_w 分别为舍内、外通风计算温度;

　　273 为相当于 0℃的绝对温度(K)。

由上述 $L_排$、F 及 V 的关系,可推导出进气口截面积 F(m²)的计算式:

$$F = L/3\ 600 \times 0.5 \times 4.427 \times \sqrt{H(t_n - t_w)/(273 + t_w)}$$

进风口面积一般不再计算,而按排气口截面积的50%～70%设计。

按热压来设计自然通风,计算方式仍较繁琐,为简化手续,可按畜舍容纳畜禽的种类和数量,查附表2计算夏季、冬季所需通风量和气流速度(以畜禽要求的风速作为排风速度),并在确定进、排风口高度后,求得排风口面积,再按其50%～70%算出进风口面积(进风速度将比排风速度高30%～50%)。

2. 检验采光窗夏季通风量能否满足要求 采光窗用做通风窗,H 值为窗高的一半,上部为排风口,下部为进风口,进、排风口面积各为窗面积的1/2。计算通风量 $L = 3\ 600FV$,F 为排风口总面积,所得值为总通风量,与畜舍所需风量比较即可知通风是否达标,如不能满足要求,则需增设地窗、天窗、通风屋脊、屋顶风管等加强通风。

3. 地窗、天窗、通风屋脊及屋顶通风管的设计 畜舍靠采光窗通风不能满足要求时,可增加辅助通风设施,其加大通风的原理是:使进、排风口中心的垂直距离加大,根据通风量与排风口面积 F、进排风口中心垂直距离及舍内外温差之乘积的平方根成正比关系,设置如下辅助设施:

(1)地窗。设于采光窗下,按采光窗面积的30%～50%设计成卧式保温窗(图5-12)可形成"穿堂风"和"扫地风",对防暑更为有利。

(2)天窗。可在半钟楼式畜舍的一侧或钟楼式畜舍的两侧设置,也可沿屋脊通长或间断设置。

(3)通风屋脊。沿屋脊通长设置,宽度 0.3～0.5 m,一般适用于炎热地区(图5-13)。

(4)冬季通风。冬季通风可采用屋顶风管和窗户上加设换气窗进行通风。

4. 机械辅助通风 采用以上通风设计仍不能满足夏季需求时,可以采用机械辅助通风,即设吊扇、风机或沿畜舍长轴每隔一定距离设1台风机,进行"接力式"通风,风机间距依排风有效距离决定。

5. 冬季通风设计 为防止冷风直接吹向畜体,将进风口设于背风侧墙的上

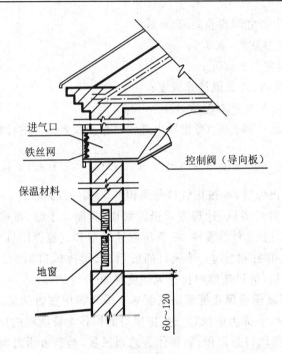

图 5-12　地窗和冬季进风口

图 5-13　通风屋脊和天窗

部,使气流先与上部热空气混合后再下降,气流不仅经过预热,而且靠与天花板的"贴附作用"使其分布均匀。

　　小跨度畜舍因冬季防寒常关闭采光窗和地窗,一般也不设天窗或屋顶风管,可以在南墙上设外开下悬窗作排风口,每窗设1个或隔窗设1个,控制启闭或开启角度,以调节通风量。也可用通风缝代替屋顶风管。

表5-5　畜舍冬季通风量每1 000 m³/h所需排风口面积　　　　　　m²

舍内外温差(℃)	风管上口至舍内地面的高度(m)							舍内外温差(℃)	风管上口至舍内地面的高度(m)						
	4	5	6	7	8	9	10		4	5	6	7	8	9	10
6	0.43	0.38	0.35	0.32	0.30	0.28	0.27	24	0.21	0.18	0.17	0.16	0.15	0.14	0.13
8	0.36	0.33	0.30	0.28	0.26	0.24	0.23	26	0.20	0.18	0.16	0.15	0.14	0.13	0.12
10	0.33	0.29	0.26	0.25	0.23	0.22	0.21	28	0.18	0.17	0.15	0.14	0.13	0.13	0.12
12	0.30	0.26	0.24	0.22	0.21	0.20	0.19	30	0.18	0.16	0.15	0.14	0.13	0.12	0.11
14	0.28	0.25	0.22	0.21	0.19	0.18	0.17	32	0.17	0.16	0.14	0.13	0.12	0.12	0.11
16	0.25	0.23	0.21	0.19	0.18	0.17	0.16	34	0.17	0.15	0.14	0.13	0.12	0.11	0.11
18	0.24	0.22	0.20	0.18	0.17	0.16	0.16	36	0.16	0.15	0.13	0.12	0.12	0.11	0.10
20	0.23	0.20	0.19	0.17	0.16	0.15	0.14	38	0.16	0.14	0.13	0.12	0.11	0.11	0.10
22	0.22	0.19	0.18	0.16	0.15	0.14	0.14	40	0.15	0.14	0.13	0.12	0.11	0.10	0.10

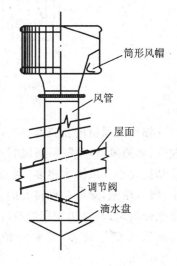

图5-14　筒形风帽

　　大跨度畜舍(7～8 m或以上),应设置屋面风管作排风口,风管要高出屋顶不少于0.6 m,下端伸入舍内不少于1 m,如有吊顶应伸到吊顶下,上口设风帽,为防止刮风时倒风或进雨雪;下口设接水盘为防止风管内凝水或结冰(图5-14)。为控制风量,管内应设调节阀以便控制开启大小。风管面积可根据畜舍冬季所需通风量表5-5求得,风管最好做成圆形,以便必要时安装风机,风管直径以0.3～0.6 m为宜。根据畜舍所需通风总面积确定风管数量,风管数量确定后根据间数均匀设置。

　　进风口面积可按风管面积的50%～70%设计,如两纵墙都设进风口时,迎风墙上的进风口应有挡风装置,在进风口里设导向板,以防受风压影响,控制进风量和风向。进风口外侧应装有铁网以防鸟雀,形状以扁形为宜。

（图注：筒形风帽、风管、屋面、调节阀、滴水盘）

三、畜舍的机械通风

　　机械通风也叫强制通风,是依靠风机强制进行舍内外空气交换的通风方式,克服了自然通风受外界风速变化、舍内外温差等因素的限制,可依据不同气候、不同畜禽种类设计理想的通风量和舍内气流速度,尤其对大型密闭式畜舍,为其创造良好的环境提供了可靠保证。

（一）畜舍中常用风机类型

畜舍负压通风主要用轴流式风机，正压通风主要用离心式风机。

1. 轴流式风机　这种风机所吸入的空气和送出的空气的流向和风机叶片轴的方向平行。它由外壳1及叶片3所组成（图5-15）。叶片直接装在电动机4的转动轴2上。

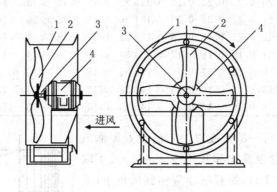

图5-15　轴流式风机

轴流式风机的特点是：叶片旋转方向可以逆转，旋转方向改变，气流方向随之改变，而通风量不减少；通风时所形成的压力，一般比离心式风机低，但输送的空气量却比离心式风机大很多。故既可用于送风，也可用于排气。由于轴流式风机压力小，噪声较低，除可获得较大的流量，节能效果显著以外，风机之间整个进气气流分布也较均匀，与风机配套的百叶窗，可以进行机械传动开闭。目前用于我国畜舍的通风风机型号较多，其中叶轮直径为 1 400 mm 的 9FJ-140 型风机，风量大于 5 万 m³/h。

2. 离心式风机　这种风机运转时，气流靠带叶片的工作轮转动时所形成的离心力驱动。故空气进入风机时和叶片轴平行，离开风机时变成垂直方向。这个特点使其自然地可适应通风管道90°的转弯。

离心风机由蜗牛形外壳1、工作轮2和带有传动轮的机座3组成（图5-16）。空气从进风口4进入风机，由旋转的带叶片的工作轮所形成的

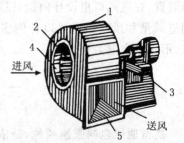

图5-16　离心式风机

离心力作用,流经工作轮而被送入外壳,然后再沿着外壳经出风口5送入通风管中。离心式风机不具逆转性、压力较强,在畜舍通风换气系统中,多半在送热风和冷风时使用。

在选择风机时,既要满足通风量要求,也要求风机的全压符合要求,这样,风机克服空气阻力的能力强,通风效率高,才能取得良好的通风效果。在选择风机时可参考表5-6畜舍常用风机主要性能参数表。

表5-6 畜舍常用风机主要性能参数

风机型号	叶轮直径	叶轮转速	风压	风量	轴功率	配用电机功率	噪声	机重	备注
	(mm)	(r/min)	(Pa)	(m³/h)	(kW)	(kW)	dB(A)	(kg)	
9FJ-140	1 400	330	60	56 000	0.760	1.10	70	85	
9FJ-125	1 250	325	60	31 000	0.510	0.75	69	75	
9FJ-100	1 000	430	60	25 000	0.380	0.55	68	65	
9FJ-71	710	635	60	13 000	0.335	0.37	69	45	
9FJ-60	600	930	70	11 000	0.270	0.37	73	22	
		942	70	9 600	0.220	0.25	71	25	
9FJ-56	560	729	70	8 300	0.146	0.18	64		静
SFT-No.10	1 000	700	70	32 100		0.75	75		压
SET-No.9	900	700	80	21 500		0.55	75		时
SET-No.7	700	900	70	14 500		0.37	72		数
XT-17	600	930	70	10 000	0.250	0.37	69	52	据
		1 450	176	15 297		1.50			
T35-63	630	960	77	10 128		0.55	>75		
		1 450	176	10 739		0.75			
T35-56	560	960	61	7 101		0.37	>75		
航空牌-600	600	1 380	60	10 636		0.37	83		

(二)机械通风方式

如果按畜舍内气压变化分类,机械通风可分为正压通风、负压通风、联合式通风三种。

1. 正压通风(也叫进气式通风或送风) 指通过风机将舍外新鲜空气强制送入舍内,使舍内气压增高,舍内污浊空气经风口或风管自然排出的换气方式。正压通风的优点在于:①可实现一套系统解决通风、供暖、降温、排污、排湿的综合调控;②可实现对畜禽所在部位局部环境的调整,降低环境设备投资和能耗;③夏季可不必关窗,实现自然通风与机械通风相结合,节约能耗;④冬季可将温暖、干燥、清洁的空气送至畜体周围,避免纵向通风一头冷一头热,空气污浊的特点;⑤可对进入的空气进行加热、冷却以及过滤、消毒等预处理,从而可有效地保证畜舍内的适宜温湿状况和清洁的空气环境。在严寒、炎热地区适用。正压通风根据风机位置侧壁送风、屋顶送风形式(图5-17);也可以通过风管系统送入畜舍或送到需送风的部位。

1. 两侧壁送风形式

2. 屋顶送风形式

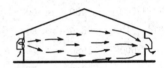

3. 侧壁送风形式

图5-17　正压通风三种形式示意图

畜舍正压通风一般采用屋顶水平管道送风系统,即在屋顶下水平敷设通风孔的送风管道,采用离心式风机将空气送入管道,风经通风孔流入舍内。送风管道一般用铁皮、玻璃钢或编织布等材料制作,畜舍跨度在9 m以内时可设一条风管,超过9 m时设两条。这种送风系统因其可以在进风口附加设备,进行空气预热、冷却及过滤处理,对畜舍冬季环境控制效果良好,近年来以迅速推广。

2. 负压通风(也叫排气式通风或排风)　是指通过风机抽出舍内空气,造成舍内空气气压小于舍外,舍外空气通过进气口或进气管流入舍内。畜舍通风多采用负压通风,因其比较简单、投资少、管理费用也较低。负压通风根据风机安装位置可分为两侧排风式、屋顶排风式、横向负压通风和纵向负压通风(图5-18、图5-19和图5-20)。

一般跨度小于12 m的畜舍可采用横向负压通风,如果通风距离过长,易致舍内气温不匀、温差大,对畜体不利。跨度大的畜舍可采用屋顶排风式负压通风,高床饲养工艺的畜舍采用两侧排风式负压通风。纵向负压通风可适用于各类畜舍。

3. 联合式通风系统　也称混合式通风,是一种同时采用机械送风和机械排风

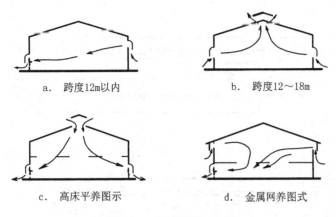

a.　跨度12m以内　　　　　b.　跨度12～18m

c.　高床平养图示　　　　　d.　金属网养图式

图5-18　负压通风示意图

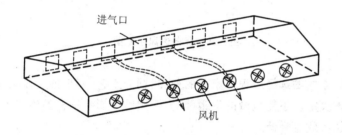

进气口

风机

图5-19　横向通风示意图

的方式,因可保持舍内外压差接近于零,故又称作等压通风。大型畜舍(尤其是密闭舍)单靠机械排风或机械送风往往达不到应有的换气效果,故需采用联合式机械通风。联合式通风系统风机安置形式,分为进气口设在下部和进气口设在上部二种形式。等压通风由于风机台数增多,设备投资加大,因而没有广泛应用。

　　机械通风除按畜舍内气压变化分类外,还可以按舍内气流的流动方向来分类,如横向通风、纵向通风、斜向通风、垂直通风等。横向通风是指舍内气流方向与畜舍长轴垂直的机械通风。采用横向通风的畜舍不足之处在于舍内气流不够均匀,气流速度偏低,尤其死角多,舍内空气不够新鲜。纵向通风是指舍内气流方向与畜舍长轴方向平行的机械通风,由于通风的截面积比横向通风相对缩小,故使舍内风速增大,风速可达1.5 m/s以上。斜向通风和垂直通风是指墙上固定的风扇和顶棚上的吊扇,风直接吹向畜体,加快家畜的散热。这种通风不起换气作用。

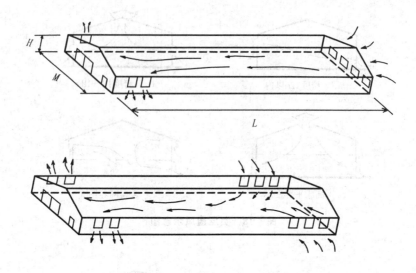

图 5-20　纵向通风示意图

畜舍通风方式的选择应根据家畜的种类、饲养工艺、当地的气候条件以及经济条件综合考虑决定。不能机械的生搬硬套,否则就会影响家畜的生产力和健康,或者使生产者经济效益降低。

(三)横向负压通风设计

横向负压通风是较常见的畜舍通风方式,其简单的设计方法和步骤如下:

1. 确定负压通风形式　畜舍跨度 8～12 m 时,采用一侧排风,对侧进风形式;跨度大于 12 m 时,宜采用两侧排风、顶部进风或顶部排风、两侧进风的形式,屋顶设排风管。进排风管应交错布置。

2. 确定畜舍通风量 L　根据家畜通风量标准计算通风换气量(m³/h)。

3. 确定风机台数 N　一般按畜舍长度每 6～9 m 设 1 台。

4. 确定每台风机流量 Q

$$Q = KL/N$$

式中,Q 为风机流量(m³/h);

　　K 为风机效率系数(取 1.2～1.5);

　　L 为通风量;

　　N 为风机台数。

5. 确定风机全压 H　风机全压需要大于进气口和排气口的通风阻力,否则将使风机效率降低,甚至损坏电机。风机全压公式如下:

$$H = 6.38\ v_1^2 + 0.59\ v_2^2$$

式中,H 为风机全压(Pa);

v_1 为进风速度(m/s),夏季取 3～5 m/s,冬季 1.5 m/s;

v_2 为排风速度(m/s),根据风机流量(Q)和选择风机的叶片直径(d)计算:

$$v_2 = \frac{Q}{3\ 600 \times \pi d^2/4}$$

6. 确定进气口总面积　进气口总面积一般是 1 000 m³/h 的排风量需 0.1～0.12 m² 的进气口面积。如进气口设遮光罩,进气口面积应按 0.15 m² 计算。进气口总面积也可按如下公式计算:

$$A = L/3\ 600\ v_1$$

式中,A 为进气口总面积(m²);

L 为通风量;

v_1 为进风速度(m/s)。

7. 进气口的数量 n　可按畜舍长度 I 与畜舍跨度 S 的 0.4 倍的比值进行计算。

$$n = I/0.4\ S$$

每一进气口的面积:

$$a(\text{m}^2) = A/n$$

每一进气口按高∶宽为 1∶6,一般高与宽的比为 1∶(5～8)为宜,进而确定进气口的尺寸。

8. 布置风机和进气口　为保证通风量和气流分布均匀,风机和进气口的布置应注意以下几点:

(1)一侧进风对侧排风时,风机设在一侧墙下部,进风口在对侧墙上部。并都应均匀布置,位置交错。进风口设遮光罩,风机口外侧设弯管,以遮蔽阳光和风。相邻两栋畜舍排风口应相对设置。以免形成前栋畜舍排出的污浊空气恰被相邻畜舍进气口吸入。

(2)采用上排下进的形式时,两侧墙上进风口不宜过低,并应装导向板,防止冬季冷风直接吹向畜体。

(3)密闭式畜舍机械通风应按舍内地面面积的 2.5% 设应急窗,以保障停电和通风故障时的光照和通风换气。应急窗要严密、不透光。

（四）纵向通风

纵向通风是指舍内气流方向与畜舍长轴方向平行的机械通风方式,风机一般安装在畜舍的一端山墙上或一侧山墙附近的两纵墙上,进气口设在畜舍的另一端山墙上或山墙附近的两侧纵墙上(图5-8、图5-20);当畜舍太长时,可将风机安装在两端或中部,进气口设在畜舍的中部或两端。将畜舍其余部位的门和窗全部关闭,使进入畜舍的空气均沿纵轴方向流动,舍内污浊空气排到舍外。

1. 优缺点

(1)提高风速。纵向通风舍内平均风速比横向通风平均风速高5倍以上。因纵向通风气流断面积即畜舍净宽仅为横向通风断面即畜舍长度的1/5～1/10。实测也证明,纵向通风舍内风速可达0.7 m/s以上,夏季可达1.0～2.0 m/s。

(2)气流分布均匀。进入舍内的空气均沿一个方向平稳流动,空气的流动路线为直线,因而气流在畜舍纵向各断面的速度可保持均匀一致,舍内气流死角少。

(3)改善空气环境。结合排污设计,组织各栋间的气流,将进气口设在清洁道侧,排气口设在脏道侧,可以避免畜舍间的交叉传染,有报道,合理设计纵向通风,畜舍环境内细菌数量下降70%;噪声由80 dB下降到50 dB;NH_3,H_2S,尘埃量都有所下降,因此保证了生产区空气清新,也便于栋舍间的绿化植树,改善生产区的环境。

(4)节能、降低费用。纵向通风可采用大流量节能风机,风机排风量大,使用台数少,因而可节约设备投资及安装接线费用和维修管理费用20%～35%,节约电能及运行费用40%～60%。

(5)提高生产力。采用纵向通风,可使产蛋率、饲料报酬提高,死亡率下降。

(6)饲养密度增加、占地面积减少。纵向通风可使三层笼养变成四层笼养,饲养密度由20只/m²增加到25只/m²;畜舍间距也变小,进而减少了占地。

(7)夏季需要24 h开风机。

(8)冬季进风端几乎是舍外气温,而排风端空气污浊。

(9)无法实现畜禽所在部位环境调控。

2. 纵向通风设计　纵向通风设计步骤与横向通风设计相同,只是计算通风量除根据已提供的参数外,还可根据畜舍要求的风速来计算,即:排风量＝风速(m/s)×舍横断面积(m²)。

根据总排风量计算风机台数,再依饲养畜种及数量进行校正。

纵向通风的进气口面积可按每1 000 m³排风量需要0.15 m²计算。如不考虑承重墙、遮光等因素,一般应与畜舍横断面大致相等或为排风机面积的2倍。也可计算为:

进气口面积(最小)＝总排风量/进气口风速,该风速一般要求夏季 2.5～5.0 m/s,冬季 1.5 m/s。如果采用湿帘降温,若湿帘厚度为 10 cm,则设计风速为1.25 m/s;若湿帘厚度为 15 cm,则设计风速为 1.50 m/s。

3. 风机的布置

(1)前面介绍过风机安装在污道一面的山墙上或就近的两侧纵墙上。

(2)风机的高度在据地平 0.4～0.5 m 或中心高于饲养层。

(3)布置风机时,可大小风机结合,以适应不同季节通风之需要。

(4)纵墙上安装风机,排风方向应与屋脊的角度成 30°～60°。

第五节　畜舍的采光

光照是影响畜禽生产力和健康的重要环境因素之一,其作用机理、光照管理和畜禽对光照的要求在饲养管理部分已有论述,本节主要对畜舍光照的设计加以介绍。

畜舍的光照根据光源的不同,分为自然光照和人工照明。以太阳为光源,通过畜舍门、窗或设计的透光构件使太阳的直射光或散射光进入畜舍,对畜禽产生光照作用,称为自然光照。而以白炽灯、荧光灯等人工光源进行畜舍采光,称为人工照明。自然光照节省电能,但光照强度和光照时间有明显的季节性,一年四季、一天当中都在不断变化,难以控制,舍内照度也不均匀,特别是跨度较大的畜舍,中央地带照度更差。为了补充自然光照时数及照度的不足,满足饲养管理工作的需要,自然采光畜舍也应酌情设人工照明设备。密闭式畜舍必须设置人工照明,其光照强度和时间可根据畜禽要求或工作需要加以严格控制。

一、自然采光设计

自然光照取决于通过畜舍开露部分或窗户透入的太阳直射光和散射光的量,而进入舍内的光量与畜舍朝向、舍外情况、窗户的面积、入射角与透光角、玻璃的透光性能、舍内反光面、舍内设置与布局等诸多因素有关。采光设计的任务就是通过合理设计采光窗的位置、形状、数量和面积,保证畜舍的自然光照要求,并尽量使照度分布均匀。

(一)确定窗口位置

1. 根据畜舍窗口的入射角与透光角确定　对冬季直射阳光无照射位置要求时,可按入射角和透光角来计算窗口上、下缘的高度。图 5-21 所示,窗口入射角是指畜舍地面中央一点至窗上缘（或窗檐）所引的直线与地面水平线之间的夹角 α（即 $\angle BAD$）、入射角越大，射入舍内的光量越多。为保证舍内得到适宜的光照，畜舍的入射角要求不小于 25°。透光角是指畜舍地面中央一点到窗户上缘和窗口下缘引出的两条直线 AC 与 AB 之间的夹角 β（即 $\angle BAC$）。透光角越大，进光量越多。畜舍的透光角要求不小于 5°。由图 5-21 可以看出，窗口上、下缘至地面的高度 H_1 和 H_2 分别为：

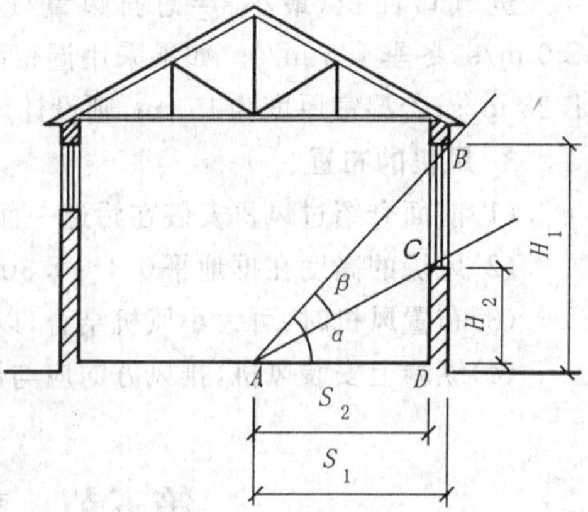

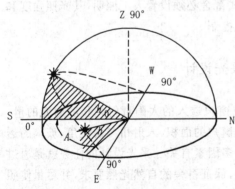

图 5-21　窗口入射角和透光角

$$H_1 = \mathrm{tg}\,\alpha \times S_1$$
$$H_2 = \mathrm{tg}(\alpha - \beta) \times S_2$$

要求 $\alpha \geqslant 25°$；$\beta \geqslant 5°$，即 $\alpha - \beta \leqslant 20°$，故上两式可改写为：

$$H_1 \geqslant 0.466\,3\,S_1$$
$$H_2 \leqslant 0.364\,S_2$$

式中，H_1、H_2 分别为窗口上、下缘至舍内地平的高度（m）；

S_1、S_2 分别为畜舍中央一点至墙外皮和墙内皮的水平距离（m）。

如果窗外有树或其他建筑物遮挡时，引向窗户下缘的直线应改为引向遮挡物的最高点。

2. 根据太阳高度角和方位角确定

要求冬季直射阳光照射畜舍一定位置（如畜床），或要求屋檐夏季遮阳时，需先计算太阳高度角和方位角，然后计算南窗上、下缘高度或出檐长度。

太阳高度角是指太阳在高度上与地平面的夹角，以地平面为 0°，天顶 Z 处为 90°（图 5-22）。当地正午的太阳高度角以 h_0 表示，其他任意时间的太阳高度角以 h

图 5-22　某地春分正午和上午某时太阳高度角和方位角

表示。太阳高度角随纬度、日期、时辰的不同而不同，在纬度高于南北回归线（南纬或北纬 23°27′)的地区,同日同时的太阳高度角随纬度升高而减小;同一地点同一当地时辰(太阳时)的太阳高度角,以夏至日最大,冬至日最小;同地点同日期的太阳高度角,以当地时间正午 12 时最大,日出日落时最小(图 5-22 和图 5-23)。

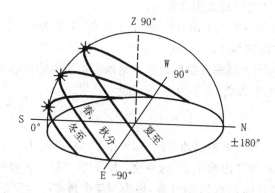

**图 5-23 某地不同季节高度角
和方位角的变化范围**

太阳高度角的变化,直接影响到通过窗口进入舍内的直射光量。当窗口上缘(或屋檐所引的直线)与舍内地面水平线的夹角等于当地冬至日的太阳高度角时,可使冬至前后有较多的直射光进入舍内;而当窗口上缘外侧(或屋檐)与窗台内侧所引的直线与地面水平线之间的夹角小于当地夏至日的太阳高度角时,就可避免夏季太阳直射光进入舍内。

太阳方位角是指太阳光线在地面上的投影与正南方向的夹角,以正南 S 点处为 0°(当地正午 12 时太阳在正南方向),顺时针方向为正(正西 W 处为 90°),逆时针方向为负(正东 E 处为 −90°),正北 N 处为 ±180°。太阳方位角以 A 表示。各地太阳方位角在当地正午时均为 0°,上午为负,下午为正;春分和秋分日,日出和日落时的太阳方位角分别为 −90° 和 90°,冬至日,日出和日落时的太阳方位角分别不足 ±90°;夏至日,日出和日落时的太阳方位角分别超过 90°(图 5-22 和图 5-23)。

太阳高度角和方位角按以下各式计算:

$$h_0 = 90° - (\phi - \delta)$$

当 $h_0 > 90°$ 时,太阳在北部天空,这种情况只有当地理纬度小于赤纬(即 $\phi < \delta$)时才会出现,此时可改为 $h_0 = 90° - (\delta - \phi)$。

$$\sin h = \sin \phi \times \sin \delta + \cos \phi \times \cos \delta \times \cos \Omega$$

$$\sin A = \frac{\cos \delta \times \sin \Omega}{\cos h}$$

式中，h_0 为当地正午的太阳高度角；

　　h 为当地任意时间的太阳高度角；

　　A 为当地任意时间的太阳方位角，上午为负，下午为正；

　　ϕ 为当地的地理纬度；

　　δ 为赤纬（太阳光线垂直照射地点与地球赤道所夹的圆心角）；

　　Ω 为时角，上午为负，下午为正，公式为：

$$\Omega = (n - 12) \times 15$$

此处 n 为按 24 h 计算的当地时间，如下午 16 时，$\Omega = (16-12) \times 15 = 60°$。

根据防寒要求设计南窗上、下缘高度，使冬季直射阳光投照在所需的舍内位置上，建议按大寒日 10 时或 14 时计算，因为一年中最寒冷时间是在大寒前后，而一天中的太阳辐射强度，在 9～10 时以后才达到较大值；夏季为了南窗遮阳而设计屋檐挑出长度，使直射阳光不照进南窗，建议按大暑日上午 10 时或 14 时计算，图 5-24 所示。这种方法确定窗户上下缘的高度，属于建筑采光和照明设计内容，设计时可以参考。

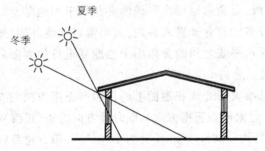

图 5-24　根据太阳高度角设计窗户上缘的高度

但是，一般在设计畜牧场时，常常根据畜禽要求，参考建筑构造与建筑设计标准，确定窗户上下缘的高度。另外畜舍出檐一般不宜超过 0.8 m，过长则会造成施工困难。

（二）窗口面积的计算

窗口面积可按采光系数（窗地比）计算：

采光系数指窗户的有效采光面积与舍内地面面积之比。采光系数越大，进入舍内的光量就越多。采光系数可按下式计算：

$$A = \frac{K \times Fd}{\tau}$$

式中，A 为采光窗口（不包括宙框和宙扇）的总面积（m^2）；

K 为采光系数，以小数表示，查附表7；

Fd 为舍内地面面积（m^2）；

τ 为窗扇遮挡系数，单层金属窗为0.80，双层金属窗为0.65；单层木窗为

0.70，双层木窗为0.50。

为简化计算，窗口面积也可按1间畜舍的面积（即间距×跨度，也称"柱间单元"）来计算。计算所得面积仅为满足采光之要求，如不能满足夏季通风要求，需酌情扩大。

（三）窗的数量、形状和布置

窗的数量应首先根据当地气候确定南北窗面积比例，然后再考虑光照均匀和房屋结构对窗间墙宽度的要求来确定。炎热地区南北窗面积之比可为1：1～2：1，夏热冬冷和寒冷地区可为2：1～4：1。为使采光均匀，在每间窗面积一定时，增加窗的数量可以减小窗间墙的宽度，从而提高舍内光照均匀度。图5-25所示，左右两图窗高均为1.5 m，每间窗面积均为2.7 m^2，左图每间一樘窗；窗间墙宽1.2 m；右图每间两樘窗，窗间墙为0.6 m。但窗间墙的宽度不能过小，必须满足结构要求，如梁下不得开洞，梁下窗间墙宽度不得小于结构要求的最小值。

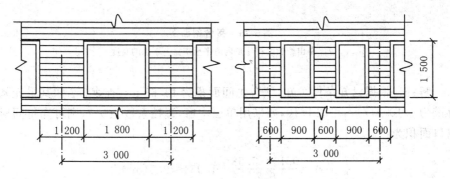

图 5-25 窗的数量与窗间墙的宽度

窗的形状也关系到采光与通风的均匀程度。在窗面积一定时，采用宽度大而高度小的"卧式窗"，可使舍内长度方向光照和通风较均匀，而跨度方向则较差；高度大而宽度小的"立式窗"，光照和通风均匀程度与卧式窗相反；方形窗光照、通风效

果介于上述两者之间。设计时应根据家畜对采光和通风及畜舍跨度大小,参照门窗标准图集酌情确定。

例:北京市某猪场,猪舍16间,间距为3 m,净跨为4.56 m,窗上、下缘距舍内地平分别为1.95 m和0.75 m,(图5-26),设计该哺乳育成猪台南北窗的面积、数量和布置。

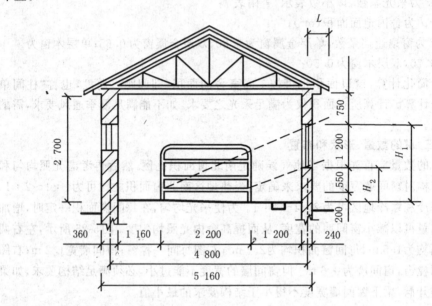

图5-26 猪舍剖面图

H_1是出檐长度;H_2是内地平至南窗上下缘的高度

解:(1)根据已知条件可知,该舍每间面积为13.68 m²;查表5-7知其采光系数标准为1/10～1/12,可取1/10,如采用单层木窗,遮挡系数为0.7,则可知每间所需窗口面积为:

$$A=\frac{0.1\times13.68}{0.7}=1.954\approx2.0(m^2)$$

表5-7 每平方米舍内面积设1 W光源可提供的照度(lx)

光源种类	白炽灯	荧光灯	卤钨灯	自镇流高压水银灯
每平方米舍内面积设1 W光源可提供的照度	3.5～5.0	12.0～17.0	5.0～7.0	8.0～10.0

(2)考虑到哺乳母猪舍须注意防寒和北京冬冷夏热的特点,北窗面积可占南窗的1/4,则每间猪舍北窗面积为2.0÷5＝0.4(m²),南窗面积为0.40×4＝1.60(m²)。

(3)根据南窗上、下缘高度可知窗口高1.2 m,由此得南窗宽度应为1.6÷1.2＝1.33(m)≈1.5 m,窗间墙宽度为3.0－1.5＝1.5(m),考虑光照和通风均匀,可每间设高1.2 m,宽0.8 m的立式窗2樘,则窗间墙宽度减为0.7 m,两南窗面积为1.2×0.8×2＝1.92(m²(,稍大于计算面积1.6 m²,符合要求。北窗可设高0.6 m,宽0.9 m的窗1个,面积为0.54 m²,稍大于计算值0.4 m²,其上、下缘高度可分别为1.95 m和1.35 m。

二、人 工 照 明

(一)灯具设计

人工照明一般以白炽灯和荧光灯做光源。人工照明不仅用于密闭式畜舍,自然采光畜舍为补充光照也需设人工照明设备。可按下列步骤进行:

1. 选择灯具种类 根据畜舍光照标准(见附表8)和1 m²地面设1 W光源提供的照度,计算畜舍所需光源总瓦数,再根据各种灯具的特性(表5-7和表5-8)确定灯具种类。

光源总瓦数＝畜舍适宜照度/1 m² 地面设1 W 光源提供的照度×畜舍总面积。

表5-8　畜舍光照常用电光源的特性

光源种类	功率(W)	光效(lm/W)	寿命(h)
白炽灯	15～1 000	6.5～20	750～1 000
荧光灯	6～125	40～85	5 000～8 000

2. 确定灯具数量 灯具的行距和灯距按大约3 m布置灯具,或按工作的照明要求布置灯具,各排灯具平行或交叉排列(图5-27),布置方案确定后,即可算出所需灯具盏数。

3. 计算每盏灯具瓦数 根据总瓦数和灯具盏数,算出每盏灯具瓦数。

(二)影响人工照明的因素

1. 光源 家畜一般可以看见波长为400～700 nm的光线,所以用白炽灯或荧光灯皆可。荧光灯耗电量比白炽灯少,而且光线比较柔和,不刺激眼睛;但设备投资较高,而且在一定温度下(21.0～26.7℃)光照效率最高,温度太低时不易启亮。一般白炽灯泡大约有49％的光为可利用数值。如1 W电能可发光12.56 lx,其中49％即6.15 lx可利用,一只40 W的灯泡发出502.4 lx的光,则有效利用为246.2 lx。一

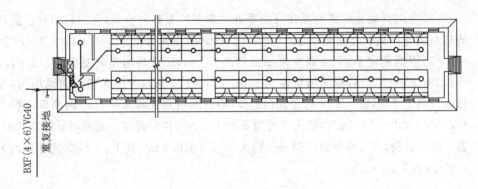

BXF(4×6)VG40
重复接地

图 5-27　猪舍灯具布置图

般每0.37 m²面积需1 W灯泡或1 m²面积需2.7 W灯泡,可提供10.76 lx的光照。

2. 灯的高度　灯的高度直接影响地面的光照度。灯越高,地面的照度就越小,一般灯具的高度为2.0～2.4 m。为在地面获得10 lx照度,白炽灯的高度应按表5-9设置。

表 5-9　为获得 10 lx 照度,白炽灯的适宜高度　　　　　　　　　　　　m

光源(W)	15	25	40	60	75	100
有灯罩	1.1	1.4	2.0	3.1	3.2	4.1
无灯罩	0.7	0.9	1.4	2.1	2.3	2.9

3. 灯的分布　为使舍内的照度比较均匀,应适当降低每个灯的瓦数,而增加舍内的总装灯数。鸡舍内装设白炽灯时,以40～60 W为宜,不可过大。灯泡与灯泡之间的距离,应为灯泡高度的1.5倍。舍内如果装设两排以上灯泡,应交错排列;靠墙的灯泡,同墙的距离应为灯泡间距的一半。灯泡不可使用软线吊挂,以防被风吹动而使鸡受惊。如为笼养,灯泡的布置应使灯光照射到料槽,特别要注意下层笼的光照强度,因此,灯泡一般设置在两列笼间的走道上方。

4. 灯罩　使用灯罩可使光照强度增加50%。避免使用上部敞开的圆锥形灯罩,因为它的反光效果较差,而且将光线局限在太小的范围内,一般应采用平型或伞形灯罩。不加灯罩的灯泡所发出的光线,约有30%被墙、顶棚、各种设备等吸收。如安装反光灯罩,比不用反光灯罩的光照强度大45%,反光罩以直径25～30 cm的伞形反光灯罩为宜。

5. 灯泡质量与清洁度　灯泡质量差与阴暗要减少光照30%,脏灯泡发出的光约比干净灯泡减少1/3。

在畜牧生产中,光照制度是根据各种家畜对光照强度、时间和明暗变化规律的要求制定的,并可以按程序进行自动控制。

第六节 畜舍的给排水

一、畜舍的给水

(一)给水方式

牧场的给水一般分集中式和分散式两种方式。集中式给水是以取水设备(如水泵)由水源取水,经净化消毒处理后送入储水设备(如水塔或压力水罐),再经配水管网送至各用水点(水龙头、饮水器等),这种给水方式使用方便、卫生、节省劳动力,但投资较大,消耗电能。具有一定规模的牧场均应尽量采用集中式给水,采用水塔给水时,其容量宜按牧场日需水量的3～5倍设计。分散式给水是各用水点用取水工具直接由水源取水,运至用水点使用,这种方式费劳力、不方便、不卫生,除小规模牧场和专业户外,一般不宜采用。

畜舍的给水应保证饲养管理用水和家畜饮用方便。饲养管理用水包括调制饲料、冲洗圈舍、设备、家畜淋浴和刷洗畜体等,一般是根据用水方便的原则,在舍内或运动场的适宜位置设置水龙头。水龙头的规格根据给水管的规格确定,一般畜牧场用1.524 cm(0.6 in)龙头较多。

(二)给水设备

家畜饮水器具一般为水槽或各种饮水器。水槽饮水设备投资少,可用于集中式给水,也可用于分散式给水,但水槽饮水易造成周围潮湿,不卫生(特别是猪用水槽),须经常刷洗消毒。笼养鸡常用自流水槽和饮水器。饮水器有乳头式(多用于猪、笼养鸡和兔)、鸭嘴式(多用于猪)、杯式(多用于仔猪、牛和羊)、塔式(用于平养或网养鸡)。各种饮水器一般须采用集中式给水,水压较大时须在舍内设水箱减压。畜用饮水器应设置在粪尿沟、漏缝地板或排粪区,以防畜床潮湿。寒冷地区的无供暖畜舍,为防止冻裂给水管道,给水管应在地下铺设,并设回水阀和回水井,夜间回水防冻;供暖畜舍或气候温暖地区,室内给水管应在地上铺设明管,便于维修。

浮子连通管式饮水器很好地解决了饮水卫生和畜舍潮湿问题,无条件采用集中式给水的小型牧场和专业户,建议试用浮子连通管式饮水器。它是由贮水箱、浮子水箱、连通水管和饮水器组成,浮子水箱在储水箱下,容量根据舍内家畜一次饮水量和饮水次数决定。

二、畜舍的排水与粪便清除

家畜每天排出的粪尿数量很大,而且日常管理所产生的污水也很多。据统计,每头家畜一天的粪尿量与其体重之比,牛为7%～9%,猪为5%～9%,鸡为10%;生产1 kg牛奶所排出的污水约为12 kg,生产1 kg猪肉所排出的污水约为25 kg。各种家畜粪尿量和污水排放量见表5-10和表5-11。因此,合理地设置畜舍排水系统,及时地清除这些污物与污水,是防止舍内潮湿、保持良好的空气卫生状况和畜体卫生的重要措施。

表 5-10　家畜粪尿产量　　　　　　　　　　　kg/(头·d)

家畜种类	产粪量	产尿量
乳用牛	25	6
肉用牛	15	4
猪	3	3
鸡	0.16	
肉用仔鸡	0.05～0.06	

表 5-11　家畜污水排放量　　　　　　　　　　L/(头·d)

家畜种类	污水排放量	家畜种类	污水排放量
成年牛	15～20	带仔母猪	8～14
青年牛	7～9	后备猪	2.5～4
犊牛	4～6	育肥猪	3～9
种公牛	5～9		

畜舍的排水设施一般与清粪方式相配套,清粪方式不同,每日的排污量相差很大。根据家畜种类和饲养管理方式的不同,清粪方式可分为:人工清粪、机械清粪、水冲清粪和水泡清粪等几种方式;一个年出栏万头规模的猪场,水冲清粪方式每日排污水量为150～200 m³/d;水泡清粪方式为100～120 m³/d;人工清粪方式为50～60 m³/d。因此,畜舍的排水系统应根据清粪方式而设计,畜舍的排水一般分为人工清粪方式的排水和漏缝地板清粪方式的排水。

(一)家畜饲养管理方式与粪便性状

家畜生产污水和粪便的清除方式取决于粪便性状,而粪便性状与家畜的种类、饲养管理方式有关,也受清粪方式的影响。畜牧场粪便包括家畜粪尿、垫料及清扫用水(生产污水)。不用垫料的新鲜的羊、鸡粪便的含水量约为65%、75%,马粪76%,远少于其他家畜粪便的含水量,呈固态,易于清除,因而即使少用或不用垫料也易保持舍内清洁与干燥。牛、猪粪便含水量较高,不含垫料一般分别高达83%及81%,呈半干状态;如使用垫料或实行厚垫草饲养,不论粪尿分离与否,与垫料混合,其含水量可降到50%~70%,而呈固态。但是,如饮水器漏水或清扫肆意用水,即使使用垫料,也会使含水量上升到85%~90%。而实行水冲清粪时,含水量甚至高达95%以上。

通常含固形物在20%以上的粪可采用固态粪处理办法,含量在15%以下可按液态处理。在国外为了省工、省时,在奶牛场、养猪场往往采用后者。含固形物在5%~15%时,呈流体状,故可自然流到位于地势较低处的粪水池。但要达到可直接灌溉和喷洒的匀质则固形物需在5%以下,故必要时应加水稀释(水冲清粪则无此必要);同时不能使用垫料。

(二)人工及机械清粪方式的排水

当粪便与垫料混合或粪尿分离,呈半干状态时,常采用此法。清粪机械包括人力小推车、地上轨道车、单轨吊罐、牵引刮板、电动或机动铲车等。为使粪与尿液及生产污水分离,通常在畜舍中设置污水排出系统。这种排水系统一般由排尿沟、沉淀池、地下排水管及污水池组成。

液形物经排水系统流入粪水池储存,而固形物则借助人或机械直接用运载工具运至堆放场,这种清粪方式称为固液分离或干清粪。

为便于尿水顺利流走,畜舍的地面应稍向排尿沟倾斜,设计一定坡度。一般牛、马舍为1%~1.5%,猪舍2%~3%,坡度过大会影响家畜健康。

1. 排尿沟 排尿沟用于接受畜舍地面流来的粪尿及污水,一般设在畜栏的后端,紧靠清粪道。排尿沟必须不透水,且能保证尿水顺利排走。

排尿沟的形式一般为方形或半圆形。马舍宜用半圆形排尿沟,用这种排尿沟马蹄踏入时不易受伤。沟宽一般为20 cm,深8~12 cm。种马在单栏内饲养时,一般不设排尿沟。猪舍及犊牛舍用半圆形或方形排尿沟均可,沟宽15~30 cm,深10 cm。乳牛舍宜用方形排尿沟,也可用双重尿沟,图5-28所示,牛舍排水沟宽一般40~80 cm,采用刮粪板清粪,也有采用150~200 cm;奶牛舍的明沟沟深不宜超过25 cm,因为沟深容易造成牛蹄部的损伤。排尿沟向沉淀池处要有1.0%~1.5%的坡度。排尿沟应尽量建成明沟,利于清扫消毒。

2. 沉淀池 在排水沟与地下排水管的连接处要设一个低于排水沟底的池子,以便使固体物质沉淀,防止管道堵塞,因此称之为沉淀池(图5-29)。为了防止粪草落入堵塞,沉淀池上面应盖铁算子。排水沟一般每隔20~30 m设1个沉淀池,沟底以1%~2%的坡度向沉淀池。舍内污水经沉淀池的地下排水管流向粪水池。

3. 地下排水管 地下排水管与排水沟(管)呈垂直方向,排水口应比沉淀池底

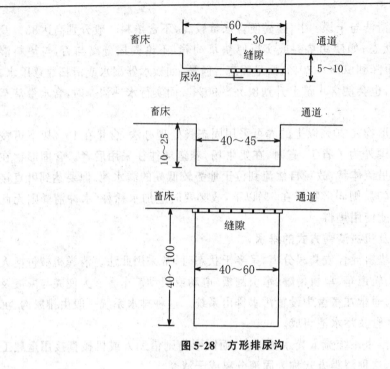

图 5-28 方形排尿沟

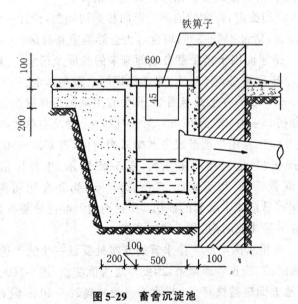

图 5-29 畜舍沉淀池

高50～60 cm,用于将沉淀池内经沉淀后的污水导入畜舍外的污水池中。因此地下排水管需向粪水池有1%～3%的坡度。如果畜舍外墙至污水池的距离超过5 m,应在舍外设检查井,以便发生堵塞时疏导。在寒冷地区,对地下排出管的舍外部分及检查井需采取防冻措施,以免污水在其内结冰。

4. 污水池 应设在舍外地势较低的地方,且应在运动场相反的一侧。距畜舍外墙不小于5 m。粪水池一定要离开饮水井100 m以外。须用不透水耐腐蚀的材料做成,以防污水渗入土壤造成污染,同时地下水和地面水也不能流入污水池。

污水池的容积及数量根据舍内家畜种类、头数、舍饲期长短与粪水贮放时间来确定。一般按储积20～30 d,容积20～30 m³来修建。

(三)水冲或水泡清粪方式的排水

这种方式多在不使用垫草、采用漏缝地面时应用,家畜的粪便和污水混合,粪水一同排出舍内,流入化粪池,定期或不定期用污水泵将粪水抽入罐车运走。这种排水方式由漏缝地板、粪沟、粪水清除设施和粪水池组成。

1. 漏缝地板 所谓漏缝地板,即是在舍内地面上修成缝状、孔状或网状,粪尿落到地面上,液体物从缝隙流入地面下的粪沟,固形的粪便被家畜踩入沟内,少量残粪用人工略加冲洗清理。隔一定时间清粪一次,简化清粪过程,减轻清粪时的劳动强度。

漏缝地板可用各种材料制成,木板、硬质塑料、钢筋混凝土或金属等。在美国,木制漏缝地面占50%,混凝土制的占32%,用金属制的占18%。但木制漏缝地板很不卫生,且易于破损,使用年限不长;金属漏缝地面易遭腐蚀、生锈。混凝土漏缝地面经久耐用,便于清洗消毒,比较合适;塑料漏缝地面比金属制的漏缝地面抗腐蚀、易清洗,各种性能均比较理想,只是造价高。

鸡舍漏缝地板多占鸡舍地面面积的2/3,漏缝地板距舍内地平50～60 cm,可用木条或竹条制作,缝宽2.5 cm,板条宽40 cm制成多个单体,然后排列组合成一体,其余1/3地面铺垫草。这种养鸡工艺一般是一个饲养周期清粪(料)一次。猪、牛、羊等家畜的漏缝地板应考虑家畜肢蹄负重,地面缝隙和板条宽度应与其踢表面积相适应,以减少对肢蹄的损伤。漏缝地面板条宽度和缝隙间的距离,因畜种不同而异,参见表5-12。

2. 粪沟 位于漏缝地面下方,其宽度不等,视漏缝地面的宽度而定,从0.8 m到2 m;其深度为0.7～0.8 m;倾向粪水池的坡度为0.5%～1.0%。此外,也可采用水泥盖板侧缝形式,即在地下粪沟上盖以混凝土预制平板,盖板稍高于粪沟边缘的地面,因而与粪沟边缘形成侧缝,家畜排的粪便,用水冲入粪沟。

表 5-12　家畜的漏缝地面板尺寸　　　　　　　mm

家畜种类		缝隙宽	板条宽
牛：	10 d 至 4 月龄	25～30	50
	5～8 月龄	35～40	80～100
	9 月龄以上	40～45	100～150
猪：	哺乳仔猪	10	40
	育成猪	12	40～70
	中猪	20	70～100
	育肥猪	25	70～100
	种猪	25	70～100
绵羊：	羔羊	15～25	80～120
	肥育羊	20～25	100～120
	母羊	25	100～120
鸡：	种鸡	25	40

3. 粪水清除设施　漏缝地板清粪方式一般采用水冲或水泡清粪和刮粪板清粪。

(1)水冲或水泡清粪。图 5-30 所示,靠家畜把粪便踩踏下去,落入粪沟,在粪沟的一端设自动翻水箱,水箱内水满时自动翻转,利用水的冲力将粪水冲至粪水池中,此为水冲清粪;在粪沟一端的底部设挡水坎,使粪沟内总保持有一定深度的水

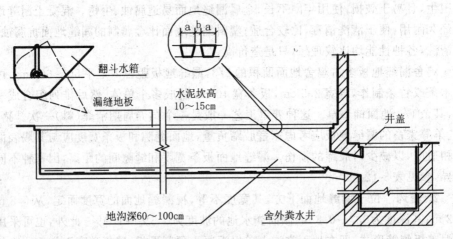

图 5-30　漏缝地板排水系统的一般模式

a. 板条宽;b 缝隙宽

（约15 cm），使漏下的粪便被浸泡变稀，随水溢过沟坎，流入粪水池；或者粪沟里设活塞，当将活塞拔起时，粪稀流入粪水池，为水泡清粪。这种方法不需特殊设备，省工省时，简便易行，清粪效果较好。但用水量较大，使粪水的储存、处理和利用复杂化，也容易造成环境污染，应慎重选用。

（2）刮板清粪。这是使用牵引式清粪机，拉拽于粪尿沟内的刮板运行，将粪尿刮向畜舍一端的横向排水沟，该工艺减少了用水量和粪尿总量，便于后期粪尿处理。存在的问题是：刮板、牵引机、牵拉钢丝绳易被粪尿严重腐蚀，缩短使用寿命；耗电较多；噪声也较大。

总之，无论那种漏缝地面排水方式，虽然可以提高生产效率，节省人工；但投资高、耗水多，粪水处理和利用困难；而且会造成舍内湿度过高，粪尿对环境的污染，产生冷风倒灌，失热增多等问题，目前我国除部分大型畜牧场外，很少采用。

4. 粪水池　分地下式、半地下式及地上式三种形式。不管哪种形式都必须防止渗漏，以免污染地下水源。此外实行水冲清粪不仅必须用污水泵，同时还需用专用罐车运载。而一旦有传染病或寄生虫病发生，如此大量的粪水无害化处理将成为一个难题。

许多国家环境保护法规规定，畜牧场粪水不经无害化处理不允许任意排放施用，而粪水处理费用庞大。一些土地面积比较大的国家，常采用将粪水储存7～9个月，粪水自然发酵，有害物生物被杀灭，到农田施肥季节，将储存的粪水加以利用，做到农牧良性循环。我国人均土地面积比较小，畜牧生产最好采用干清粪工艺，使畜牧场的废弃物减量化、无害化、资源化。

思　考　题

1. 名词解释：

导热系数和蓄热系数，材料层热阻和围护结构总热阻，冬季低限热阻值，夏季低限热阻值，总延迟时间和总衰减度，自然通风与机械通风，采光系数，入射角和透光角。

2. 畜舍的主要结构及作用，畜舍的类型与特点是什么？

3. 如何考虑畜舍的保温防寒？

4. 如何考虑畜舍的隔热防暑？

5. 畜舍通风应考虑哪些因素？如何控制夏季和冬季的自然通风量和气流的分布？

6. 纵向通风和横向通风有何不同？如何选择和应用？

7. 自然采光和人工照明的要求是什么？

8. 畜舍的给排水有几种方式？如何选用？

（刘继军）

第六章 畜牧场环境综合评价

本章提要：本章介绍了畜牧场环境综合评价的基础知识以及环境质量现状评价的工作程序。

第一节 环境质量评价的基础知识

环境影响评价作为加强环境管理、防治污染、协调经济发展和环境保护的有效手段发展很快。自从 1972 年 6 月联合国召开的《人类环境会议》上通过了"人类环境宣言"以来，世界各国纷纷通过立法建立环境影响评价制度，探讨环境质量与人类社会行为之间的关系、评价其对环境质量的影响以及环境质量的变化对人类生存与发展的影响。与此同时，我国环境评价的理论、方法和技术也不断完善，制定了一系列环境标准，基本建立了我国的环境标准体系。加入 WTO 以后，为了全面推进我国的"无公害食品行动计划"，推动我国畜产品迅速走出国门，养殖业也同时出台了 GB/T 18407.3—2001《无公害食品产地环境认证》、NY/T 388—1999《畜牧场环境质量标准》、GB 18596—2001《畜禽养殖业污染物排放标准》等一批行业标准和国家标准。本章将就我国环境评价的概念、观点、理论及评价方法进行介绍。

一、环境质量和环境标准

（一）环境质量

环境质量指环境对人类社会生存和发展的适宜性。即指环境的总体质量（综合质量），也指环境要素的质量，由于环境对人类生存发展、对养殖业动物的健康与畜产品质量的影响重大，因此必须对具有不同环境状态的环境质量进行定量的描述与比较，规定一些具有可比性的内容作为衡量环境质量的指标。如大气环境质量、水环境质量、土壤环境质量和生物环境质量。每一个环境要素可以用多个环境质量参数或者因素加以定性和定量的描述。如影响养殖业大气环境质量的 NH_3、CO_2、H_2S、CO 等等。目前我国的环境质量指标和标准只局限在进入环境的污染物及其含量的水平上，还有待于不断充实、调整和完善，使其能与社会、经济发展的有关指标构成一个统一完整的指标体系。

(二)环境标准

环境标准是国家根据人类健康、生态平衡和社会经济发展对环境结构、状态的要求,在综合考虑本国自然环境特征、科学技术水平和经济条件的基础上,对环境要素间的配比、布局和各环境要素的组成(特别是污染物质的容许含量)所规定的技术规范。环境标准是评价畜牧场环境状况和其他一切环境管理和保护的法定依据。

环境标准的种类繁多,按适用范围和地区,可分为国家标准、行业标准和地方标准等;按其性质可分为环境质量标准、污染物排放标准等。这些环境标准组成了环境标准体系。GB/T 18407.3—2001《无公害食品产地环境认证》、农业行业标准NY/T 388—1999《畜牧场环境质量标准》中就规定了畜牧场必要的空气、生态环境质量标准以及畜禽饮用水的水质标准。

二、环境质量评价

环境评价是按一定的环境评价标准和评价方法评估环境质量的优劣,预测环境质量发展趋势和评价人类活动的环境影响程度,或称为对环境要素的定性或定量描述。按照 ISO 14000 标准的定义,环境影响是"全部或部分组织的活动、产品或服务给环境造成的任何有益或有害的变化"。但我们更关心的是有害的变化,它将是今后养殖业管理工作的重要组成部分,具有不可替代的预知功能,同时它也可以提出各种减免措施和评价各种减免措施的技术可行性,从而为畜牧场废弃物的治理提供依据。按照所评价的环境质量的时间属性,环境评价可以分成回顾评价、现状评价和影响评价 3 种类型。

1. 环境质量回顾评价   是对某一区域某一历史阶段的环境质量的历史变化的评价,评价的资料为历史数据,这种评价既可回顾一个地区环境质量的发展演变过程,也可以预测环境质量的变化发展趋势。例如根据某一地区养殖场废弃物污染(水质、土壤)历年监测数据,可以对周围水质、土壤某种元素含量的变化做出评价,预测其发展趋势。

2. 环境质量现状评价   这种评价是利用近期的环境监测数据,反映的是区域环境质量的现状,评价过程中一般以国家颁布的环境质量标准或环境背景值为评价依据,环境质量现状评价是区域环境综合整治和区域环境规划的基础,它为区域环境污染综合防治提供科学依据。环境现状评价包括:①环境污染评价,指进行污染源调查,了解进入环境的污染物种类和数量及其在环境中迁移、扩散和转化,研究各种污染物浓度在时空上变化规律,建立数学模式,说明人类活动所排放的污染物对生态系统,特别是对人群健康已经造成的或未来(包括对后代)将造成的危害;②生态评价,指为维护生态平衡,合理利用和开发资源而进行的区域范围的自然环境质量评价;③美学评价,指评价当前环境的美学价值;④社会环境质量评价。

3. 环境影响评价　这种评价是对拟议中的重要决策或开发活动可能对环境产生的物理性、化学性或生物性的作用,及其造成的环境变化和对人类健康和福利的可能影响,进行的系统的分析和评估,并提出减免这些影响的对策和措施。环境影响的评价是目前开展得最多的环境评价。

按照环境要素分类,环境质量评价分为单要素评价和综合评价。单要素评价包括大气环境质量评价、水环境质量评价、土壤环境质量评价等。对一个区域项目各环境要素进行联合评价,称为区域环境质量综合评价。如根据规划建设的养殖规模,可进行单个项目的环境影响评价、区域项目的环境影响评价、加上发展规划和政策的环境影响评价,可构成完整的环境影响评价体系。

三、环境影响评价制度

环境影响评价制度是用法律的形式规定了环境影响评价在进行对环境有影响的建设和开发活动(如牧场规划、设置)时,一个必须遵守的制度。该评价可对牧场建成后可能给周围环境带来的影响,进行科学的预测和评估,制定防止或减少环境损害的措施,编写环境影响报告书或填写影响报告表,报经环境保护部门审批后再进行设计和建设。换句话说,就是牧场的设计规划,建设前必须提交环境影响评价报告,报告通过后方可实施。

环境影响评价制度是防止产生环境污染和生态破坏的法律措施,我国在1979年的《环境保护法(试行)》中首次规定了这项制度,1989年12月颁布的《中华人民共和国环境保护法》第三条规定:"建设环境污染的项目,必须遵守国家有关建设项目环境管理的规定"。同时还规定了"建设项目的环境影响报告书,必须对建设项目产生的污染和对环境的影响做出评价,制定预防措施,经项目主管部门预审,并依照规定的程序报环境保护行政主管部门批准。环境影响报告书经批准后,计划部门方可批准建设项目计划任务书。"

我国已经形成了比较完善的环境影响评价的法律体系,特别是加入WTO后,一些养殖行业的法律法规不断健全,与养殖行业密切相关的主要法律法规包括《中华人民共和国环境保护法》(1989)、《中华人民共和国水污染防治法》(1982)、《中华人民共和国大气污染防治法》、《中华人民共和国固体废弃物污染防治法》(1995)、

《中华人民共和国污染防治法》(1996)、《无公害食品产地环境认证》(2001)、《畜牧场环境质量标准》(1999)。这些法律法规起着协调经济持续发展和保护环境,实现经济效益、社会效益、环境效益三者统一的重要作用。

四、环境影响报告书

环境影响报告书是环境影响评价制度的重要组成部分。它是按照国家颁发的《建设项目环境保护管理办法》、《无公害食品产地环境认证》、《畜牧场环境质量标准》、《畜禽场污染物排放标准》(2001),由建设或开发单位委托具有国家环境影响评价资质的评价单位负责编写,再由建设或开发单位提交给环境保护主管部门进行审查,并作为批准或否决建设项目的重要依据。

环境影响评价报告书应全面、概括地反映环境影响评价的全部工作,文字应简洁、准确,并尽量采用图表和照片,以使提出的资料清楚,论点明确,便于阅读和审查。评价内容较多的报告书,其重点评价项目另编分项报告书;主要技术问题另编专题技术报告。环境影响报告书的内容主要有:

(1)总则。按照环境影响评价技术导则的要求,根据环境和项目工程的特点及评价工作的等级,可以选择下列内容编写环境影响报告书:①结合评价项目的特点阐述编制环境影响报告书的目的;②编制依据,包括项目建议书、评价大纲及其审查意见、评价委托书(合同)或任务书、建设项目可行性研究报告等;③采用标准,包括国家标准、地方标准或行业标准;④控制污染与保护环境的目标。

(2)建设项目概况。包括:①建设项目的名称、地点及建设性质;②建设规模(扩建项目应说明原有规模)、占地面积及厂区平面布置(应附平面图);③土地利用情况和发展规划;④产品方案和主要工艺方法;⑤职工人数和生活区布局。

(3)工程分析。报告书应对建设项目的下列情况进行说明,并做出分析:①主要原料、燃料及其来源和储运,物料平衡,水的用量与平衡,水的回用情况;②工艺过程(附工艺流程图);③废水、废气、废弃物等的种类、排放量和排放方式。产生的噪声、振动的特性及数值等;④废弃物的综合处理和利用、处置方案;⑤交通运输情况及场地的开发利用。

(4)建设项目周围地区的环境现状。①地理位置(应附平面图);②地质、地形、地貌和土壤情况,河流、湖泊(水库)、气候与气象情况;③大气、地面水、地下水和土壤的环境质量状况;④该地区过去发生的地方病、传染病情况;⑤社会经济情况,包括现有工矿企业和生活居住区的分布情况、人口密度、农业概况、土地利用情况、交通运输情况及其他社会经济活动情况;⑥矿藏、森林、草原、水产和周围农业生产、农作物等情况;⑦自然保护区、风景游览区、名胜古迹以及重要的政治文化设施的情况。

(5)环境影响预测。①预测环境影响的时段;②预测范围;③预测内容及预测方法;④预测结果及其分析和说明。

(6)评价建设项目的环境影响。①建设项目环境影响的特征;②建设项目环境影响的范围、程度和性质;③如要进行多个场址的优选时,应综合评价每个场址的环境影响并进行比较和分析。

(7)环境保护措施。评述及技术经济论证,并提出各项措施的投资估算(列表)。

(8)环境影响经济损益分析。

(9)环境监测制度及环境管理、环境规划的建议。

(10)环境影响评价结论。

环境影响评价报告表是建设单位就拟建养殖项目的环境影响以表格形式向环境保护部门提交的书面文件。适用于单项环境影响评价的工作等级均低于第三级的建设项目,按国家颁发的《建设项目环境保护管理办法》填写《建设项目环境影响报告表》。其主要内容有:建设项目概况、排污情况及治理措施、建设过程中和拟建项目建成后对环境影响的分析,等等。

五、环境影响评价制度在环境管理中的作用

环境影响评价制度加入到经济建设程序中来,是对传统的经济发展方式的重大变革。在传统的经济发展中,考虑的是眼前的、直接的经济效益,没有或很少考虑环境效益,其结果是生产发展了,但环境却被污染和破坏了。环境污染制约了经济的发展,导致了经济发展和环境保护的尖锐对立。实行环境影响评价制度可改变这种状况。环境影响评价可对建设项目或开发区的经济效益与环境效益进行估价、协调,并找出既发展经济又保护环境的办法、方案,使经济建设、城乡建设和环境保护协调发展。环境影响评价在环境管理中的作用主要有以下5个方面:

1. 环境影响评价是实现生产合理布局的重要手段　国际上的经验和我国的实践都证明,生产布局不合理是造成环境污染和破坏的一条重要原因。例如,一个排放大量废弃物的养殖场位于居民区的上风向,即使采取了污染治理措施,居民区还是要受恶臭、污水的影响。通过环境影响评价就可以避免这种布局,防止污染的发生,改变过去那种"先污染后治理"的环境保护格局。

2. 环境影响评价为城市、郊区养殖业的发展规划提供依据 通过环境影响评价,研究环境的自净能力和环境容量的大小,从环境、生态的角度提出养殖业的发展规模、产业结构布局等。

3. 环境影响评价是控制新污染源的手段 环境影响评价可以预估出养殖行业废弃物排放量、排放浓度。通过预测,可知它们的环境影响是否符合环境质量标准的要求。这两者只要有一个不符合要求,就要限制污染源的污染物排放量,使它们既符合污染物排放标准又符合环境质量标准的要求,从而防止新污染的发生。

4. 环境影响评价有助于优化环境工程治理方案 按现行的养殖行业管理部门规定,养殖项目可行性研究报告通常是给出污染治理方案。环境影响评价对其污染治理方案的可行性进行研究,从可供选择的多个方案中优选出最佳方案。在环境影响评价中,充分利用自然净化能力、走农牧结合的设计是选择污染治理方案的一项基本原则。环境影响评价和环境工程学相结合将会选出优化的环境工程治理方案。

5. 环境影响报告书是对建设项目实施环境管理的系统资料 环境影响报告书是建设项目竣工验收的依据和资料。环境影响报告书也是建设单位对建设项目投产后实施环境管理的系统资料。

六、环境影响评价中特别关注的几个问题

1. 全球变暖 作为生物性生产,畜牧生产活动中产生大量二氧化碳、甲烷等气体,大气中这类温室气体浓度的增加,导致了全球气候变化,全球平均气温升高,海平面上升,灾害性气候异常事件的发生频率增加,对社会和经济发展造成严重的影响。全球气候变暖是环境评价中极难处理的一类特殊问题。在环境评价中,对拟议项目的筛选时,应对气候变暖的贡献进行鉴别,确定这些贡献的意义。尽管通常难以估计对全球变化的绝对程度,但对贡献的相对大小应予以评价。

2. 大气污染物越界传输和酸雨问题 工业生产和热电的发展使大气污染物的排放量增加,造成大气污染日益加重,许多工业化国家采取各种措施防治大气污染,其中一个重要措施是加高烟囱的高度。这一措施有效地改善了排放地区的环境质量,但却产生了大气污染物的远距离输送。矿物质燃料燃烧产生的大量二氧化硫进入大气后经传输、转化和沉降,形成酸雨。

3. 濒危物种 环境评价中,涉及到濒危动、植物物种时,最重要的是在项目规划阶段列出物种表,项目实施对物种和其栖息地的可能影响必须记录,没有提供物

种表和栖息地记录将给环境评价造成致命的缺陷。常常由于未提供物种表而造成无法评价的状况,在现存信息不完备的情况下,早期的调查将是非常必要的。

4. 生物多样性　自然环境和其中的各种各样的生物,构成了自然生态环境。人类社会经济和文明的发展,离不开野生动、植物,它们为人类提供其生存所必需的物质基础,许多种生物是人类的食品和医药,是工业生产的原料。由于人类的开发活动,生物的栖息地遭到破坏,生物物种被滥用,从而导致生物多样性的迅速减少。生物物种灭绝后就永远消失,意味着生态系统的破坏。有些破坏短期内还看不出其影响,但其长远的影响却可以预料。

第二节　环境质量现状评价各论

按照《无公害食品产地环境认证》、《畜牧场环境质量标准》、《畜禽养殖业污染物排放标准》中规定的畜牧场必要的空气、生态环境质量标准、畜禽饮用水的水质标准以及污染物排放标准,评价中我们将以此作为畜牧场环境质量评价的依据。

一、污染源调查与评价

在养殖行业,污染源的调查就是要了解、掌握畜牧生产中废弃物(主要是粪尿、废水、病死尸、畜产品加工厂的下脚料)排放的种类、数量、方式、途径等情况,进行现场考察、污染物监测和污染气象等调查,确定拟建项目所在地区环境质量的本底情况,为开展环境影响预测等工作提供基础资料。

二、评价内容及评价工作程序

1. 环境质量现状评价工作　环境质量现状评价工作可分为三个阶段,即调查准备、环境监测和评价分析。

(1)第一阶段是调查准备。根据评价任务的要求,结合本地区的具体条件,首先确定评价范围。在污染源调查和气象条件分析的基础上,拟定主要污染源和主要污染、发生重污染的气象条件等,据此制定环境监测计划。其中包括监测项目、监测点的布设、采样时间和频率、采样方法、分析方法等,并做好人员组织和器材准备。

(2)第二阶段是按照监测计划进行污染监测,建立基础资料。污染监测应按年度分季节定区、定点、定时进行。为了分析评价污染的生态效应,最好在污染监测同时进行污染生物学监测和环境卫生学监测,以便从不同角度来评价环境质量,使评价结果更科学、更合理。

(3)第三阶段为评价分析阶段。评价就是对污染程度进行描述,分析环境质量随着时空的变化,探讨其原因,并根据污染的生物监测和污染环境卫生学监测进行污染的分级。最后,分析说明主要污染因子,重污染发生的条件,污染对人和动、植物的影响等。

2. 现状监测 监测点的数目和布设:监测点数目数量不宜过多,以满足评价需要为原则。如对环境影响评价的现状监测,一般规定,一级评价项目布点不应少于 10 个;二级评价项目不应少于 6 个;如果评价区内已有常规(例行)监测点,则三级评价项目可不再安排监测,否则可布置 1～3 个点。监测点位置布设,通常是在居住区、工业区、交通繁忙区和清洁(对照)区等不同功能区设点监测。另外,需在主导风向上风向布设对照点。监测时间和频率,根据污染物排放的规律,对于为环境影响评价提供数据的现状评价,确定监测周期与频率的原则是如果条件允许,应在一年中的 1 月、4 月、7 月、10 月份(分别代表冬、春、夏、秋)各进行 1 次监测;如果条件不允许,则一级评价项目应在冬、夏两季各进行一次,二级评价可取一期(季)不利季节,必要时才做二期(季)。一级评价项目的空气污染现状监测应与气象条件相对应,至少每次连续监测 7 d,每天采样次数不少于 6 次,在采样时还要求同时进行风向、风速、气温、云量等气象条件观测。对于二、三级评价项目,进行条件最不利的一个季节的监测,每次 5 d,每天至少采样 4 次。

(一)大气环境质量评价

在畜牧场一般的生产加工过程中,大气环境评价指标可参见表 6-1,由于畜牧生产的特殊性,畜禽场的空气环境质量还应符合表 6-2 所规定的要求。

表 6-1　环境空气质量评价

项　　目	日平均	每小时平均
总悬浮颗粒物(标准状态)(mg/m³)	≤0.30	
二氧化硫(标准状态)(mg/m³)	≤0.15	≤0.50
氮氧化合物(标准状态)(mg/m³)	≤0.12	≤0.24
氟化物[mg/(dm³·d)]	≤3(月平均)	
铅(标准状态)(mg/dm³)		

畜禽场空气环境质量应符合表 6-2 的要求。

表 6-2 畜禽场环境空气质量标准

序号	项 目	单位	场区	舍区			
				禽舍		猪舍	牛舍
				雏	成		
1	氨气	(mg/m³)	5	10	15	25	20
2	硫化氢	(mg/m³)	2	2	10	10	8
3	二氧化碳	(mg/m³)	750	1 500		1 500	1 500
4	可吸入颗粒物(标准状态)	(mg/m³)	1	4		1	2
5	总悬浮颗粒物(标准状态)	(mg/m³)	2	8		3	4
6	恶臭	稀释倍数	50	70		70	70

上述指标的评价方法应按照国标及行业标准所规定的技术规范执行。

(二)水环境质量评价

水环境质量评价包括地面水、地下水、水污染情况的调查分析。一般应包括物理指标如水的温度、色、臭、味、浊度、固体(悬浮性固体、总固体);化学指标:无机指标包括含盐量、硬度、pH 值以及氟化物、氯化物、硫化物、硫酸盐、铁、锰、重金属类、氮、磷等,有机指标主要是 BOD、COD、DO、酚类、六六六、滴滴涕等;生物学指标主要是大肠杆菌等。

畜禽饮用水质量标准应符合表 6-3 的要求,作为评价依据。

表 6-3 畜禽饮用水质量指标 mg/L

项 目	指 标
砷	≤0.05
汞	≤0.001
铅	≤0.05
铜	≤1.0
铬	≤0.05
镉	≤0.01
氰化物	≤0.05
氟化物(以 F 计)	≤1.0
氯化物(以 Cl 计)	≤250
六六六	≤0.001
滴滴涕	≤0.005
总大肠杆菌群(个/L)	≤3
pH	6.5~8.5

（三）土壤环境质量评价

土壤是地球陆地表面具有肥力、能生长植物的疏松表层。是人类环境、畜牧生产的重要组成部分。由矿物质、有机质、水分和气体等组成。与动物的生活生产密切相关，直接影响畜牧场及畜舍内的小气候，而土壤的化学组成可通过饲料、饮水等影响机体的生理功能。

土壤具有吸水和储备各种物质的能力，当畜牧生产的废弃物不断向其排放时，一旦超过其纳污和自净能力，成为病原微生物、寄生虫的滋生场所，给环境带来污染。

土壤评价指标通常包括下列与畜牧生产密切相关的内容，重金属如汞、铅、铬、铜、钼、锌等；非金属有毒物质如砷、硒、碘、氟、氰等；化学农药如有机磷、有机氯、酚类等；生物性指标如大肠杆菌等。

三、生态影响评价

合理开发利用当地自然资源是畜牧业规划的重要前提。只有充分发挥地方资源优势，才能使养殖业得到快速发展。为此，必须对当地的土地、气候、植被、饲草与饲料、劳力、技术、资金等资源潜力进行全面调查分析，慎重选择适宜的家畜品种，适宜的发展规模，使当地各种资源得到充分利用，以获得最大的、持续性的生产效益。要想持续稳定的发展畜牧业，必须使畜牧生产的经济效益、社会效益和生态效益"三效"统一。因此养殖业特别是新开发的养殖项目必须考虑到生态环境影响评价。

生态环境影响评价的依据主要是各级政府有关的生态环境保护的法规和规定，评价区内有关珍稀、濒危动植物物种的资料、食品卫生标准、有关畜牧生产废弃物在环境中的耐受阈值的研究成果、当前土壤、水源、生物中有害污染物背景值的资料。

评价中包括现状调查、现状评价和预测评价。

四、社会经济环境影响评价

社会经济环境影响评价是养殖建设项目环境影响评价的组成部分，社会经济环境的好坏直接影响到周围人群的切身利益、地区的稳定发展和长治久安。社会经济环境的状况、变化趋势也影响到人与自然资源、环境联系的方式和趋向，成为畜牧生产区域开发或建设项目可行性研究和规划、决策的依据。可以想像社区人口对畜牧场所产生的环境影响极其敏感和关注,这些影响会改变他们目前和将来的生存和生活质量。因此社会经济环境影响评价应给出项目可能产生的有利和不利社会经济影响,以及社区人口受益和受损情况,并通过采取一定措施来增加项目的有利社会经济环境影响和受益人数,减少项目的不利影响和受损人数,并尽可能对此加以补偿,使养殖项目的论证更加充分可靠,项目的规划设计和实施更加完善。

五、公 众 参 与

公众参与者包括直接参与和间接参与两类人群。前者是指受养殖项目直接影响的群体;间接参与者是指那些对畜牧场潜在的环境影响的性质、范围、特点有一定了解的专家,常可以提出深入的重要性见解。公众参与的作用表现在以下方面:其一是公众参与可以提高环境影响评价的质量,提供更多的信息和建议;其二是公众参与可以保证评价和决策的透明度和可信度。

六、环 境 监 测

环境监测是环境管理和环境保护的基础。畜牧场的环境监测目的主要是要判断其环境质量是否符合国家制定的无公害养殖标准,判断畜牧场废弃物造成的环境污染,以便制定控制和防治对策。一般监测的对象为大气污染监测、水质污染监测、土壤污染监测、生物污染监测、噪声污染监测等。

思 考 题

1. 什么是环境质量和无公害养殖的环境标准?
2. 环境质量评价的意义、类型?
3. 环境质量现状评价包括哪些内容?

（刘凤华、赵立欣）

下　篇

可持续发展
畜牧业的规划
及环境卫生防护

第七章　可持续发展中畜牧场的规划

本章提要：主要介绍了畜牧业的可持续发展的概念，可持续
发展畜牧业的设计原则，畜牧场场址选择、工艺设计以及畜牧场
场区的平面规划、布局。

第一节　畜牧业的可持续发展

一、可持续发展的概念

可持续发展的概念是由世界环境与发展委员会 1987 年在《我们共同的未来》中提出的；可持续发展是指："既满足当代人的需要，又不能对后代人满足其自身需要的能力构成危害的发展"。1992 年联合国环境与发展大会在巴西通过了《里约环境与发展宣言》和《21 世纪议程》两个纲领性文件，可持续发展作为一项基本原则，成为全球范围内的可持续发展行动计划。

"可持续农业(sustainable agriculture)"是"可持续发展"概念延伸至农业发展领域时而生成的。1991 年联合国粮农组织提出了可持续农业的概念，即"管理和保护自然资源基础，调整技术和机制变化的方向，以便确保获得并持续地满足目前和今后世世代代人们的需要。因此是一种能够保护和维护土地、水和动植物资源、不会造成环境退化；同时在技术上适当可行、经济上有活力、能够被社会广泛接受的农业"。它包括几层基本的意思：①可持续农业强调不能以牺牲子孙后代的生存发展权益作为换取当今发展的代价；②可持续农业要求兼顾经济的、社会的和生态的效益，"生态上健康的"是指在正确的生态道德观和发展观指导下，正确处理人类与自然的关系，为农业和农村发展维护一个健全的资源和环境基础；"社会能够接受的"主要指不会引起诸如环境污染和生态条件恶化等社会问题，以及能够实现社会的公正性，不引起区域间、个人间收入的过大差距。可持续农业是全球的共识，国际标准化组织(ISO)发布的《ISO 14000 系列环境管理标准》是以降低产品废品率、减少废弃物、保证无污染，零排放为目标的生产环境管理国际标准，将成为国际市场、

国际贸易中指定的指标。

可持续农业是针对传统农业和现代农业(石油农业)在资源、环境和经济方面所固有的弊端提出来的。国际上"自然农业"、"有机农业"、"生物动力农业"、"立体农业"、"节水生态农业"等,都是各国结合本国实际、发展持续农业的具体设计。

我国 20 世纪 80 年代中后期即开始了生态农业的试点。1984 年在第二次全国环境保护大会上宣布,"环境保护是我国的一项基本国策",同年 5 月,国务院颁布了《国务院关于环境保护的决定》,明确指出"各级环境保护部门要会同有关部门积极推广生态农业,防止农业环境的污染和破坏"。90 年代以后,我国开始了全国 50 个生态县的整体建设阶段。1994 年 3 月通过的《中国 21 世纪议程》和指导环境保护的纲领性文件"国民经济和社会发展九五计划和 2010 年环境保护目标"。我国的生态农业本质是把农业生产经济活动引上生态合理的轨道,是一种生态经济优化的农业体系。农业部颁布的《生态农业示范区建设技术规范》中将中国生态农业(Chinese Ecological Agriculture)定义为:"因地制宜利用现代科学技术,并与传统农业精华相结合,充分发挥区域资源优势,依据经济发展水平及'整体、协调、循环、再生'的原则,运用系统工程方法,全面规划,合理组织农业生产,实现高产、优质、高效、可持续发展,达到生态与经济两个系统的良性循环和经济、生态、社会效益的统一。"

二、畜牧业可持续发展系统工程

牧业生态工程,就是模拟农业生态系统原理来组建畜牧业生产工艺体系。

(一)畜牧业可持续发展系统工程的类型

1. 农区农牧生态系统工程　主要发生在农区。农区种植的粮食作物、经济作物以及一些特殊用途的植物,是农业生态系统中的初级生产者,是畜牧业的主要饲料来源。家畜是这些饲料的消费者,在消费谷物、豆类等的同时,也把种植业中人类不能直接利用的秸秆、糠麸等,经过家畜转化为肉、乳、蛋、皮、毛等畜产品。而畜牧业的大量废弃物如粪尿、垫料等经过发酵、沼气等处理既为种植业提供优质的有机肥料,又为农村提供了能源。因此以种植业为主体的农区,应合理配置牧业生产比例,使生态系统的物质循环和能量流动得以畅通,种植业与畜牧业互相促进。

城郊区模式:目前,我国城市的菜、肉、鱼、蛋、奶、花等鲜活产品的供应部分来自城郊区。城郊区也最先获得工业生产所提供的化肥、农药、薄膜、机械,以及科研部门提供的技术和优良种苗。城郊区还要接纳城市的扩散工业和排放的废渣、废水和废气。北京市大兴县留民营村离北京 27 km,耕地 131 hm²,人口 829 人,20 世纪

70年代生产总值的78%仍是稻米、小麦、大麦和棉花,饲养业产值只占10%,工副业产值只占11.5%。自1983年起,留民营村在以下几个方面做了大幅度调整,建设小型奶牛场,扩大肉牛场和鸡场,建立瘦肉型猪场和鸭场,开辟新鱼塘,强化畜牧业生产;建立饲料加工厂和豆制品厂,建立16.7 hm²蔬菜大棚和400 m²蘑菇房,强化蔬菜、饲料和加工生产。留民营村在内部建立起良好的能物流联系,在外部适应加大商业辅助能的投入强度。这样的措施实行3年后,农业总产值从55.6万上升到280万,人均收入从405元提高到1 100元。土壤有机质从1.296%上升到1.5%。该村每年向首都市场提供牛奶80 t、鲜蛋75 t、水果30 t、肉类15 t、鱼8.5 t、菜600 t、肉鸡7.5 t,显示出典型的城郊型农业特点。区域环境深刻地影响着农业模式的取向。成功的生态农业模式必定能充分利用环境资源的优势巧妙地解脱环境中的关键性制约,通过农业生态系统结构与功能的调节,使得农业在资源利用率、投入转化率和综合效益方面都创造出"1+1>2"的系统整合优势。

2. 草地农牧生态系统工程　草地农牧生态系统以草地为主,结合农田和林地,把草、粮、林、牧有机组合在一起,进行农、林、牧产品的物质生产。

在草地农牧生态系统中,土地资源划分为农田、林地、草地三种类型。由于各地自然和社会经济条件不同,各类型所占土地比例也有差异。一般草地面积典型的为40%～50%,但不少于总面积的25%。草地农牧生态系统进行的初级生产(饲料生产),是直接为次级生产(畜牧生产)服务的,因此草地植物的栽种应根据家畜种类、数量以及营养需要安排,其产量应以单位面积提供的饲草总营养物质或单位面积所提供的畜产品为衡量单位。草地和林地有利于保持水土,提高土壤肥力,改善生态环境,并通过家畜沟通了物质循环和能量流动的渠道。

3. 工业化畜牧生态系统工程　我国20世纪80年代初期,开始实施现代化、工厂化畜牧业。它采用现代养殖技术和装备,以流水作业形式,连续均衡地进行畜产品规模化生产。在这个体系中,大量采用了先进的畜牧生产技术如优良的品种、科学的动物营养及饲养管理技术、环境控制技术以及兽医防疫体系使家畜在生产性能、经营者的劳动生产率和经济效益都达到前所未有的高水平。但按照生态学原理,在这个开放的系统中,我们既要求外界环境不对畜牧场造成污染,充分考虑家畜的生理需要,为其提供良好的生活生产环境,也要注意生产过程中大量畜禽粪尿、废弃物不要成为环境污染源,对周围环境造成污染。只有这样才能充分发挥畜禽品种生产性能的遗传潜力,使畜牧场周围生态因素的优化,形成可持续发展。理想的办法是将这些粪尿和废弃物在农田或牧场生态系统内进行再循环。

目前,畜牧生态工程正伴随着无公害养殖的发展逐渐被人们所认识。我国已开始从畜牧场规划、设计开始进行相关方面的探索,大型养殖生产企业已对包括从土地到餐桌全程各个环节给予了相应的重视。如饲料种植、畜禽饲养、废弃物和粪便处理(如有机肥的生产),以及将剩余有机物再利用来生产蛋白质饲料和化工产品的集约化及战略联合。这种战略转变,必将大大提高畜牧业经济效益,并显著地改善周边的生产和生活环境。

(二)提高生态畜牧业效率的手段

生态畜牧业是一个开放系统,对当地自然资源和社会经济现状的深入调查研究,因地制宜地应用各种先进技术措施,是提高生态系统的能量转化和物质循环,使生产量不断提高的重要措施。

1. 培育优良畜禽品种　畜禽饲料转化率,是一个重要育种指标。我国的畜牧工作者在长期的育种实践中不断提高家畜的饲料转化率。如猪的饲料转化率由20世纪50年代的5∶1提高到20世纪80年代的2.5∶1;肉鸡目前已接近2∶1。蛋鸡的料蛋比也达到了2∶1。因此培育适应性好,生产性能高的品种,同时组成合理的畜禽结构,提高适龄母畜的比例,减少老、弱和非繁殖母畜的比例,使整个畜群保持最佳生产状态。

2. 建立合理的畜群结构　生态系统的多样性与稳定性是相联系的。生物种群的多样性说明食物链长,食物网复杂,能量转化和物质循环的途径多,可以大大提高生态效益和系统的稳定性。在牧业生态系统中,应当按照系统中主要生物群体的组成特点、时间和空间分布的状况,综合利用各畜种的特性,使畜种间相互协调与配合,充分发挥它们的效益。因为在一定时间和单位面积内,植物的生物量是有一定的限度的,这就意味着载畜量和单位面积的生产能力,要有一个理想的比率,超过一定数值,牧草供应不足,生产力必然下降。为此,应合理规划草场各畜种的载畜量,并采用混牧与轮牧的方法。如牛和山羊混牧时,牧场利用率高达80%,因牛和山羊对牧草的利用没有竞争性,且可用山羊控制灌木的生长,用牛控制牧草生长,这样可以最有效地利用草场,而不使草原退化。

3. 提高家畜的能量转化效率　饲料生产是家畜生长、发育、繁殖的物质基础。作为牧业生态系统的初级生产,应根据家畜种类、生产要求和自然条件制定相应的饲料、牧草种植计划。如在能量产量相等的情况下,紫云英的蛋白质收获量要比大麦高2倍多。牧业生态系统的能流,从初级生产开始,经家畜转化为畜产品。采用优良品种、控制家畜生活生产环境、给予满足其生理需要的全价日粮,可提高饲料的消化吸收率,增加总畜产品的次级生产量。另外在家畜粪便中能量约占摄食能量的20%,据测定,猪饲粮中 N 和 P 的利用率分别约为40%和30%,有1/2以上的 N 和2/3以上的 P 随粪尿排出体外,造成水体及空气的污染,导致江河、湖泊、水库等水体的"富营养化"。如何减轻排泄物中 N、P、Cu、Zn 等元素的含量,是畜牧业可持续发展中长期面临的任务。如进行再利用,如发酵产生沼气,发展腐屑农业等,均能大大提高能量转化率。

4. 配合全价饲料、扩大饲料资源 家畜能量转化率的提高,与家畜营养密切相关。按照家畜的营养需要,给予全价饲料,可以加速家畜生长,缩短饲养期,减少维持能量的消耗,缩短能流过程,从而提高能量的转化率。而有机废物的多级循环利用,是提高能量利用率的另一重要措施。

农业有机废物多级循环利用的流程是:秸秆先用来培养食用菌,在通常情况下每千克秸秆(小麦、玉米茎叶、玉米轴、稻草、谷糠等)生产出银耳、猴头、金针菇、草菇 0.5~1 kg 或平菇、香菇 1~1.5 kg。菌渣作为畜禽的饲料,1 000 kg 的秸秆在出1 000 kg 鲜菇后,尚有 800 kg 的菌渣。据云南畜牧兽医研究所分析,菌渣的粗纤维分解达 50% 左右,木质素分解达 30%,使粗蛋白和粗脂肪含量提高了 1 倍以上。菌渣喂牛、猪的效果与玉米粒饲料相同。菌渣(即菌糠饲料)还可养蚯蚓,蚯蚓做鸡的饲料;畜禽粪便养苍蝇,以蛆喂鸡,干蛆含粗蛋白质 59%~63%,粗脂肪 12.6%,与鱼粉的含量近似。据天津市蓟县试验,每只鸡每天多吃 10 g 鲜蛆,产蛋数和重量都提高 11%。养完蛆的粪便来制取沼气做能源;沼气渣用来培养灵芝;最后的废料再去做肥料施于农田,做到了多级循环利用,

5. 改善和控制畜舍环境,加强饲养管理 在高度集约化的生产系统中,畜牧场环境因素中的温度、湿度、风速、光照、噪声、饲养管理制度以及卫生防疫措施等,均以不同形式影响着家畜的饲料转化率。

(三)农牧业生态工程的设计

农牧业生态工程的设计,是一件长期宏大的系统工程,必须从分析当地自然资源和社会经济具体情况出发,根据生态学原理,对生产、生活等多项建设进行各种分析、计算和设计,从而取得最佳的环境效益和最好的效益。

生态工程的设计主要包括农牧业生态系统的结构设计和工艺设计。

1. 结构设计 首先确定系统边界、范围,它既可以是单一的畜牧业系统、种植业系统、林业系统、渔业系统,也可以是上述各系统的几个或全部所构成的复合农牧业生态系统。系统边界的大小,可以是省、地、县、乡、场、户。其次是全面、系统地进行调查研究,合理布局农、林、牧、副、渔各业的比例,充分发挥当地自然资源生产潜力进行合理配置,使结构网络多样化,加速物质的循环与再生,促使生态平衡和稳定。

结构设计包括下述内容:

(1)平面结构设计。平面结构是指在一定的生态区域内,各生物种群或生态类型所占面积的比例与分布特征。在研究、规划、设计农牧业生态系统总体布局时,必

须根据畜牧业区域规划和市场需要,在有利于生产和有利于促进本系统良性循环的前提下,根据各生物种群特点,合理安排最适地点、相应的面积和密度,并通过饲养和栽培手段控制密度的发展,以求达到最佳的平面结构布局。

(2)垂直结构设计(又称立体结构设计)。垂直结构是指在单位面积上,各生物种群在立面上组合分布情况。就植物来说,垂直结构包括地上和地下两部分。垂直设计的目的,是把居于不同生态位的动物或植物组合在一起,最大限度地利用土地和自然资源,发挥和利用种间功能,使系统稳定、协调、高效发展。

(3)时间结构设计。在生态系统内,各生物种群的生长、发育、繁殖及生物量的积累呈周期性更迭,具有明显的时间系列。根据这种周期规律,一方面,人们可以对不同时段进行具体设计,以充分利用不同时段的自然条件和社会条件,使生态系统获得较大的生产力;另一方面,外界物质、能量的投入,要与生物种群的需求相协调,这也是时间结构设计需要解决的问题。

(4)食物链结构设计。为了充分利用自然资源,可以增加或改变原来的食物链,填补空白生态位,使系统内有害的链节受到限制,把原来人类不能直接利用的产品经过"加环"转化为新产品,使系统更加稳定、协调、高效。

综合上述各项结构设计可构成本系统的总体结构设计。在此基础上,再进行生态可行性、技术可行性、经济可行性和社会可行性的综合分析研究,充分利用当地的各种环境资源,达到增加系统生产力和改善环境的目的。

2. 工艺设计   工艺设计主要是模拟生态系统结构与功能相互协调以及物质循环再生和物种共生等原理,设计、规划、调整和改造生产结构和生产工艺,使一种生产的"废物"成为另一种生产的原料,使资源多层次、多级充分利用,使物质循环再生,这样不仅提高了资源利用率,而且使整个自然界保持生命不息和物质循环经久不衰,使资源永续利用。

第二节   畜牧场规划

一、畜牧业可持续发展中畜牧场总体规划

家畜环境卫生学的目的是为家畜创造一个符合其生理和行为需求的良好生活生产环境,以充分发挥其生产性能,控制废弃物的污染。畜牧场规划设计正是体现上述目标,以物化了的形式表达上述目的的手段。集约化、工厂化、专业化、机械化

是现代畜牧业的主要特点,在这种高密度、高生产水平的生产过程中,与家畜密切相关的热环境、有害气体、噪声、微粒、病原微生物以及动物福利等现代环境管理措施只有贯彻在牧场规划设计中、在生产工艺中,才能生产出符合无公害养殖需要的安全、优质、无污染的畜产品,获取最佳经济效益。因此,合理的畜牧场规划设计是组织实施无公害养殖、使畜牧生产达到社会效益、经济效益、生态效益"三效统一"的基础。

应该指出:畜牧业集约化、现代化生产特点,产生的环境问题越来越多。作为集中饲养家畜和组织畜牧生产的畜牧场,场地规划与建筑设计的优劣,场址选择的适宜与否,工艺设计的成败,直接关系到畜牧场的生产效率、家畜的健康和生产性能的发挥以及牧场本身和周围的环境状况。因此,对畜牧场的规划设置要求就更加严格。开发畜牧生产项目、建设畜牧场大体要经过以下几个环节:项目的可行性报告的编制;场址选择、工艺设计、总平面布置、畜牧场基础设施工程规划等,规划完成后经环境保护部门环境评价、主管畜牧生产部门、城建部门、城乡规划等部门的批准,即可进行畜舍工艺设计和场内畜禽舍、办公管理、库房等生产生活建筑与水、暖、电等基础设施的工程设计。建筑设计通常分为初步设计和施工图设计两个阶段;复杂的项目可以分为初步设计、技术设计和施工图设计三个阶段。

二、场 址 选 择

畜牧场场址的选择,首先要根据国家畜牧生产管理部门出台的畜牧业区划,结合当地的资源条件以及将要饲养的家畜品种特点进行全面考虑,在可持续发展畜牧业和生态农业的前提下进行选址,理想的畜牧场选址不仅关系到场区小气候状况、兽医防疫要求,也关系到畜牧场的生产经营以及畜牧场和周围环境的关系。如有几处场地可供选择,应反复比较,再做出决定。选择场址要考虑自然条件。

地势地形:地势指牧场的高低起伏状况。畜牧场,要求地势高燥,高出历史洪水线,最好有 2‰～3‰ 的缓坡,排水良好,但坡度不能超过 25‰。地下水位应在 2 m以下。低洼潮湿地建场,不利于家畜的体热调节和肢蹄健康,而有利于病原微生物和寄生虫的生存,造成畜禽频繁发病,并严重影响建筑物的使用寿命。

在山区建场,宜选择在南向阳面坡地,能避免冬季北风的侵袭。

地形是指场地形状、大小和地物(场地上的房屋、树木、河流、沟坎等)。要求地形开阔整齐,地形整齐便于合理布置牧场建筑物和各种设施,并有利于充分利用场地。地形狭长,建筑物布局势必拉大距离,使道路、管线加长,并给场内运输和管理造成不便。地形不规则或边角太多,则会使建筑物布局凌乱,且边角部分无法利用。

三、水　源

畜牧场的生产过程需要大量的水,而水质好坏直接影响牧场人、畜健康。畜牧场要有水质良好和水量丰富的水源,同时便于取用和进行防护。

水量充足是指能满足场内人、畜饮用和其他生产、生活用水的需要,且在干燥或冻结时期也能满足场内全部用水需要。人员生活用水可按每人每天20～40 L计算,家畜饮用水和饲养管理用水可按表4-2估算。消防用水按我国防火规范规定,场区设地下式消火栓,每处保护半径不大于50 m,消防水量按每秒10 L计算,消防延迟时间按2 h考虑。灌溉用水则应根据场区绿化、饲料种植情况而定。

水质要清洁,不含细菌、寄生虫卵及矿物毒物。在选择地下水做水源时,要调查是否因水质不良而出现过某些地方性疾病。国家农业部在NY 5027《畜禽饮用水水质量标准》、NY 5028《畜禽产品加工用水水质》中明确规定了无公害畜牧生产中的水质要求。水源不符合饮用水卫生标准时,必须经净化消毒处理,达到标准后方能饮用。

四、土壤土质

土壤的物理、化学、生物学特征,对牧场的环境、生产影响较大。要求土壤未被生物学、化学、放射性物质污染过,因土壤一旦被污染,自净周期很长。

土壤类型,应是透水透气性强、毛细管作用弱,吸湿性和导热性弱,质地均匀,抗压性强的土壤。黏土的透水、透气性差,降水后易潮湿、泥泞,若受到粪尿等有机物的污染后,进行厌氧分解而产生有害气体,污染场区空气,且有机物在厌氧条件下降解速度慢,污染物不易被消除,进而通过水的流动和渗滤污染水体。土壤潮湿也易造成各种微生物、寄生虫和蚊蝇滋生,并易使建筑物受潮,降低其隔热性能和使用年限。此外,黏土的抗压能力较小,易冻胀,需加大基础设计强度。沙土及沙石土的透水、透气性好,易干燥,受有机物污染后自净能力强,场区空气卫生状况好,抗压能力一般较强,不易冻胀;但其热容量小,场区昼夜温差大。沙壤土和壤土的特性介于沙土和黏土之间,应是做畜牧场最好的土壤,但它们同时也是最有农耕价值的土壤,为不与农争田,也为了降低土地购置费用,一般可选择沙土或沙石土做畜牧场的场地,但要求土地未被病原体污染过。

五、社 会 条 件

选择畜牧场时,应考虑到交通便利,能源充足,有利防疫,便于粪便处理和利用。

畜牧场周围 3 km 内无大型化工厂、矿厂或其他畜牧场等污染源;各类畜牧场距离干线公路、村镇、居民点不少于 1 km,牧场周围要有围墙和防疫沟,且牧场应建在居民点的下风向(当地全年主风)和地势相对较低处。

六、场 区 面 积

场区面积应本着节约用水、少占或不占耕地的原则,根据初步设计确定的面积和长宽来选择。尚未做出初步设计时,可根据拟建牧场的性质和规模按表 7-1 确定。

表 7-1　畜牧场占场地面积推荐值

牧场性质	规　　模	所需面积 (m²/头)	备　注
奶牛场	100～400 头成乳牛	160～180	
繁殖猪场	100～600 头基础母猪	75～100	按基础母猪计
肥猪场	年上市0.5万～2.0万头肥猪	4～5	本场养母猪,按上市肥猪头数计
羊场		15～20	
蛋鸡场	10 万～20 万只蛋鸡	0.65～1.0	本场养种鸡,蛋鸡笼养,按蛋鸡计
蛋鸡场	10 万～20 万只蛋鸡	0.5～0.7	本场不养种鸡,蛋鸡笼养,按蛋鸡计
肉鸡场	年上市 100 万只肉鸡	0.4～0.5	本场养种鸡,肉鸡笼养,按存栏数20 万只肉鸡计
肉鸡场	年上市 100 万只肉鸡	0.7～0.8	本场养种鸡,肉鸡平养,按存栏数20 万只肉鸡计

七、规划畜牧场必须遵循的原则

(1)采用先进科学的工厂化生产工艺。要发展规模化、集约化养殖业,必须考虑畜禽生产的特点,做到全年均衡生产,从建筑设计上要体现工厂化生产的工艺路线。以便合理组织生产,提高设备利用率和工作人员的劳动生产率。但应考虑我国国情,做到经济上合理,技术上可行。

(2)保证场区具有适宜畜禽的气候条件,畜舍设计的各项参数要符合畜禽生理特点,因地制宜,有利于舍内空气环境的控制和符合各项牧场兽医卫生防疫制度和措施,同时不对周围的环境造成污染。

(3)注意环境保护和节约用地。

第二节　工艺设计

畜牧场内的工艺设计应根据饲养的品种、经济条件、技术力量和社会需求,并结合环保对畜牧场生产工艺进行设计。工艺设计内容包括以下几方面:

一、牧场的性质和规模

畜牧场的性质主要按繁育体系分原种场(曾祖代场)、祖代场、父母代场和商品场。畜牧场的规模一般根据市场需要、国家规划以及能量供应、管理水平及环境污染等,鉴于牧场污物处理的难度,新建畜牧场规模不宜过大,尤其是离城镇较近的牧场。国外早已对畜牧生产规模形成了法律性文件,规定每平方公里载畜量。

场区面积:应本着节约用水、少占或不占耕地的原则,根据初步设计确定的面积和长宽来选择。尚未做出初步设计时,可根据拟建牧场的性质和规模按表 7-2 确定。

表 7-2　养鸡场种类及规模的划分

类　别			大型养鸡场	中型养鸡场	小型养鸡场
种鸡场	祖代鸡场		≥1.0	<1.0, ≥0.5	<0.5
	父母代鸡场	蛋鸡场	≥3.0	<3.0, ≥1.0	<1.0
		肉鸡场	≥5.0	<5.0, ≥1.0	<1.0
	蛋鸡场		≥20.0	<20.0, ≥5.0	<5.0
	肉鸡场		≥100.0	<100.0, ≥50.0	<50.0

规模单位:万只,万鸡位;肉鸡为年出栏数,其余鸡场为成年鸡单位。

表 7-3 养鸡场场地面积推荐值

类 别			养鸡场规模 （万只，万鸡位）	占地面积 （hm²）	总建筑面积 （m²）	生产建筑面积 （m²）
种鸡场		祖代鸡场	1.0	5.2	6 170	5 370
			0.5	4.5	3 480	3 020
	父母代鸡场	蛋鸡场	3.0	5.5	9 690	8 420
			1.0	2.0	3 340	2 930
			0.5	0.7	1 770	1 550
		肉鸡场	5.0	7.6	17 500	15 240
			1.0	2.0	3 530	3 100
			0.5	0.9	1 890	1 660
蛋鸡场			20.0	10.7	23 590	20 520
			10.0	6.4	10 410	9 050
			5.0	3.1	6 290	5 470
			1.0	0.8	1 340	1 160
肉鸡场			100.0	8.0	21 530	18 720
			50.0	4.2	10 750	9 340
			10.0	0.9	2 150	1 870

表 7-4 养猪场占地面积及建筑面积 m²

建设规模（头/年产）	3 000	5 000	10 000	15 000	20 000	25 000	30 000
占地指标 666.7m²(亩)	≤22	≤34	≤60	≤90	≤120	≤150	180
生产建筑	≤3 300	≤5 300	≤10 000	≤14 000	≤18 000	≤22 000	26 000
辅助生产建筑	≤600	≤700	≤1 100	≤1 450	≤1 450	≤1 600	1 700
管理生活建筑 办公	≤220	≤280	≤420	≤640	≤760	≤800	≤1 000
管理生活建筑 住宅	≤270	≤280	≤700	1 050	1 225	1 453	1 750

二、主要生产工艺流程

（一）各种鸡场生产工艺流程

各种鸡场生产工艺的合理设计关系到生产效率的高低，应遵循单栋舍、小区或全场的全进全出原则。在现代化养鸡场中首先要确定饲养模式，通常一个饲养周期分育雏、育成和成年鸡三个阶段。育雏期为 0～7 周龄，育成期为 8～20 周龄，成年产蛋鸡为 21～76 周龄。商品肉鸡场由于肉鸡上市时间在 6～8 周龄，一般采用一段式地面或网上平养。

由饲养工艺流程可以确定鸡舍类型：鸡场饲养工艺流程如图 7-1 所示。由图中可以看出，工艺流程确定之后，需要建什么样的鸡舍也就随之确定下来了。例如，图中凡标明日龄的就是要建立的相应鸡舍。如种鸡场,要建育雏舍,该舍饲养1～49日龄鸡雏;要建育成舍,该舍接受由育雏舍转来的50日龄鸡雏,从50～126日龄在育成舍饲养,还需建种鸡舍,饲养127～490日龄的种鸡,其他舍以此类推。

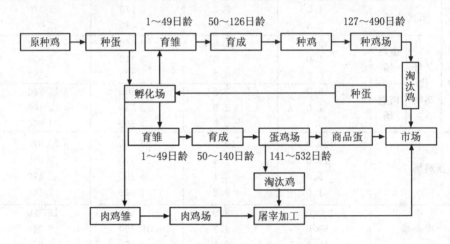

图 7-1　鸡场饲养工艺流程

(二)猪场的生产工艺设计

现代化养猪普遍采用分段式饲养,全进全出的生产工艺,它是适应集约化养猪生产要求,提高养猪生产效率的保证。同样它也需要首先要根据当地的经济、气候、能源交通等综合条件因地制宜地确定饲养模式。猪场的饲养规模不同,技术水平就不一样,为了使生产和管理方便、系统化,提高生产效率,可以采用不同的饲养阶段。例如,猪场的四段饲养工艺流程设计为空怀及妊娠期→哺乳期→仔猪保育期→生长肥育期,确定工艺后,同时确定生产节拍。生产节拍也称为繁殖节律。是指相邻两群哺乳母猪转群的时间间隔(天数),在一定时间内对一群母猪进行人工授精或组织自然交配,使其受胎后及时组成一定规模的生产群,以保证分娩后形成确定规模的哺乳母猪群,并获得规定数量的仔猪。合理的生产节拍是全进全出工艺的前提,是有计划利用猪舍和合理组织劳动生产管理,均衡生产商品肉猪的基础。根据猪场规模,年产5万～10万头商品肉猪的大型企业多实行1 d或2 d制,即每天有一批母猪配种、产仔、断奶、仔猪保育和肉猪出栏;年产1万～3万头商品肉猪的企业多实行7 d制;一般猪场采用7 d制生产节拍便于生产和生产劳动的组织管理。

这种全进全出方式可以采用以猪舍局部若干栏位为单位转群,转群后进行清洗消毒,也有的猪场将猪舍按照转群的数量分隔成单元,以单元全进全出;如果猪场规模在 3 万～5 万头,可以按每个生产节拍的猪群设计猪舍,全场以舍为单位全进全出。年出栏在 10 万头左右的猪场,可以考虑以场为单位实行全进全出生产工艺。

猪场规模为 10 万头左右工艺流程如图 7-2 所示。

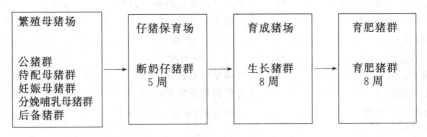

图 7-2　以场全进全出的饲养工艺流程

以场为单位实行全进全出,有利于防疫,有利于管理,可以避免猪场过于集中给环境控制和废弃物处理带来负担。

需要说明的是饲养阶段的划分不是固定不变的,例如,有的猪场将妊娠母猪群分为妊娠前期和妊娠后期,加强对妊娠母猪的饲养管理,提高母猪的分娩率;如果收购商品肉猪按照生猪屠宰后的瘦肉率高低计算价格,为了提高瘦肉率一般将肥育期分为肥育前期和肥育后期,在肥育前期自由采食,肥育后期限制饲喂。总之,饲养工艺流程中饲养阶段的划分必须根据猪场的性质和规模,以提高生产力水平为前提来确定。

(三)主要技术经济指标

主要生产指标包括:根据养殖场畜禽品种、性质、畜群结构、主要的畜群生产性能指标如种畜禽利用年限,公母畜比例,种蛋受精率,种蛋孵化率,年产蛋量,畜禽各饲养阶段的死淘率,饲料耗料量、繁殖周期、情期受胎率,年产窝(胎)数,窝(胎)产活仔数,仔畜出生重和劳动定额等。下面以猪场工艺参数为例介绍如下。

表 7-5　某万头商品猪场工艺参数

项　目	参数	项　目	参数
妊娠期(d)	114	每头母猪年产活仔数[头/(头·年)]	
哺乳期(d)	35	出生时	19.8
保育期(d)	28～35	35 日龄	17.8
断奶至受胎(d)	7～14	36～70 日龄	16.9

续表 7-5

项 目	参数	项 目	参数
繁殖周期(d)	159～163	71～180 日龄	16.5
母猪年产胎次(胎/年)	2.24	每头母猪年产肉量[活重 kg/(头·年)]	1 575.0
母猪窝产仔数(头/窝)	10	平均日增重[g/(头·d)]	
窝产活仔数(头/窝)	9	出生至 35 日龄	156
成活率(%)		36～70 日龄	386
哺乳仔猪	90	71～180 日龄	645
断奶仔猪	95	公母猪年更新率(%)	33
生长育肥猪	98	母猪情期受胎率(%)	85
出生至 180 日龄		公母比例(本交)	1∶25
体重(kg/头)			
出生重	1.2	圈舍消毒空圈时间(d)	7
35 日龄	6.5	繁殖节律(d)	7
70 日龄	20	周配种次数	1.2～1.4
180 日龄	90	母猪临产前进产房时间(d)	7
		母猪配种后原圈观察时间(d)	21

注:其他品种的技术经济指标参见畜牧各论。

三、畜群的组成及周转

根据畜牧场规模,一般以适繁母畜为核心组成畜群。然后按照饲养工艺中不同的饲养阶段确定各类畜群、饲养天数及畜群组成。

表 7-6 不同规模猪场猪群结构 头

猪群种类	存栏头数					
生产母猪	100	200	300	400	500	600
空怀配种母猪	25	50	75	100	125	150
妊娠母猪	51	102	153	204	255	306
哺乳母猪	24	48	72	96	120	144
后备母猪	10	20	26	39	46	52
公猪(含后备公猪)	5	10	15	20	25	30
哺乳仔猪	200	400	600	800	1 000	1 200
保育仔猪	216	438	654	876	1 092	1 308
生长肥育	495	990	1 500	2 010	2 505	3 015
总存栏	1 026	2 058	3 095	4 145	5 168	6 205
全年上市商品猪	1 612	3 432	5 148	6 916	8 632	10 348

　　前面述及规模化猪场的生产节拍大多为 7 d,各段饲养期也就形成了若干周数。生产中一般把各个饲养群分为若干组,猪多以组为单位由一个饲养阶段转入下一个饲养阶段。当生产节拍为 7 d 时,各阶段周转猪组的数目正好是这个饲养阶段的饲养周数。每个饲养群各周转猪组数日龄正好相差 1 周。各饲养段猪组数保持不变。

　　图 7-3 是北京市一个年产万头商品猪的生产组工艺流程及周转情况。

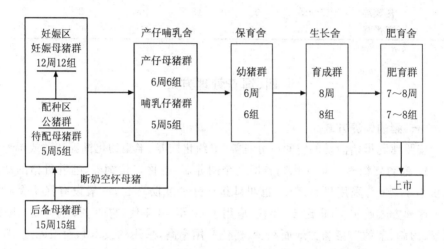

图 7-3　年产万头商品猪的生产组工艺流程及周转情况

　　规模化鸡场的鸡群组成见表 7-7。

表 7-7　20 万只综合蛋鸡场的鸡群组成

项　目	商品代			父母代			
	雏鸡	育成鸡	成年鸡	雏鸡和育成鸡		成年鸡	
				公	母	公	母
入舍数量(只)	264 479	238 692	222 222	395	3 950	320	3 200
成活率(%)	95	98	90	90	90		
选留率(%)	95	95		90	90		
期末数量(只)	238 692	222 222	200 000	320	3 200	312	3 112

　　规模化鸡场的工艺流程见图 7-1。

　　在集约化牧场生产工艺中,应尽量采用“全进全出制”的转群方式,畜舍和设备可经彻底消毒、检修后空舍 1～2 周后再接受新群,这样有利于兽医的卫生防疫,可防止疫病的交叉感染,目前我国的鸡场,大多都采用“全进全出”的转群制度。

表 7-8　蛋鸡场鸡群周转计划和鸡舍比例方案

方案	鸡群类别	周龄	饲养天数	消毒空舍天数	占舍天数	占舍天数比例	鸡舍栋数比例
1	雏鸡	0～7	49	19	68	1	2
	育成鸡	8～20	91	11	102	1.5	3
	产蛋鸡	21～76	392	16	408	6	12
2	雏鸡	0～6	42	10	52	1	1
	育成鸡	7～19	91	13	104	2	2
	产蛋鸡	20～76	399	17	416	8	8

四、饲养管理方式

(一)猪的饲养方式

按照哺乳母猪活动的空间可分三类:集约化饲养、半集约化饲养和散放饲养。

1. 集约化饲养　集约化饲养即完全圈养制,也称定位饲养,哺乳母猪的活动面积小于 2 m²,采用母猪产床,也叫母猪产仔栏或防压栏,一般设有仔猪保温设备。这种方式始于 20 世纪 50 年代,应用于 60 至 70 年代,它的主要特点是"集中、密集、约制、节约",猪场占地面积少、栏位利用率高,采用的技术和设施先进,节约人力、提高劳动生产率,增加企业经济效益。这种模式是典型的工厂化养猪生产,在世界养猪生产中被普遍采用。

2. 半集约化饲养　即不完全圈养制,哺乳母猪的活动面积大约 5 m²,可以母仔同栏,也可有栏位限制母猪,设有仔猪保温设备,或用垫草冬季取暖。特点是圈舍占用面积大、设备一次性投资比完全圈养制低,母猪有一定的活动空间,有利于繁殖,在我国有很多养猪企业采用这种模式。

3. 散放饲养　散放饲养时哺乳母猪的活动面积大于 5 m²,其特点是建场投资少,母猪活动增加,有利于母猪繁殖机能的提高,减少母猪的繁殖障碍;仔猪可随着母猪运动,提高抵抗力。随着人们生活水平的提高,环境保护意识的增强,加上动物福利事业的发展,使散放饲养模式生产的猪肉受到欢迎,价格比较高,所以散放饲养模式得到进一步的发展。户外饲养是典型的散放饲养,在欧洲又流行起来,主要是因为这种方式可以满足猪的行为习性要求,投资少、节水节能,对环境污染少;另外动物福利事业促进了户外养猪的发展。但这种养猪模式受气候影响较大,占地面积大,推广应用有一定的局限性。我国南方山地草山草坡多,气温较高,可以采用这种模式。

(二)养鸡生产饲养管理方式

各种鸡的饲养管理方式大体上分为地面饲养、网上平养、局部网上饲养、地面平养和笼养。种鸡管理一般采取二阶段或三阶段饲养，有助于提高鸡群的生产性能，降低死淘率，提高育成质量。肉鸡饲养中采取一阶段式饲养，主要有以下几种饲养方式。地面平养：肉鸡的饲养方式中，最普遍的是采用厚垫料地面平养法。在鸡舍地面铺上 6～10 cm 的厚垫料，中间不更换，待一批鸡饲养结束后一起清除。网上平养：网上平养的方式饲养肉鸡，方法是在距地面 30～50 cm 的架子上铺硬塑料网、金属网或竹网。同时根据鸡舍面积合理安排网床的大小和饲养管理通道，便于饲养管理。笼养：适于垫料紧缺，鸡舍面积小，又想多养鸡的饲养者。一般来说，笼养可比平养提高 1 倍的饲养量。蛋鸡多采用笼养方式，自动饮水器给水，机械或人工喂料。在养鸡生产中清粪方式可采用一个饲养周期清一次粪，如厚垫草饲养或高床平养，网养及板条地面；也可采用每天清粪，包括人工清粪、机械清粪、水冲清粪等。

饲养密度：饲养密度的确定，同家畜的生长阶段和饲养方式有密切的关系，而饲养密度与排列方式是确定畜舍面积的依据。

五、各种环境参数和标准

工艺设计应提供有关的各种参数，包括各种畜禽要求的温度、湿度、光照时间和强度、通风量、风速(包括最大、最小风速)、有害气体允许量、微粒、微生物含量等舍内环境参数标准。提供畜群大小及饲养密度、占栏面积、采食及饮水宽度、通道宽度、粪尿污水排出量等。

六、兽医卫生防疫要求

随着畜牧生产规模不断扩大，集约化、工厂化程度不断提高，兽医防疫体系不断完善，一些硬件设施是实施兽医日常的卫生防疫工作的基础，在畜牧场设计中应明确场界与外界环境、场内不同区域之间的防疫设施。如畜牧场大门应设车辆消毒池，人员进入场区，需经设于场门口的消毒室、更衣室；工作人员进入生产区时应消毒、淋浴和更衣。

七、畜舍的样式和附属建筑及设施

根据当地气候条件和畜禽的特点，畜舍样式可建成无窗畜舍、有窗畜舍、开放舍、半开放舍等。附属建筑包括行政办公用房、生产用房、技术业务用房、生产的附属用房。附属设施包括地秤、产品装车台、储粪场等,均应在工艺设计中做出具体要求。

表 7-9　规模化鸡场项目构成

类别	生产建筑	辅助生产建筑	管理、生活建筑
种鸡场	育雏舍、育成舍、种鸡舍、孵化厅、饲料加工厂(间)	淋浴消毒室、兽医化验室、急宰间、焚烧室、消毒门廊、水源井、水泵房、空压机房、锅炉房、变电室及发电机房、地磅房、暂存蛋库、饲料库、物料库、垫草库、汽车库、油库、机修车间、蓄水构筑物、洗衣间、包装品洗涤消毒室、污水及粪便处理设施等	办公室、家属宿舍、集体宿舍、食堂、门卫房、厕所、围墙等
蛋鸡场	育雏舍、育成舍、蛋鸡舍、饲料加工厂(间)		
肉鸡场	育雏舍、肉鸡舍、饲料加工厂(间)、孵化厅		
孵化厂	根据需要确定		

注:非独立孵化厂不应再建辅助生产、管理、生活建筑。

表 7-10　规模化猪场项目构成

项目类别	生产建筑	辅助生产建筑	管理、生活建筑
项目内容	配种猪舍、妊娠猪舍、分娩哺乳猪舍、断奶仔猪舍、生长猪舍、育肥舍、后备猪舍、病猪隔离舍、病死猪无害化处理设施、赶猪道、称猪台、卸猪台	淋浴消毒室、兽医化验室、饲料库(或加工间)、汽车库、修理间、变配电室、发电机房、水塔(或蓄水池压力罐)、水泵房、物料库、污水及粪便处理设施、场区内室外厕所、锅炉房、场区道路及给排水、供热、供电工程	办公及会议用房、文化室、食堂、宿舍、外墙、大门、门卫房、住宅

八、动物福利要求

随着现代畜牧业的发展,家畜的生活条件发生了巨大的变化,一方面伴随着规模化养殖,畜群的群体不断扩大,群内生物环境以及个体之间的关系日益恶化;另一方面家畜生活在集约化饲养的封闭畜舍中,失去了与外界自然环境的直接联系,动物的生理机能和本能与现代集约化畜牧生产要求之间的冲突日益加深,而动物福利措施是研究如何关怀动物,在各种环境因素、畜舍面积以及活动范围、设施等方面给予关注,缓解动物心理压力,促进其生产性能充分发挥的手段。同时动物福利观念对提高生产管理人员素质,通过日常管理,满足动物康乐,促进现代化养殖健康、可持续发展的重要内容。

李世安教授在《应用动物行为学》的序言中指出："要解决不断演变的人为环境与家畜行为之间的矛盾，最经济有效的办法不可能是育种，而是在掌握行为规律的基础上'因势利导'，并根据各种动物的行为特点改进我们的饲养管理方法，或者创造出适合动物行为方式的设备条件去弥补或者延伸家畜的先天机能，同时充分利用动物的学习潜力，使其后天的行为表现符合人们的要求。"除了前面我们在工艺设计中需要考虑的问题外，考虑动物社会空间的需求，社会空间需求是心理性的，因而可以根据不同家畜的特点，利用立体空间。如设置台阶、添设栖木等。比如为了增加运动、改善鸡的福利，平养鸡每只母鸡最小使用 18 cm 栖木，栖木宽度在 4 cm 以上，栖木之间至少间隔 30 cm，栖木下面应离开缝隙地面，栖木下设粪池，其面积应占地面面积的 50%。为了保障猪的游戏行为，最好提供一些道具，例如吊起旧轮胎供猪操作，床面上放置硬球，满足猪鼻尖的环绕运动，提供可动的横棒可以满足鼻尖的上举运动，这些措施在肥育猪舍得到了广泛地应用。额外的刺激使其安静和减少易怒性，故而有助于防止混群时的争斗，防止对单调环境的厌倦，减少恶习（例如咬尾）。当然玩具的设置要考虑家畜爱清洁的特点。猪对玩具有严格的选择性，如果球滚进猪粪它们将不再玩它，这也是为什么常常将玩具吊起的理由。小猪可试用提供绳、布条和橡皮软管等玩具，尤其喜欢布条和软管结链。猪的行动举止很复杂，包括咀嚼或性情古怪的摇动。猪群可以共同玩耍，也可看到彼此配合和赠予行为。

总之，在进行牧场工艺设计中，动物行为学及动物福利观念的引入，对规模化养殖中现代化管理、客观上创造有利于家畜生活习性、适宜的生活生产条件，满足其福利要求，从而提高生产性能和发挥其最大的遗传潜力，对我们畜牧经营者获得最大的经济效益是非常有利的。

第三节　畜牧场场区规划和建筑物布局

一、畜牧场的场地规划

在选定的场地上，根据地形、地势和当地主风向，规划不同功能、建筑区、进行人流、物流、道路、绿化等设置，即为场地规划。根据场地规划方案和工艺设计要求，合理安排每栋建筑物和每种设施的位置和朝向，称为建筑物布局。畜禽场的功能分区是否合理，各区建筑物布置是否得当，不仅直接影响基建投资、经营管理、生产的组织、劳动生产率和经济效益,而且影响场区小气候状况和兽医卫生水平。

畜牧场场区规划应根据生产功能一般分为行政管理及生活区、生产辅助区、生产区及隔离区。分区规划,首先应该考虑人的工作和生活集中场所的环境保护,使其尽量不受饲料粉尘,粪便气味和其他废物的污染,其次注意畜禽群的防疫卫生,尽量杜绝污染源对生产畜禽群环境污染的可能性。不同分区之间还应有一定隔离设施。畜禽场各分区规划应按地势和风向安排。

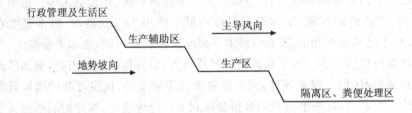

图 7-4　按地势、风向分区规划示意图

(一)行政管理及生活区

职工生活区应占全场的上风向和地势较高的地段。如地势与主导风向不同时,则以风向为主。行政管理区包括各种办公室、接待室、会议室、资料技术室、食堂、职工宿舍、值班室、传达室、更衣消毒间以及围墙大门等。是行政办公和生产管理以及生活的必要设施,因行政办公室主要是牧场经营管理和对外联系,应设在与外界联系方便、靠近大门内侧的位置。

(二)生产辅助区

主要包括由饲料库或饲料加工间、成品库、车库、配电室、发电机房、维修、水塔、锅炉等设施组成。

(三)生产区

是畜牧场的核心,包括各种畜舍。规模化经营的牧场,应划分种畜、幼畜、育成畜、商品畜等畜舍,并应将价值较高和抗病力较弱的种、幼畜放在生产区上风向。同时生产区还可根据家畜的特点设置人工授精室、挤奶间等。

(四)隔离区

此区是畜牧场病畜、废弃物处理区域。包括病畜隔离舍、尸体剖检和处理设施、粪污处理及储存设施等,是卫生防疫和环境保护工作的重点,应设在全场下风处和地势最低处。隔离区的粪尿污物出场,宜单独设道路;生产区通往隔离区也有专用的通道。

二、建筑物的合理布局

在确定了畜牧场的功能分区后,建筑的合理布局可以根据确定的生产工艺、生产环节在各区和区内建筑之间建立最佳生产联系。

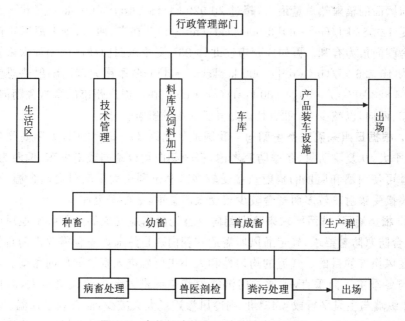

图 7-5　畜牧场建筑和设计的功能关系图

畜牧场建筑布局要根据现场条件,因地制宜地合理安排。一般来说畜舍应平行整齐排列,四栋以内,宜呈单列布置,单列布置使场区的净道、污道明确,适合小规模畜牧场。超过四栋时呈双列布置或多列布置,双列式净道居中,污道在畜舍两边。多列式净道、污道可以净道—污道—净道—污道的形式设置。

三、畜 舍 朝 向

确定畜舍朝向时,要合理利用地形地势以及畜舍的日照和通风效果,畜舍的适宜朝向可充分利用阳光、太阳辐射和主风向。阳光的利用主要涉及畜舍采光,太阳辐射主要是对寒冷地区和寒冷季节维持稳定的畜舍温度有利,而主风向在涉及畜舍的通风换气效果、畜舍的气温以及畜牧场的排污。确定畜舍最佳朝向很复杂,需要充分了解各地的主导风向——风向频率图以及太阳高度角。

北京市地处北纬 40°,夏季太阳辐射热总量最大值为 8 368 kJ/(m² · d) [2 000 kcal/(m² · d)],以西晒最大;冬季最大值不足 16 736 kJ/(m² · d) [4 000 kcal/(m² · d)],南向最大。从太阳辐射热数量角度选择畜禽舍的朝向,应以南向为主,可向东或西偏 45°,以南偏东 45°为朝向最佳。上海市地处北纬 31°,冬季南向墙面的辐射热总量最大,超过 20 920 kJ/(m² · d)[5 000 kcal/(m² · d)];夏季不足 12 552 kJ/(m² · d)[3 000 kcal/(m² · d)],在东、西向,则上海以正南向的畜禽舍朝向最为有利。再如广州市在北纬 23°,夏季东西向朝向的墙面太阳辐射热总量为 16 736 kJ/(m² · d)[4 000 kcal/(m² · d)];冬季南向墙面辐射热总受热量近于 18 828 kJ/(m² · d)[4 500 kcal/(m² · d)]。在考虑广州市的畜禽舍朝向时,应避开东、西向,以减少东、西晒对畜禽舍所造成的影响。

1. 根据日照来确定畜舍朝向 我国地处北纬 20°~50°之间,太阳高度角冬季小、夏季大,从夏季防暑、冬季防寒考虑,畜舍朝向均以南向或南偏东、偏西为宜,这样冬季可使南墙和屋顶的辐射热接受较多有利于利用太阳辐射提高舍温;夏季东西山墙接受辐射热较多而畜舍较少接受太阳辐射,故冬暖夏凉。

2. 根据通风、排污要求来确定朝向 首先向当地气象部门了解本地风向频率图,结合防寒防暑要求,确定通风所需适宜朝向。自然通风畜舍需要借助自然气流达到通风换气的目的。气流的均匀性和大小主要看进入畜舍的风向角度。若畜舍纵墙与冬季主风向垂直,则通过门窗缝隙和空洞进入舍内的风量很大,对保温不利。如纵墙与主风平行或<45°角,则冷风渗透量大大减少,而有利于保温。若畜舍纵墙与夏季主风垂直,则舍内通风不均匀,窗间墙造成的涡风区较大;若纵墙与主风成 30°~45°角,则涡风区减小,通风均匀,有利于防暑和排除舍内污浊空气。

综合日照和通风要求,即可确定畜舍的最佳朝向。我国科技工作者在多年研究的基础上,总结出我国大部分地区民用建筑的最佳朝向,畜牧兽医工作者在参考了相关资料后也提出了不同畜舍最佳朝向,在选择畜舍建筑朝向时可供参考。

表 7-11 我国部分地区畜舍最佳朝向

地区	最佳朝向	适宜朝向	不宜朝向
武汉地区	南偏西 15°	南偏东 15°	西、西北
广州地区	南偏东 15°,南偏西 5°	南偏东 25°,南偏西 5°	西
南京地区	南偏东 15°	南偏东 25°,南偏西 10°	西、北
济南地区	南、南偏东 10°~15°	南偏西 30°	西偏北 5°~1°
合肥地区	南偏东 5°~15°	南偏东 15°,南偏西 5°	西

续表 7-11

地区	最佳朝向	适宜朝向	不宜朝向
郑州地区	南偏东 15°	南偏东	西北
长沙地区	南偏东 10°左右	南	西、西北
成都地区	南偏东 45°至南偏西 15°	南偏东 45°至东偏北 30°	西、北
昆明地区	南偏东 25°	东至南至西	北偏东 35°、北偏西 35°
重庆地区	南、南偏东 10°	南偏东 15°,南偏西 5°	东、西
拉萨地区	南偏东 10°,南偏西 5°	南偏东 15°,南偏西 10°	西、北
上海地区	南至南偏东 15°	南偏东 30°,南偏西 15°	北、西北
杭州地区	南偏东 10°~15°,北偏东 6°	南、南偏东 30°	北、西
厦门地区	南偏东 5°~10°	南偏东 22°,南偏西 10°	南偏西 25°、西偏北 30°
福州地区	南、南偏东 5°~10°	南偏东 15°以内	西
北京地区	南偏东 30°内,南偏西 30°内	南偏东 45°以内,南偏西 45°以内	北偏西 30°
沈阳地区	南、南偏东 20°	南偏东至东,南偏西至西	东北、东至西北、西
长春地区	南偏东 30°,南偏西 10°	南偏东 45°,南偏西 45°	北、东北、西北
哈尔滨	南偏东 15°	南至南偏东 15°,南至南偏西 15°	西、西北、北

四、建筑物的间距

建造物的间距指相邻两栋建筑物纵墙之间的距离。关系到畜舍的采光、通风、防疫、防火和占地面积。所以从这几方面可合理确定畜舍间距。

(1)根据采光确定畜舍间距。畜舍朝向一般为向南或南偏东、偏西一定角度,根据日照确定畜舍间距时,应是南排畜舍在冬季不遮挡北排日照,一般按一年中太阳高度角最低的冬至日计算,而且应保证冬至时畜舍南墙满日照,这就要求间距不小于南排畜舍的阴影长度。经计算,朝向为南向的畜舍,当南排舍檐高为 H 时,要满足北排上述日照要求,在北纬 40°的北京地区,畜舍间距约需 2.5 H,在北纬 47°的齐齐哈尔地区,则需 3.7 H,因此在我国的大部分地区,间距保持檐高的 3~4 倍,基本能满足日照的要求。

(2)根据通风、防疫要求来确定间距。原则是使下风向的畜舍不处于相邻上风向畜舍的涡风区内。这样,既不影响下风向畜舍的通风,又可使其免受上风向排出的污浊空气的污染,有利于卫生防疫。当风向垂直于畜舍纵墙时,涡风区最大,约为其檐高的 5 倍,当风向与纵墙不垂直时,涡风区缩小。畜舍的间距为 3~5 H 时,可满足通风排污和卫生防疫要求。

(3)畜舍建筑一般为砖墙,混凝土屋顶或木质屋顶,耐火等级为二或三级,防火间距为 6～8 m,为 2～3 H。

综上所述,在我国的大部分地区,畜舍间距不小于 3～5 H 时,均能满足各种要求。

五、场内道路与排水

畜牧场的道路应要求保证各生产环节联系方便。分为运送饲料、产品和用于生产联系的净道及运送粪污、病畜、死畜的污道,净道和污道不能交叉。场内道路应符合坚固、不透水。路面材料可根据条件选择柏油、混凝土、砖、石和焦渣路面。道路宽度适当,与场外相连的道路宽 3～5 m,生产区的道路宽度可取 2～3 m,只考虑单向行驶时,须在道路尽头设回车场利于车辆掉头。道路两侧,留出绿化和排水明沟所需位置。一般场区的排水设施可在道路两侧或一侧设明沟,沟壁、沟底可用砖、石,也可将土夯实做成梯形或三角形,若用暗沟排水,注意不要与舍内污水排除系统相通,防止污染环境。

六、运 动 场

运动场一般设置在畜舍的南面,保证家畜户外活动时充分接触日光照射;运动场的设计要求是要平坦,稍有坡度,以利排水;场地四周设置围栏,高度牛为1.2 m,猪1.1 m,羊1.1 m,各种种公畜应再增高20 cm,运动场周围应绿化。运动场的面积见表 7-12。

表 7-12　各种家畜运动场的面积　　　　　　　　　　　　　　 m²

畜种	运动场面积	畜种	运动场面积
成年乳牛	20	青年牛	15
带仔母猪	12～15	种公猪	30
2～6 月龄仔猪	4～7	肥育猪	5
羊	4		

七、绿 化

畜牧场绿化不仅美化环境而且对改善场区小气候作用很大。在进行场地规划时,必须留出绿化地,包括防风林、隔离林、行道绿化、遮阳绿化和绿地等。

畜牧场的绿化,不仅可以改变自然面貌,改善和美化环境,还可以减少污染,在一定程度上能够起到保护环境的作用。

(一)绿化植物的选择

我国地域辽阔,自然条件差异很大,植物树木种类多种多样,可供环境保护绿化树种除要适应当地的水土环境以外,尚要具有抗污染、吸收有害气体等功能。现列举一些常见的绿化及绿篱树种供参考:

1. 树种 槐树、梧桐、小叶白杨、毛白杨、加拿大白杨、钻天杨、旱柳、垂柳、榆树、榉树、朴树、泡桐、红杏、臭椿、合欢、刺槐、油松、侧柏、雪松、樟树、大叶黄杨、榕树、桉树等。

2. 绿篱植物 常绿绿篱可用侧柏、杜松、小叶黄杨等,落叶绿篱可用榆树、紫穗槐等,花篱可用连翘、太平花、榆叶梅、珍珠梅、丁香、锦带花、忍冬等,刺篱可用黄刺梅、红玫瑰、野蔷薇、花椒、山楂等,蔓篱则可用地锦、金银花、蔓生蔷薇和葡萄等。绿篱植物生长快,要经常整形,一般高度以 $100\sim120$ cm、宽度以 $50\sim100$ cm 为宜。无论何种形式都要保证基部通风和足够的光照。

(二)畜牧场绿化的种类

1. 防风林 设在冬季上风向,沿围墙内外设置,最好是落叶树和常绿树搭配,高矮树种搭配,植树密度可稍大些,乔木行株距为 $2\sim3$ m,灌木、绿篱行距可为 $1\sim2$ m,乔木应棋盘式种植,一般种植 $3\sim5$ 行。

2. 隔离林 主要设在各场区之间及围墙内外,夏季上风向的隔离林,应选择树干高,树冠大的乔木,行株距稍大些,一般植 $1\sim3$ 行,隔离区的隔离林应按防风林设计。

3. 行道绿化 指道路两旁和排水沟的绿化,起路面遮阳和排水护坡作用。靠路面可植侧柏、冬青等做绿篱,其外再植乔木。

4. 遮阳绿化 一般设于畜舍南侧和西侧,或设于运动场周围和中央,为畜舍墙、屋顶、门窗或运动场遮阳。种植时,应根据树种特点和太阳高度角,确定适宜的植树位置。在运动场内植树,宜用砖石砌筑树台,以不使家畜破坏树木为准。

5. 绿地绿化 指牧场内裸露地面的绿化,可植树、种花、种草,也可种植有饲用价值或经济价值的植物,如果树、草皮等。

八、场界与场区各区间的防护措施

1. 场界 规模化养殖场与外界之间的场界必须划分明确。四周应建有较高的围墙和防疫沟,以防止场外人员及其他动物进入。使用铁丝网一类的场界由于不能有效阻隔人和其他动物的进入,存在着防疫及安全隐患,不能使用。如果条件允许,在场界四周可设置防疫沟,并向内放水,其防疫效果最佳。

2. 各区间的防护措施　场内各区之间可设置围墙并结合绿化设置 20～50 m 隔离林带;进入生产区时,应设计员工淋浴、更衣、消毒等建筑,可兼做防护设施。

3. 畜牧场大门、各区域入口处,应设有消毒设施　畜牧场大门的防护设施包括人员进出用的紫外线消毒室、更衣室、脚踏消毒池;其中紫外线杀菌灯消毒时,应注意保证足够的消毒时间,一般 3～5 min 可满足消毒要求。另外大门口、场内各区域大门之间还须设置供车辆进出用的消毒池、喷雾消毒室等。消毒池与大门宽度相同,深度在 20～25 cm,长度一般以车辆车轮通过最大周长的 1.5～2 倍。

九、畜牧场的储粪设施

储粪场应设置在畜牧场的下风向,与生活区、住宅保持 200 m 以上的间距,与生产区保持 100 m 以上的间距。

储粪设施除了要考虑畜禽的排粪量外,还要考虑不同工艺下生产污水排放量以及生活污水排放量。

表 7-13　不同畜禽粪便产量

种类	体重(kg)	每头每天排粪量(kg)			每头每年排粪量(t)		
		粪量	尿量	粪尿合计	粪量	尿量	粪尿合计
泌乳牛	500～600	30～50	15～25	45～75	14.6	7.3	21.9
成年牛	400～600	20～35	10～17	30～52	10.6	4.9	15.5
育成牛	200～300	10～20	5～10	15～30	5.5	2.7	8.2
犊牛	100～200	3～7	2～5	5～12	1.8	1.3	3.1
种公猪	200～300	2.0～3.0	4.0～7.0	6～10	0.9	2.0	2.9
空怀、妊娠母猪	160～300	2.1～2.8	4.0～7.0	6.1～9.8	0.9	2.0	2.9
哺乳母猪	—	2.5～4.2	4.0～7.0	6.5～11.2	1.2	2.0	3.2
培育仔猪	30	1.1～1.6	1.0～3.0	2.1～4.6	0.5	0.7	1.2
育成猪	60	1.9～2.7	2.0～5.0	3.9～7.7	0.8	1.3	2.1
育肥猪	90	2.3～3.2	3.0～7.0	5.3～10.2	1.0	1.8	2.8
产蛋鸡	1.4～1.8	0.14～0.16			55 kg		
肉用仔鸡	0.04～2.8	0.13			到 10 周龄 9 kg		

储粪场及其配套的粪污处理设施是规模化畜牧场建设必须设置、规划的项目。

需要综合考虑畜牧场的生产工艺设计、排水设施及废弃物处理及利用等环节。细节主要包括粪污收集、运输、占地面积、粪污处理工艺及本场、周边地区对粪肥的消纳能力等。详情见第八章。

思　考　题

1. 畜牧业可持续发展工程的概念及提高其效率的手段。
2. 畜牧场场址选择和规划的原则。
3. 畜牧场工艺设计的主要内容是什么？
4. 畜牧场场区规划和建筑物布局应注意哪些问题？

（刘凤华、施正香）

第八章 畜牧场的环境污染及废弃物处理利用

本章提要：本章主要介绍畜牧场污染的产生及污染途径；畜牧场恶臭产生的原因及消除方法，畜牧场废弃物的科学处理方法，以及如何合理利用废弃物增加收入，系统介绍了畜牧场废水的无害化处理方法。

随着社会生产的发展，畜牧业生产规模也随之扩大，集约化和机械化程度也越来越高，出现了上万头的牛场、猪场和几百万只的鸡场，这种密集饲养方式除给防止家畜疾病的发生与传播带来新的困难外，随之而来的是产生了大量家畜粪尿、污水等畜牧生产废弃物，这些废弃物如果不经处理，不仅会危害家畜本身，也会污染周围环境。日本及欧洲一些国家也常因畜牧业生产废弃物造成环境的污染，而引起一些社会人士的不满。这就促使各国为解决畜牧业环境污染问题不得不采取环境保护的措施，制定相应的环保法规。近 10 多年来，我国城郊、工矿区及东部一些养殖业发达的地区已普遍存在了畜牧场污染环境和受环境污染的问题，因此，国家环保总局于 2001 年颁布 GB 18569—2001《畜禽场污染物排放标准》，制定了相应的畜牧场排放废弃物的指标，以治理这些问题。

由于工农业生产的迅速发展，工业的废水、废气、废渣和农业的化肥、农药等都可对家畜的环境造成危害。家畜生活在各种环境因素之中，反过来，家畜的生活又影响其所生存的环境。因此，畜牧场的环境保护是两方面的，既要防止畜牧场本身对周围环境的污染，同时还要避免周围环境对畜牧场的危害，以保证家畜健康和畜牧生产的顺利进行。

第一节 畜牧场的环境污染

畜牧场环境污染主要是指对家畜周围生存环境的污染，也就是包括对大气、水、土壤、生物等各自然环境的污染。引起环境污染的物质称为污染物，向环境排放或释放污染物的发生源或场所称为污染源。污染物是环境污染的表现和结果，污染源是造成环境污染的原因。污染源中的污染物通过一定的方式或途径进入环境中，直接或间接造成环境污染。

　　自然界中各种环境因素本身之间以及各种环境因素与家畜间是互相联系、互相依存及互相制约的，它们之间保持着一种相对的平衡状态。这是一种不断循环的动态平衡，因而各因素也在不断的循环中得到更新和净化。在各种环境因素的正常平衡系统中，如渗入一些有毒有害物质，若其量不多，即使造成轻度污染时，各种环境因素能通过物理的、化学的和生物的作用降低其浓度或使之完全消除，因而达到净化，不致造成危害。只有当这些有害物质数量增加到一定程度，超过了各环境因素正常平衡系统的净化能力时，才会使其平衡遭到破坏，造成各种环境因素的恶化，使环境受到污染。

一、造成畜牧场环境污染的原因

　　畜牧废弃物所造成的各种污染归根到底是人为造成的，是随着畜牧业发展到一定阶段出现的问题。主要有以下两个原因：

（一）畜牧业经营方式及饲养规模的转变

　　过去的畜牧业多为分散经营，或者在农村中仅作为一种副业生产，家畜头数不多，规模小，家畜废弃物可及时就地处理，恶臭气体可很快自然扩散，对环境的污染不严重。近年来，畜牧业迅速发展，由农村副业发展成独立的专业化生产，规模由小变大，头数成千上万，经营方式由分散到集约，饲养管理方式向立体高密度、机械化方向转变，随之粪便也由过去的垫圈或半固体态转向液态，其中增加了大量的水，使粪尿及污水量大大增加。因而由于畜牧业经营方式及饲养规模的改变造成家畜集中，头数多，单位土地面积上载畜量加大，废弃物量大又集中。

（二）农业由使用有机肥料逐渐转向使用化学肥料

　　随着化学工业的发展，化学肥料的生产量越来越大，而价格越来越低，运输、储存、使用也都比较方便。相反，家畜的粪肥体积大，使用量也多，装运不便，劳动工资相对增高，结果造成积压，变为废弃物，难以处理，造成对环境的污染。

　　本来家畜的粪尿是很好的有机肥料，经过处理，将粪肥施到地里，除能供给农作物养分外，还可改进土壤的理化性质，提高土壤肥力，改善土壤团粒结构，提高土壤持肥持水能力，提高种植物品质。我国在农业生产实践中有使用畜粪做肥料的丰富经验。不但对农业生产有很大的好处，且避免了畜牧场对环境的污染。家畜粪尿还含有许多养分，可以开展其他方面的综合利用，如用做饲料，或者生产沼气等。但是必须指出，如对畜粪不进行科学处理和利用，任意堆弃，就会污染周围环境，造成危害,而受害者往往首先是畜牧场本身,严重的甚至会影响全场生产的正常进行。

总之,畜牧业环境污染主要由于畜牧业废弃物的高度集中,远距离转移困难或弃置不用,不能利用自然环境的土壤、水体进行分解、净化,投入再生产而造成污染,我国兴建各种类型的畜牧场应该总结国内外造成畜牧业环境污染的原因,探讨如何有效地利用各种废弃物,化害为利,这将有助于我国畜牧业的健康发展。同时,随着经济的不断发展,也要防止工农业废弃物造成的各种严重污染危害家畜的健康,影响畜牧业的正常生产,妨碍畜牧业生产水平的提高,以及通过畜产品间接危害人体健康等问题的发生,并应采取必要措施,以便在发展经济的同时,使环境保持良好的状况或不断得到改善。

对一个畜牧场来讲,建场之初,对处理废弃物的设施要同时设计、同时施工、同时投产,一定要避免有害物质对环境的污染。经验证明,对环境的污染可在较短的时间内造成,而消除这种污染则需较长时间。如已产生了严重的污染再去治理,不仅要付出更大代价,有的还难以取得良好的效果。牧场建成后,则要经常保持牧场内的环境整洁,空气清新,水质洁净。有条件时可对废弃物加以综合利用,以增加畜牧场的收入,节约开支。在注意防止废弃物污染周围环境的同时,注意防止可产生的噪声与大量滋生的蚊蝇所造成的骚扰与危害,使之不影响附近居民的生活和健康。

二、污染物质

使畜牧场受到污染的物质有:工业生产过程中产生的"废水"、"废气"、"废渣"(简称:"三废"),农业生产上使用的农药和化肥残留物,以及畜牧生产中产生的粪尿等废弃物,都会对空气、水、土壤、食品等各环境因素造成污染,并由此对人畜健康、自然环境、畜牧生产等造成危害。

家畜的粪尿,畜牧场的污水,场内剖检死亡家畜的尸体;畜产品加工厂的污水及加工废弃物,畜牧场排散出的有害气体与不良气味,饲料加工厂的粉尘、畜舍内排散出的灰尘,屠宰场废弃的兽毛、蹄角、血液下水,孵化的废弃物——死胚及蛋壳等均可对环境造成危害。其中还有可能造成污染的物质有:需氧有机物(碳水化合物、蛋白质、油脂、氨基酸和木质素等)、病原微生物(细菌、病毒、寄生虫、原生动物等)、感官性污染物(色素、恶臭等)、重金属及其化合物(铜、砷等及其化合物)。

在以上各种污染物体中,以未经处理或处理不当的家畜粪便及畜牧场污水数量最大,危害最重。据日本对"畜产公害"案件种类的分析,其中以家畜粪尿厌气性分解产生的恶臭与害虫为主,以粪尿造成水质污染为次。从家畜种别来看,以猪粪尿为主,占 46.6%,鸡粪占 31.4%。

三、污 染 方 式

污染源污染环境的方式有直接污染和间接污染两种方式。

直接污染是指环境中的污染组分直接来源于污染源,污染组分在迁移过程中,其化学性质没有任何改变的污染。由于污染组分与污染源组分的一致性,因此较易查明其污染来源及其污染途径。

间接污染是指环境中的污染组分在污染源中的含量并不高,或该污染组分在污染源中根本不存在,它是污染源中的组分在迁移过程中,经复杂的物理、化学及生物反应后的产物。例如,水硬度的升高,多半以这种方式产生。间接污染的真正原因和机理应认真调查、分析和研究。

第二节　畜牧场环境污染的途径

一、大 气 污 染

按照国际标准化组织(ISO)做出的定义:大气污染通常是指由于人类活动和自然过程引起某种物质进入大气中,呈现出足够的浓度,达到了足够的时间并因此而危害了人体的舒适、健康和福利或危害了环境的现象。空气是人、畜和其他生物赖以生存的基本条件之一。它的成分虽比较复杂,但各成分的比例却基本稳定。各种自然现象的变化时常影响空气成分的组成,如火山爆发,雷鸣电闪等。但一般来说,这种自然现象引起的变化是局部的、暂时的。然而,人类的活动,现代生产的发展向大气中排放的物质,其数量越来越多,种类也更复杂,从而引起大气成分的变化。

二、污 染 物 质

主要大气污染物为工业生产中产生的各种废气颗粒污染物与气态污染物、一次污染物与二次污染物。

（一）颗粒污染物

(1)尘粒 $D > 75\ \mu m$ 颗粒物，有一定的沉降速度，易于沉降到地面。

(2)粉尘 $D < 75\ \mu m > 10\ \mu m$ 降尘（重力），$D < 10\ \mu m$，不易沉降，能长期在大气中飘浮者，称为飘尘。

(3)烟尘 $D < 1\ \mu m$：烟气＋黑烟＋烟雾。

(4)雾尘 $D < 100\ \mu m$：水雾＋酸雾＋碱雾＋油雾。

(5)煤尘：煤粉尘＋煤扬尘等。

（二）气态污染物

1. 含硫化合物　含硫化合物是 SO_2、SO_3 和 H_2S。

SO_2 是一种无色、具有刺激性气味的不可燃气体，是一种分布广、危害大的主要大气污染物。SO_2 刺激眼睛、损伤器官、引起呼吸道疾病、直至死亡；SO_2 和飘尘具有协同效应，两者结合起来对人体危害作用增加 $3 \sim 4$ 倍，所以空气质量标准中采用"SO_2 浓度与微粒浓度的乘积"标准。

SO_2 在大气中不稳定，最多只能存在 $1 \sim 2\ d$。相对湿度比较大且有催化剂存在时，可发生催化氧化反应，生成 SO_3，进而生成毒性比 SO_2 大 10 倍的 H_2SO_4 或硫酸盐，硫酸盐在大气中可存留 1 周以上，能飘移至 $100\ km$ 以外或被雨水冲刷，造成远离污染源以外的区域性污染；抵达地面，造成土壤、水体酸化，影响植物、水生生物的生长，给人类生产和生活造成危害。所以 SO_2 是形成酸雨的主要因素。

由天然源排入大气的 H_2S，很快氧化为 SO_2，这是大气中 SO_2 的另一个来源。

2. 碳氧化合物　碳氧化合物主要是 CO 和 CO_2。CO 主要来源于燃料的燃烧和加工、汽车尾气。CO 化学性质稳定，在大气中不易与其他物质发生化学反应，可以在大气中停留较长时间。大气中的 CO 虽然可转化为 CO_2，但速度很慢，而几个世纪以来大气中的 CO 平均浓度变化不大，这说明自然界肯定有强大的消除机制。主要可能是土壤微生物的代谢作用。一般城市空气中的 CO 水平对植物及有关的微生物均无害，但对人类和动物则有害，因为它能与血红蛋白作用生成羧基血红素。实验证明，CO 与血红蛋白的结合能力比氧与血红蛋白的结合能力大 $200 \sim 300$ 倍，因此它能使血液携带氧的能力降低而引起缺氧，使人窒息。

CO_2 是一种无毒气体，对人体无显著危害作用。主要来源于生物呼吸和矿物燃料的燃烧。在大气污染问题中，CO_2 之所以引起人们普遍关注，原因在于它能引起全球性环境的演变，如使全球气温逐渐升高（温室效应）、气候发生变化等。

3. 氮氧化物　氮氧化物是 NO、NO_2、N_2O、NO_3、N_2O_4、N_2O_5 等的总称，其中主要的是 NO、NO_2、N_2O。N_2O 是生物固氮的副产物，主要是自然源，故通常所指的氮氧化物，主要是 NO 和 NO_2 的混合物，用 NO_x 表示。全球每年排放氮氧化物总

量约为 10^9 t,其中 95% 来自于自然发生源,即土壤和海洋中有机物的分解;人为发生源主要是化石燃料的燃烧过程排放的,如飞机、汽车、内燃机及工业窑炉的燃烧以及来自生产、使用硝酸的过程,如氮肥厂、有机中间体厂、有色及黑色金属冶炼厂等。N_2O 俗称笑气,是一种温室气体,具有温室效应。NO 毒性不太大,与 CO 类似,可使人窒息。NO 进入大气后可被缓慢地氧化成 NO_2,NO_2 的毒性约为 NO 的 5 倍。NO_x 对环境的损害作用极大,它既是形成酸雨的主要物质之一,又是形成光化学烟雾的引发剂和消耗臭氧的重要因子。

4. 碳氢化合物　包括烷烃、烯烃和芳烃等复杂多样的含碳和氢的化合物。大气中碳氢化合物主要是甲烷,占 70% 左右。大部分的碳氢化合物来源于植物的分解,人类排放的量虽然小,却很重要。碳氢化合物的人为来源主要是石油燃料的不充分燃烧过程和蒸发过程,其中汽车排放量占有相当的比重。目前,虽未发现城市中的碳氢化合物浓度直接对人体健康的影响,但已发现它是形成光化学烟雾的主要成分。碳氢化合物中的多环芳烃化合物 3,4-苯并芘具有明显的致癌作用,已引起人们的密切关注。另外,甲烷也具有温室效应,且比同量的 CO_2 大 20 倍。

三、污染来源

(1)燃料燃烧。石油(CO、SO_2、NO_x 和有机物)、煤(颗粒物、SO_2)。

(2)工业生产过程。粉尘、化合物(碳氢、含硫、含氮、卤素)。

(3)农业生产过程。农药污染环境,有机氯农药 DDT 随水分一起蒸发进入大气(DDT 已经迁移到北极);农业使用化肥造成的污染,氮肥从土壤表面挥发成气体进入大气。

(4)交通运输。碳氢化合物、CO、NO_x、含 Pb、苯并芘等。

四、畜牧场对大气的污染

畜牧生产对大气所造成的污染,主要是家畜的粪尿或畜产品加工厂等废弃物产生的一些有毒或有气味的混合气体,它由畜舍或工作间经风机排出或是由于舍外的粪水出口、粪坑以及堆肥场等地,直接散发至畜牧场附近居民区的上空,使之在空气中的数量增多,不利人畜的健康,并影响家畜的生产性能。

这些混合气体种类繁多,很多是有机物的恶臭气味,例如脂肪族胺硫醇、硫化物、有机酸及粪臭素等,详见表 8-1。所有这些恶臭物质都可以使人畜产生急性或慢性中毒,这些恶臭气体分布在场区上空,污染了周围的空气,除了对畜牧场工作人员影响外,对于居住在畜牧场附近的居民也有影响。恶臭气体污染的范围和程度,取决于发生这些气味物体的数量多少,它们直接与畜牧场规模的大小、家畜饲养的密集程度、粪尿处理及施用的方法有关,有害气体的分布也直接受污染源距离、风速及风向,地形、地物、植被等因素的影响。

表 8-1　畜牧业生产的各种恶臭物质

种类	工艺过程	设施	恶臭物质
畜牧场（牛、猪、马、鸡等）		畜舍、饲料加工厂、污（物）水处理、排气装置	氨态氮、挥发性胺、硫化氢、氨
屠宰场	畜体检查;检验、隔离、污物处理	排气设施、内脏及外皮处理室、污物积存处、净化装置	氨
病畜处理	剖检、焚烧、掩埋	解剖室、污物处理设备、焚尸炉烟囱	氨、硫醇、硫化氢
畜产品加工厂	制造皮革,制造油脂,制造骨胶,制造肥料,饲料	原料储藏室、煮熟设施（平锅、圆锅）、压榨设施、干燥设施（旋转炉）、污水处理设施、搬运车辆、洗净用水	氨、三甲基胺、吡啶、吲哚、粪臭素、硫化氢、硫醇、醋酸、丙酸、酪酸、乙醛
鸡粪干燥场		干燥设施	氨态氮、氨
血液处理	煮沸工厂、干燥工厂		硫化氢、硫醇、氨、丙烯醛
羽毛处理	干燥工艺	高压锅、原料储藏库、干燥机	硫化氢、硫醇
兽骨处理、兽脂	干燥工艺	高压锅	胺、乙醛、亚硫酸盐、氨、脂肪酸类、硫化氢、丙烯醛、硫醚
粪尿、污水处理厂	搬运、粪尿熟化槽	真空装置、人装室、接受槽、储留槽、熟化污物储留槽、熟化脱离液、充气槽	硫化氢、氨、焦磷酸、硫醇、粪臭素、丙酸、醋酸、醋酸

（一）恶臭气味的产生

粪尿中所含有机物大体可分成碳水化合物和含氮化合物。它们在有氧或无氧条件下分解出不同的物质。碳水化合物在有氧条件下分解时释放热能,大部分分解成二氧化碳和水,而在无氧条件下,氧化反应不完全,可分解成甲烷、有机酸和各种醇类,这些物质略带臭味和酸味,使人产生不愉快的感觉。而含氮化合物主要是蛋白质,其在酶的作用下可分解成氨基酸,氨基酸在有氧条件下可继续分解,最终产物为硝酸盐类,而在无氧条件下可分解成氨、硫酸、乙烯醇、二甲基硫醚、硫化氢、甲胺、三甲胺等恶臭气体,有腐烂洋葱臭、腐败的蛋臭、鱼臭等各自特有的臭味。如场内粪便中水分过多或压紧无新鲜空气,使粪尿内形成局部无氧环境时,往往会产生、释放恶臭气体。

一般认为散发的臭气浓度和粪便的磷酸盐和氮的含量是成正比的。家禽粪便中磷酸盐含量比猪高,猪又比牛高,因此牛场有害气味问题比猪场少,尤其比鸡场少。

(二)影响恶臭气味扩散的因素

1. 粪肥的状态 粪肥在静止状态时,无论是固态或液态,其表面释放很少的有害气体,一般不为人们所觉察,但在翻动堆肥或搅动粪水时,特别是搅动粪水或运送粪肥开始之后或用泵抽粪时,有害气体如硫化氢等会迅速释放出来,且浓度很高,有中毒危险,在开口处甚至达到致死浓度,如硫化氢可达 700 mg/m³ 或更高。这些有害气体释放出来,造成环境的污染。

2. 距离污染源的远近 与污染源的距离较近,恶臭气味浓度较高,因而牧场近邻受害较大。一般认为,畜牧生产的恶臭物污染范围在 200~500 m。但也不尽如此,它也受其他许多因素的影响而变化不定,有时距离污染源越远,恶臭物并不明显减少,参见表 8-2。

表 8-2 不同距离恶臭物质的平均浓度

				距离(m)					
0	5	10	20	40	80	160	320	640	1 280
				氨(NH₃,μg/m³)					
养猪业 0.65	0.45	0.66	0.73	0.56	0.39	0.64	0.23	0.00	
养牛业 0.60	0.49	0.46	0.05	0.33	0.42				
养鸡业 0.95	1.23	0.67	0.69	0.61	0.26				
				甲基硫醇(CH₃SH,μg/m³)					
养猪业 3.67	0.82	2.76	0.18	3.32	0.25	1.00	0.00		
养牛业 0.74	4.77	2.70	0.00	0.73	0.00				
养鸡业 7.83	9.17	0.88	1.25	0.11	0.00	0.39	0.00		
				硫化氢(H₂S,μg/m³)					
养猪业 5.95	2.82	3.87	1.03	13.09	1.84	2.00	0.00		
养牛业 12.74	2.25	4.63	3.22	3.77	5.60				
养鸡业 11.32	30.14	6.79	1.94	1.94	0.00	1.33	0.00		
				三甲基胺[(CH₃)₃N,μg/m³]					
养猪业 0.56	13.61	0.25	0.22	8.58	0.30	17.00			
养牛业 0.96	0.40	0.75	0.00	0.00	0.00				
养鸡业 1.03	0.14	1.50	1.69	0.11	0.52	0.00	0.00		

3. 周围的环境条件　风速和风向对恶臭气味的扩散直接有关。下风向的恶臭气味浓度较大,但风速越大,稀释的越快,下风向恶臭污染物浓度降低,风速小,恶臭污染物扩散程度慢,地面空气恶臭气味相对降低。但大风能翻动大的液体粪坑内的粪液(直径大于 25 m),使其中的恶臭气味大量逸出。

其次,畜牧场所在地特异的大气流动情况,对局部地区的污染有显著影响。如谷地常有山谷风,气流较稳定,恶臭气味不易扩散。地面上有较高建筑和树木,可以阻挡恶臭气味的扩散,树木和植被尚可吸收恶臭气体。

(三)恶臭气味强度的测定和表示方法

恶臭气体含量可以用化学方法测定,但许多有味气体多为混合组成,至今还没找出怎样测定畜产恶臭气体的强度与臭味之间相关性的好方法。有毒有害气体气味的强弱与其浓度有直接关系,但一般的恶臭物质其气味强弱与其毒性并不均成正比。各国对有毒有害恶臭气体、臭味强度的表示方法各异。我国大气卫生标准主要以强度级表示。日本则分成六级臭气强度表示,我国恶臭污染物排放标准(GB 14554—93)及畜禽养殖业污染物排放标准(GB 18596—2001)中,采用臭气浓度(无量纲)三级标准,即用无臭气体稀释欲测的恶臭气体,稀释到刚好无臭时所需的稀释倍数,该三级浓度标准规定见表 8-3,测定方法按国家标准 GB 14675 规定的三点式比较臭袋法。畜禽养殖业污染物排放标准(GB 18596—2001)规定畜牧场排放标准为第三级中的 70。

表 8-3　六级臭气强度表示法

项　目	一级	二级	三级
臭气浓度(无量纲)	10	20,30	60,70

(四)恶臭味的消除

大气污染会因大气的水平流动而逐渐扩散,大气的对流则可形成垂直性扩散以达到净化。同时,也因太阳辐射量大,地面气温升高,大气中的污染物质亦可随气流被送至高空,与上层空气交换进行自然净化,畜牧生产中所排散的恶臭气体,对畜牧场的近邻及场内工作人员会造成一定的危害,但一般不会造成大的公害问题。少量废弃物释放的气味,可很快扩散到新鲜空气中,达不到使人生厌的程度,但要防止粪肥被搅动,抽取,接载、运输和施用过程中对大气的污染。目前,还可以考虑按理想蛋白模式配制饲料,减少蛋白饲料的摄入,减少恶臭味的产生,另外,可在饲料中添加一些微生态制剂,同样也能减少恶臭的产生。

五、水体污染

水体污染是指水体因某种物质的介入，而导致其化学、物理、生物或者放射性等方面的改变，从而影响水的利用，危害人体健康，或者破坏生态环境，造成水质恶化的现象。排入天然水体的污染物质改变了水体的组成并使水质恶化，给人畜带来危害。天然水体对排入其中的某些物质有一定的容纳限度，在这个限度范围内，天然水体能够通过自净作用使排入物质的浓度自然降低，不致引起危害，但如有过量物质排入水体超过了水体的自净能力，则造成污染。

水是自然界中最重要的溶剂之一，它可溶解多种物质，自然界的物质循环及动、植物的生命，若没有水，便会完全停息。同样，水亦可溶解和携带污染物质，顺流而下，传播到其他地方。受到人类活动污染的水体，其中所含的物质种类、数量、结构均会和天然水质有所不同。其中物理性污染，如地表水体变黑、有恶臭、泡沫、漂浮物等，我们易发现，但对有毒有害成分（如酚、汞、砷、农药等）所造成的化学污染，尤其是地下水的污染，我们不易觉察。通常，以天然水体中所含的物质作为背景值，判断水体是否污染以及人类活动对水体的污染影响程度，以便及时采取措施，提高水体水质。

（一）污染源与污染形式

1. 污染源　按照水体污染的污染源的形成原因或污染来源的角度分为两大类：人为污染源和天然污染源。

人为污染源是指由人类活动产生的污染源，是环境保护防治的主要对象。根据人类活动方式，主要有以下几种污染源：工业污染源（主要是工业污水、废渣、废气）；生活污染源（人类生活污水和生活垃圾等）；农业污染源（农药、化肥、畜牧生产中的污水及粪便等）；交通污染源（机车、轮船等排出的尾气通过大气降水进入水环境）；城市地表雨水径流含有较高的悬浮固体，而且病毒和细菌的含量也较高，如注入地表水体或渗入地下，会造成地表水和地下水的污染。

天然污染源，也称自然污染源，是指天然存在的污染源，主要是海水、咸水及含盐量高或水质差的含水层、石油等。天然污染源主要污染地下水。

2. 水体的有机物质污染及富营养化现象　在自然情况下，水体中植物营养物的来源是由于雨雪对大气淋洗和径流对地表物质的淋溶与冲刷，总会有一定量的植物营养物质被汇入水体中，但其数量极微，在通气良好的地表水中，含氮化合物（NH_4^+，NO_2^-，NO_3^-）的总量一般不超过 $10^{-8}\sim10^{-7}$ mg/L，含磷化合物（$H_2PO_4^-$，

HPO_4^- 等)的数量也大致在这个范围内。

　　家畜粪便及其他畜产业的污水都含有大量的碳水化合物,含氮化合物等有机物,其涉及范围广,排出量大,如不加处理,污染范围也非常大。腐败有机物在水中以悬浮或溶解状态存在:首先使水质混浊,水色污黄,有机污染物降解会大量消耗水中的氧,使水中溶解氧(dissolved oxygen,DO)含量迅速下降。如有机物数量不多,水中氧气充足,则好气菌发挥作用,碳水化合物分解成二氧化碳和水,有机氮分解成氨、亚硝酸盐,最终为硝酸盐类的稳定无机物,同时水中硫酸盐总硬度(特别是重碳酸盐硬度)增高,水体无特殊臭味。天然水体中的 DO 在常温下,一般为 5～10 mg/L。如有机物污染量大,水中 DO 耗尽,有机物则进行厌气分解,产物为甲烷、硫化氢、氨、硫醇之类的恶臭物,使水质恶化,不适于饮用。

　　衡量污水腐败有机物质污染程度的指标主要有 DO,生化需氧量(bio-chemical oxygen demand,BOD),化学需氧量(cheroical oxygen demand,COD),总需氧量(total oxygen demand,TOD)等。

　　COD 是指在一定条件下,水中还原物质(包括有机物质)被化学氧化剂氧化过程中所消耗的氧化剂的氧量,以氧的每升毫克数(mg/L)表示。由于水中各种还原物质进行化学氧化的难易程度不同,COD 值只表示在一定条件下(或规定条件下)水中有机物的总和,它是表示有机污染物浓度的相对指标。COD 越高,水中有机物可能越多。目前,测定 COD 的方法主要有重铬酸钾($K_2Cr_2O_7$)法和高锰酸钾($KMnO_4$)法两种。由于两种方法所用的氧化剂对有机物的氧化程度不同,所测的结果有差异,故其测定结果必须注明测定方法,我国规定利用前者,故化学耗氧量以 CODcr 表示。化学需氧量的优点是能较精确地表示污水中的还原物质的含量,并且测定的时间短,不受水质的限制,缺点是不能表示出微生物氧化的有机物的量,因而不能直接从卫生学方面阐明水质的有机污染情况。

　　BOD 是指水中有机物被生物分解的生物化学过程中所消耗的溶解氧量,以氧的每升毫克数(mg/L)表示。测定是通常采用 20℃进行 5 d 恒温培养所消耗的氧量,即 5 d 生化需氧量(BOD_5)以 mg/L 或 mg/m^3 来表示。BOD 指标的缺点是测试时间长,当污水中难生物降解的物质含量过高时,测定出的 BOD 与实际的有机污染物含量误差较大,对毒性大的污水因微生物活动受到抑制,而难以测定。家畜粪尿量大,有机物含量高,如处理不当,污染水体危害很大,表 8-4 是家畜粪尿的BOD 数量。

表 8-4 人及家畜粪尿每日的 BOD 数值

种　类		排泄量(kg)	BOD 浓度(mg/m³)	BOD 排泄量(g)	BOD 合计量(g)	对人比
乳牛	粪	25	24 500	614	638	约 43 倍
	尿	6	4 000	24		
肉牛	粪	15	24 500	368	384	约 26 倍
	尿	4	2 000	16		
猪	粪	3	63 000	189	204	约 13 倍
	尿	3	5 000	15		
鸡	粪 尿	0.16	65 500	11	11	约 0.7 倍
人	粪 尿	1.2	12 500	15	15	

DO 是指溶解于水中的氧,以水中氧的每升毫克数(mg/L)表示。水中溶解氧的含量与大气压、空气中的氧分压、水的温度有密切的关系,大气中氧分压降低,水中溶解氧的含量也降低,温度升高,溶解氧量也显著下降。水体中溶解氧的多少,在一定程度上反映出水体受污染的程度。DO 可以作为水体受有机污染程度的一个间接指标,同时,DO 也是衡量水体污染和自净能力的一项重要指标。

富营养化主要指水体接纳了大量有机物,被微生物氧化分解,其产物是氮、磷等植物营养素,这使水生生物特别是藻类不断得到营养,大量繁殖。据报道 1 mg 的磷可生成 0.1 g 藻类(干重)。由于水生动、植物的滋生,竞争性消耗 DO,导致水生物缺氧,而大量死亡,包括它们尸体在内的有机质进入厌氧腐解过程,水色变黑,产生恶臭,使水域成为死水,这种现象称为水体的“富营养”(eutrophication)。自然界湖泊也存在富营养化现象,但速率很慢,而人为污染所致的富营养化则速率很快。海洋学家所称的“赤潮”就是在海湾地区出现的富营养化现象,对海水养殖业造成了极大的损失,因含有红色色素的甲藻或其他浮游生物大量繁殖使海水呈红色,故称为赤潮。如水体形成富营养化现象要重新恢复原貌很不容易。水体中氮、磷含量的高低与水体富营养化程度有密切关系,但两者不呈直线相关关系。对于富营养化的分类一般都把应属于连续的富营养化程度分为若干个等级。富营养化程度通常分为三类,即贫营养、中等营养和富营养。表 8-5 为瑞典湖泊氮、磷含量与富营养化程度关系。

表 8-5 瑞典湖泊氮、磷含量与富营养化程度关系

富营养程度	总磷(mg/L)	无机氮(mg/L)
贫～中	8.0(7.3～8.7)	312(228～392)
中～富	17.6(11.0～26.6)	470(342～618)
富	84.4(45.8～144)	170(420～2 370)

一般认为,当水中总磷大于 20 mg/m³,无机氮大于 300 mg/m³,即可确定为养分富集化了。

水体"富营养化"不但使水体恶臭不能使用,如作为农业用水,还会使水稻等作物徒长、倒伏、晚熟或不熟,因此,是家畜粪尿污染水体的一个重要标志,这就要求排放污水时,对其中氮、磷等物质含量给予一定限制。

3. 生物性污染及介水传染病　天然水中常生存着各种各样的微生物,其中主要是腐物寄生菌。水中微生物一部分来自土壤,少部分和尘埃一起降落到水体,还有一部分则是随粪便排入水体。水中微生物的数量,在很大程度上取决于水中有机物的含量,有机物含量越多,微生物含量往往也越多。

水体被病原微生物污染后,可引起介水传染病的传播与流行。如病畜和带菌者的排泄物,尸体以及兽医院、医院的污水排入水中,病原微生物污染水体;屠宰场、制革厂、洗毛厂的废水中也可能存在病原微生物,污染水体后也有可能引起传染病的发生。如猪丹毒、猪瘟、副伤寒、马鼻疽、布氏杆菌病、炭疽病、钩端螺旋体病、土拉伦斯菌病等。

介水传染病的发生和流行,取决于水源污染的程度及病原菌在水中生存的时间等因素。在自然条件下,污染水体的病原菌,由于天然水的自净作用,会很快死亡。因此,天然水源的偶然一次污染,通常不会引起水的持久性污染,但这并不是说没有传播传染病的危险性。水源受到大量的或经常性的污染时,极易造成传染病的介水流行,例如,水禽的传染病,常是急性传播,全群几乎同时发生。因此,对动物尸体,排泄物以及可能含有病原微生物的污水应特别注意,勿使其污染水源。

水体受人畜粪便、畜产品加工业和其他废水污染后,水中微生物数量可大量增多,特别是沙门氏杆菌,如每升河水中含 0.1 g 有机物则沙门氏菌能繁殖 10 万倍,因此,对水中微生物的检测,在介水流行病学上有重要意义。直接从水中检查病原微生物,难度较大,所以对水中微生物的检测,多选择"指示菌"来表示水质受粪便污染的情况。一般用大肠菌群作为水体受粪便污染的指示菌,因其在粪便中数量多,易检出,其数值与污染程度成正相关,大肠杆菌不能在水中自行繁殖增长,其存活时间也比病原微生物略长一些。粪便中仅次于大肠菌数的是粪链球菌,如水体中发现有大肠杆菌和粪链球菌同时存在,表明水体是近期受粪便污染。除此外,粪链球菌在家畜粪便中数量往往大于大肠菌数,所以近年来国外也有人建议用大肠杆菌与粪链球菌的比值关系区别人与家畜的粪便污染(表 8-6)。

表 8-6 人、畜粪便的指示性微生物估计表

种类	每日排泄的大肠杆菌量（百万）	24 h粪便湿重(g)	每克粪便的指示菌平均密度（百）		每头(每人)24 h平均污染量（百万）		Fc与Fs之比(Fc/Fs)
			粪便大肠杆菌(Fc)	粪链球菌(Fs)	粪便大肠杆菌(Fc)	粪链球菌(Fs)	
牛	5.4	23 600	0.23	1.3	5 400	31 000	0.2
猪	8.9	2 700	3.3	84.0	8 900	230 000	0.04
绵羊	18.0	1 130	16.0	38.0	18 000	43 000	0.4
鸡	237.0	182	1.3	3.4	240	620	0.4
鸭	11.0	336	33.0	54.0	11 000	18 000	0.6
火鸡	130.0	418	0.29	2.8	130	1 300	0.1
人	1.95	150	13.0	3.0	2 000	450	4.4

从表 8-6 中可看出家畜粪便的 Fc/Fs 比值小于 1.0，而人粪的比值为 4.4，因此，根据 Fc/Fs 比值可判断：

Fc/Fs≥4.0 表示受人粪便污染；

Fc/Fs≤0.7 表示受畜粪污染；

2<Fc/Fs<4 表示以人粪为主的混合污染；

0.7<Fc/Fs<1 表示以动物粪便为主的混合污染；

1.0<Fc/Fs≤2 表示难以判定污染来源。

4. 有毒物质的污染 污染水体的有毒物质种类很多，在无机性毒物中比较常见的有铅、汞、砷、铬、镉、镍、铜、锌、氟、氰化物以及各种酸和碱等，有机性毒物中有酚类化合物、聚氯联苯、有机氯农药，有机磷农药、合成洗涤剂、有机酸、石油等。

畜产业废弃物中基本上没有或很少有有毒物质，牧场水源中有毒物质污染的主要原因有：①由于排入了各种未经适当处理的工业废水；②由于在农田广泛施用农药，地表及农作物表面的农药在暴雨时可因雨水冲刷而污染水体；③在多矿地区，地层中可能含有大量的砷、铅、氟等矿物时，也可使此种有毒物质在水中的含量增加。例如，硫化矿床氧化带是砷的富集地区，在自然界风化作用的影响下，砷化物可以从矿床中进入附近的水体；在含有铅矿层的地区，河流和其他水源中常含有多量的铅，有毒物质污染水体后对畜体健康可引起直接的或间接的影响，这主要决定于毒物的性质、浓度、作用时间等一系列的因素；④家畜饲料中添加的矿物质元素，动物吸收利用率极低，大部分随粪便等废弃物排出后污染水体，如目前在养猪业饲料中广泛使用的高铜和高锌。

各种不同性质的毒物污染水体后，可产生下列不良影响：第一是引起中毒。某些有毒物质如铅、砷、汞、氰化物、有机磷农药、氟等，具有较大的毒性，当其污染水

体后,往往能使饮用这种水的家畜发生中毒,并可影响鱼类生存。在一般情况下,毒物在水中的浓度不是很高的,因此由饮水而引起急性中毒的事例比较少见。但当水源经常受到污染时,水中较低含量的毒物可通过饮用而作用于畜体,往往能引起慢性中毒,如饮水铅中毒、砷中毒和氟中毒等。其次是恶化水的感官性状。有些毒物如酚类、石油等污染水体后,在一般浓度下虽对机体无直接毒害,但能使水发生异臭、异味,有颜色,泡沫层,油层等,妨碍水的正常使用。例如水被含酚废水污染后,便可产生特异的臭味而不宜饮用;当对此种水进行氯化消毒时,则可形成氯酚而产生强烈的臭味。此外,还妨碍水体的自净作用。如铜、锌、镍、铬等化学物质在水中能抑制微生物丛的生长和繁殖。而水中微生物丛能使水中有机物进行分解与氧化,因此这些化学物质会阻碍水的天然自净过程,从而影响水体的卫生状况。

5. 致癌物质的污染   某些化学物质具有致癌作用,常见的如砷、铬,镍、铍、苯胺、3,4-苯并芘及其他芳香烃等。水中的致癌性物质主要来自工业废水,如石油工业、颜料工业、化学工业、燃料工业等的废水。致癌物质在水体中有的还能在悬浮物、基底污泥和水生生物体内蓄积。关于致癌性物质污染水体后对人和动物健康引起的危害问题,已逐渐引起注意,但目前对癌瘤的发生与水因素的关系,尚未能做出肯定的结论,有待进一步研究。

6. 放射性物质的污染   天然水中放射性物质含量极微,在一般情况下对机体是无害的。但由于人为的污染,例如有人工放射性元素侵入水体时,就可使水中的放射性物质急剧增强,甚至可危害机体的健康。

水体被放射性物质污染后,对机体发生危害的程度,取决于水的放射比度、放射性物质的种类和有效半衰期,以及摄入量和时间长短等一系列因素。但在一般情况下,由于放射性物质在水体中的浓度是比较小的,对人和动物体所发生的影响也是缓慢的,因而不易被察觉到。为了避免对机体健康的危害,应采取有效措施防止放射性物质对水体的污染。

(二)污染的判定

如上所述,水受到外来污染后,原有的物理学、化学学、生物学特性会发生某些变化。我们根据这些变化,就可以判定水受到污染的情况。

1. 是否污染   可检查分析各项指标是否在原来的基础上突然有所提高,特别是氮化物、耗氧量和氯化物的提高。

2. 污染的性质   动物性有机物污染主要表现为氮化物、磷化物、氯化物、耗氧量增高,pH 值下降,非溶性固体物呈褐色。有些物理指标也会发生变化(如有相应的腥臭、腐败臭)。而植物性有机物污染主要是耗氧量增高,氮化物及氧化物增加不明显,并伴有沼泽臭及腐草臭。矿质毒物的污染,一般可直接检出。

3. 污染程度　可根据各指标的升降幅度来判定。动物性有机物严重污染水体后,因其分解过程消耗了大量的氧气,所以水的溶解氧含量下降,甚至使水处于乏氧状态。动物性有机物进行厌氧分解的结果,使水带有腐败臭气。

4. 污染时期　可分为初期、中期和末期。初期是蛋白质分解处在厌气状况下(氨化阶段),水质呈现酸性,耗氧量高,氨性氮含量明显,有臭气和较高的色度,透明度较低,大肠杆菌数高,水中病原微生物和蠕虫卵处在活跃和有感染力阶段,所以是不安全期。中期是好氧阶段的初期(硝化阶段),水质偏酸性,亚硝酸盐氮含量明显,耗氧量仍高,恶臭味,颜色稍下降,大肠菌群指数降低,水中病原微生物和蠕虫卵由于环境营养条件降低(有机物趋向无机化)而活力受到抑制,但仍具有相当感染力,这种水质还是不可靠的。末期,氮化物已进入硝化阶段的末期、硝酸盐氮明显增高,硫酸盐、总硬度(特别是重碳酸盐硬度)增高,水无特殊臭气,但常伴有一定味道,此时病原菌和寄生虫卵已失去感染能力,水的安全性增高。

5. 分解趋向　污水中有机物的生物氧化分解过程可分为两个阶段:第一阶段叫碳氧化阶段,也就是有机物中碳氧化为二氧化碳的过程。用简单的化学方程式表示为:

$$有机物 + O_2 \xrightarrow{\text{微生物}} CO_2 + H_2O + NH_3$$

第二阶段的氧化分解叫硝化阶段,主要是将 NH_3 氧化为亚硝酸盐和硝酸盐,可表示为:

$$2NH_3 + 3O_2 \longrightarrow 2HNO_2 + 2H_2O$$
$$2HNO_2 + O_2 \longrightarrow 2HNO_3$$

根据各污染指标的变化,特别是氮化物含量的升降,以及水中耗氧量、pH 值等的变化,来分析水是处在正常的无机化(自净)过程,还是处在反硝化过程。一般当 pH 值趋向中性,耗氧量降低,氨性氮及亚硝酸盐氮下降,而硝酸盐氮上升时,说明水是处在有机物向无机化分解期,水质会逐渐变得安全。反之,pH 值变低,耗氧量上升,说明水中缺乏溶解氧,是处在厌氧状态,如果硝酸盐氮下降,而亚硝酸盐氮及氨氮增加,而且没有新的外来污染的可能时,则认为此水是处在反硝化过程,说明水的品质已变坏;这可能是因为水体长期静止,微生物的活动使水中溶解氧被消耗掉以后出现的情况。处在反硝化状况的水体,一般自净能力已遭破坏,因而在卫生学上被认为是不安全的。

在进行污染关系的综合判定时,绝不应忽视水源的环境条件,如地形、土质以及周围环境状况等。因此,判定水质必须结合水源调查资料及微生物污染指标来综合判定。要特别着重水质的污染性质和时期两种表现。当发现动物性有机物污染的初期表现时,应认为是危险性大的水,有可能成为引起家畜各种传染病和寄生虫病的客观条件。

(三)水体污染的自净

水体受污染后由于自身的物理、化学和生物学等多种因素的综合作用,使水体在一定时间和条件下,逐渐消除污染以达净化,这个过程称为"水的自净"。水体自净是自然界的一个有利因素,对污水有自然净化的辅助作用。水的自净作用,一般有以下几个方面:

1. 混合稀释作用　污染物进入水体后,逐渐与净水混合稀释,从而使其浓度大为降低。有时可稀释到难以检出或不足以引起毒害作用的程度。

2. 沉降和逸散　污水进入水体后,其中存在的悬浮物质,因重力作用而逐渐下沉。悬浮物的比重越大,颗粒越大,越易在水中沉降,水流越慢;沉降也越快。通过沉降作用,也可使附着于悬浮物上的一部分细菌和寄生虫卵下沉,因而水质洁净度也得到改善,除通过重力沉降外,也可通过吸附沉降,即悬浮状态的污染物被水中的胶状颗粒、悬浮的固体微粒、浮游生物等所吸附,随之而沉降。滴滴涕和对硫磷有很明显的被吸附倾向。有的污染物,例如砷化物,易与水中的氧化铁、硫化物等结合而发生所谓"共沉淀"。溶解性物质也可以被生物体所吸收,在生物死亡后随残骸而沉降。

除沉降作用外,污染水体的一些挥发性物质在阳光和水流动等的作用下可逸散而进入大气。例如酚、金属汞、二甲基汞、硫化氢、氢氰酸等。

3. 日光照射　日光的主要作用是杀灭病菌。在清洁的水中,日光的杀菌作用可达十几厘米,但在混浊的水中,日光被水中的悬浮物所反射和吸收,杀菌作用减弱。日光照射还可提高水的温度,因此,可促进有机物的生化分解作用。

4. 微生物的分解作用　水中的有机物在微生物的作用下,进行着需氧或厌氧的分解,最终使复杂的有机物变为简单的最终产物。此种分解主要由于微生物的作用,故称为生物性降解。此外,水中有机物也可通过水解、氧化、还原等反应进行化学性降解。

微生物的分解作用与水中溶解氧的含量有很大关系。当水中溶解氧充足时,有机物在需氧细菌作用下进行氧化分解,使含有氮、碳、硫、磷等有机物分解为二氧化碳、硝酸盐、硫酸盐和磷酸盐等无机物,这些最终产物没有特殊的臭气,是稳定的,而且需氧分解进行得比较快。如果溶解氧不足时,则有机物在厌氧细菌作用下进行厌氧分解,形成硫化氢、氨、甲烷等化合物,并具有各种的臭气,而且厌氧过程进行得比较慢,因而从卫生学观点来看,需氧分解比厌氧分解好。为此,必须限制向水体中任意排放污水或其他有机性废弃物,使水中经常有足够的溶解氧,以防止发生厌氧性分解。

5. 水栖生物的拮抗作用　水栖生物的种类繁多,它们在水中的生活能力及生长速度是不同的,而且由于生存竞争彼此相互影响。进入水体的病原微生物常常受非病原微生物的拮抗作用而易于死亡或发生变异。此外,水中很多种原生动物能吞食很多细菌和寄生虫卵,如甲壳动物和轮虫,它们能吞食细菌、鞭毛虫以及有机碎屑。

6. 生物学转化及生物富集　某些污染物质进入水体后,可通过微生物的作用使物质转化。随着物质的转化,使其毒性增高或降低,水体污染的危害性也同时加重或减弱。生物学转化中最突出的例子是无机汞的转化,即汞的甲基化,其产物为具有剧烈毒性的一甲基汞(氯化甲基汞 CH_3HgCl 或碘化甲基汞 CH_3HgI)和二甲基汞(CH_3HgCH_3)。甲基化主要是由于水底底质中的厌氧性细菌活动的结果。

水体中的污染物被水生生物吸收后,可在体组织中浓集,又可通过食物链,浮游植物→浮游动物→贝、虾、小鱼→大鱼,逐渐提高生物组织内污染物的积累量。此种生物富集的结果,使生物体内的污染物浓度提高几倍到几十万倍。凡是脂溶性,进入机体内又难于异化的物质,都有在生物体内浓集的倾向,例如有机氯化合物(滴滴涕、聚氯联苯等)、甲基汞、多环芳香烃(致癌物质)等。

综上所述,通过水的自净过程,可使被污染的水体逐渐变为在卫生学上无害,它具体表现在以下几个方面:①有机物转变为无机物;②致病微生物死亡或发生变异;③寄生虫卵减少或失去其生活力而死亡;④毒物的浓度减低或对机体不发生危害。由此可知,水的自净具有重要的卫生意义,故可在进行污水净化及水源卫生防护中充分利用这一有利因素。但是,水体的自净能力是有一定限度的,如果无限制地向水体中排放污水,就会使水体的自净能力降低甚至丧失,造成严重污染。因而不能过分依赖水体的自净作用,必须执行污水排放的卫生规定,并要进行污水排放前的回收利用和初步净化处理,同时要做好水源卫生防护工作,防止其他污染物侵入。尤其是对低浓度的污染物,要注意研究它有无生物转化、浓集及食物链富集的可能性,以防止水体污染对家畜健康与生产力的不良影响。

六、土 壤 污 染

土壤的基本机能,是它具有肥力能提供植物生长发育所必需的水分、养分、空气和热能等条件,即可以生长作物等;另一个基本机能是可以分解物质。这两方面,构成了自然循环的重要环节。因而土壤是地球上生命活动不可缺少的生产场所,物质循环的重要承受者,它的机能健全与否直接影响作物的生长和产品质量,并通过产品影响人、畜的健康。

人们总是把土壤看作是处理废弃物的场所,将大量废弃物向土壤堆放和倾倒,使土壤成为污染的场所,这不仅是由于方便,还由于土壤本身具有较强的自净能力,可以缓和和减少污染的危害。

(一)粪便对土壤的污染

畜牧场对土壤的污染源主要是粪便,一是通过污染水源流经土壤造成水源污染型的土壤污染,二是空气中的恶臭有害气体降落到地面,造成大气污染型的土壤污染。畜舍或畜牧场附近由于经常有粪肥长年大量堆积或粪水渗透(特别是雨淋),其中的氮、磷、钾、氯等物质进入土壤,造成对土壤的污染。

氮以氨、酰胺和硝酸盐等三种形态进入土壤,经微生物转化最终都形成硝酸盐。硝酸盐在土壤中移动性不大,又可污染水,磷以磷酸盐形态存在于土壤,钾以无机态钾存在,磷和钾进入土壤大多富集在土壤表层。

氯来自尿,在土壤中有 40%～60%被植物吸收,其他氯离子不被土壤胶体所吸附,一般不会富集化污染土壤,而易污染水源,特别是沙质、沙壤土更应注意。一般来讲,在大型养猪场、养牛场、养鸡场附近水井中硝酸盐和氮含量较高,显然与家畜粪便污染有关。

粪便分解产生的恶臭气体大部分可在大气中扩散,其中一部分氨可以被植物吸收。通过空气对土壤的污染只是在雨淋过程中部分氨被溶解,随降水落在土壤表层造成的。

(二)土壤的生物学污染源

土壤的生物学污染源主要是家畜粪便中的病原微生物,特别是由于粪肥无菌处理不当,其中含有病原微生物和寄生虫卵,可在土壤中长期生存或继续繁殖,保存或扩大了传染源。试验证明有些病原微生物在粪池中或经过粪便处理后仍然能够生存。接种在牛粪池中的都柏林沙门氏菌(*Salmonella dublin*)可以生存 5～8 个月。猪粪中大肠埃希氏菌及都柏林沙门氏菌在好气性处理时,淤积于池底的絮状凝块中。但粪液经过 2～4 周的储存后,病原微生物的数量即大大下降。试验用含有都柏林沙门氏菌的粪液污染牧草的不同部位和土壤,观察其存活的时间,发现在牧草上部只能生存 10 d,在下部可生存 18 d,而在土壤中可生存 84 d。另一项试验,用每毫升含 100 万个都柏林沙门氏菌的粪液,污染牧草 18 h,进行持续 5 d 的放牧,在试验的 6 头犊牛中,2/3 在 7 d 内排出都柏林沙门氏菌。

由此可知,病原微生物可以在粪便中生存,并通过牧草和土壤而感染家畜。如果要减少这种感染,须注意粪液最少要经 4 周的储存,即将粪液施到草地上,4 周内不应放牧。

　　一般说来,粪便中引起家畜发病的病毒经过堆肥和沤肥处理后,即失去其致病力,但有些病仍可经过施肥而造成感染。属于此类的如口蹄疫与猪水疱病等病毒,即使经过污水处理,仍然可以在流出液中发现。因此患过这类传染病的家畜粪便,或者深埋,或者通过堆肥经过较长时间腐熟后,再施用到家畜接触不到的土地上去。

(三)工业废水

　　工业废水直接排入土壤可使土壤污染,有害物质浓度加大,其中主要是重金属元素,如镉、铜、锌等,含铅、砷、汞等重金属的农药、有机氯农药等,这些物质分解缓慢,沉积于土壤表层,被作物吸收直接影响作物生长,亦可残留于作物,后达于人、畜体内影响健康。美国曾有 54 匹马因吃了在受铅污染的土壤中生长的燕麦而中毒死亡的报道。

　　有机氯农药滴滴涕,其化学性质稳定,脂溶性强,与酶和蛋白质有较高的亲和力,不易排出体外,而造成危害。如用含 $5.0 \, mg/m^3$ 滴滴涕的饲料喂乳牛,1 个月后牛奶中滴滴涕含量可达 $0.2 \, mg/m^3$。施用化肥硝酸盐,可使饲料作物中积累大量硝酸盐成分,家畜采食后,特别是在反刍动物的瘤胃中,将其还原为亚硝酸盐,干扰血液中氧的循环,使牛、羊致病,重者致死。

　　总之,土壤污染是水和大气污染的必然结果,它们之间互相联系,互相制约。污染物质在水、气、土之间迁移、循环,同时也不断被净化。

(四)土壤的自净作用

　　土壤受到污染后,由于其机械、化学及生物作用使病原体死灭,有机物被分解成卫生学上无害且能被植物利用的简单化合物,这就是土壤的自净作用。

　　病原微生物进入土壤后,受太阳辐射的影响、不适宜的生存环境条件、微生物间的拮抗作用和噬菌体的作用等都会使之逐渐死亡。只有蠕虫卵在土壤中有较强的抵抗力;其在土壤中死亡的因素主要是干燥、温度和日光,据观察,蛔虫卵在一般情况下经 1 年左右才死亡。

　　进入土壤中的有机化合物主要是含氮及碳氢化合物。含氮化合物在微生物作用下,形成铵盐化合物,以常见的尿素为例,其反应过程为 $(NH_2)_2CO + 2H_2O \longrightarrow (NH_4)_2CO_3$。如土壤为有氧环境,有机物分解过程继续进行,最终氧化成 CO_2 和水,如氧气少时,分解产物除氨外,尚有一些恶臭物质,如硫化氢、硫醇、芳香族化合物(吲哚、间甲基氮茚)等,有机物中的硫,最终可转化成硫酸盐,硫酸等。碳氢化合物在厌氧环境中形成甲烷,氢和二氧化碳,而在有氧条件下形成 CO_2 和水,特别是土壤通气性良好时,这种转化速度较快。土壤中有机质除被无机化外,还可被腐殖化而形成腐殖质。腐殖质是一组复杂的高分子物质,含有木质胶、蛋白质、碳水化合物、脂肪及有机酸等,并不放散臭气,不招引苍蝇,其中致病菌及蠕虫卵已杀灭。腐殖质在农业上是一种肥料,并可造成有结构的土壤,改善土壤的物理性状,有助于土壤自净。

总之,土壤的自净过程比较缓慢、复杂。进入土壤后的废弃物被土壤的胶体所吸附,进行缓慢的自然降解,污浊的地表水通过土壤这个筛子式的过滤器,可以变为较清洁的地下水,或者由于土壤中的大量微生物,对污染物进行分解等。污染物由于土壤的这些综合作用变为无机物而成无害状态,这就标志着土壤的自净过程基本完成。

第三节 畜牧生产废弃物的处理和利用

畜牧生产的废弃物主要有粪便、污水,畜产品加工副产品等。对其防治和处理的基本原则是:畜牧生产过程作到污染物的减量化,处理污染物的过程作到无害化,处理后的物料实现资源化。畜牧生产所有的废弃物不能随意弃置,使恶臭远逸,蚊蝇漫飞,也不可弃之于土壤、河道而污染周围环境,必须加以适当的处理,合理地利用,化害为利,并尽可能在场内解决。

一、粪便的处理与利用

畜牧场最主要的废弃物是粪便,如能妥善处理好粪便,也就解决了畜牧场环境保护中的主要问题。各种家畜生产过程中产生的粪便的数量因畜体大小、饲养方式等不同而异,大致数量如表 8-7 所示。家畜粪便中含有大量的可再利用的物质,家畜的粪尿平均含有约 25% 的有机质,其中全氮(N)平均 0.55%,全磷(P_2O_5)0.22%,全钾(K_2O)0.6% 左右。总的来说,禽粪比哺乳动物粪含有较多的氮、磷、钾。各种家畜粪便的肥分含量、化学组成和氨基酸含量见表 8-8。

各种家畜的粪便由于管理方式、饲料成分,家畜类型、品种与年龄的不同,其所含的氮、磷、钾量也有很大差异。禽粪中氮磷含量几乎相等,钾稍偏低,其中氮素以尿酸形态为主,尿酸盐不能直接为作物吸收利用,且对农作物根系生长有害,因此须腐熟后才能施用,但尿酸态氮易分解,如保管不当,经 2 个月,氮素几乎损失50%。

在猪与牛的粪便中,大约只有 2/3 的氮与 1/2 的磷,在家禽的粪便中只有 1/5

的氮与 1/2 的磷,能够直接为作物所利用。其余的部分为复杂的有机物,在一个相当长的时期内,为土壤中的微生物分解后才能逐渐被作物所利用,因而其肥效长,其中所含的钾可以全部为作物直接利用。

表 8-7　各种家畜的粪尿产量(鲜量)

种类	体重(kg)	每头(只)每天排泄量(kg)			每头每年排泄量(t)		
		粪量	尿量	粪尿合计	粪量	尿量	粪尿合计
泌乳牛	555~600(550)	30~50(40.0)	15~25(20.0)	45~75(60.0)	14.6	7.3	21.9
成牛	400~600(500)	20~35(27.5)	10~17(13.5)	30~52(41.0)	10.6	4.9	15.5
育成牛	200~300(250)	10~20(15.0)	5~10(7.5)	15~30(22.5)	5.5	2.7	8.2
犊牛	100~200(150)	3~7(5.0)	2~5(3.5)	5~12(8.5)	1.8	1.3	3.1
肉猪(大)	90	2.3~3.2(2.7)	3.0~7.0(5.0)	5.3~10.2(7.7)	1.0	1.8	2.8
肉猪(中)	60	1.9~2.7(2.3)	2.0~5.0(3.5)	3.9~7.7(5.8)	0.8	1.3	2.1
肉猪(小)	30	1.1~1.6(1.3)	1.0~3.0(2.0)	2.1~4.6(3.3)	0.5	0.7	1.2
繁殖猪(母)	160~300(230)	2.1~2.8(2.4)	4.0~7.0(5.5)	6.1~9.8(7.9)	0.9	2.0	2.9
繁殖猪(哺乳期)	—	2.5~4.2(2.8)	4.0~7.0(5.5)	6.5~11.2(8.8)	1.2	2.0	3.2
繁殖猪(公)	200~300(250)	2.0~3.0(2.5)	4.0~7.0(5.5)	6.0~10.0(8.0)	0.9	2.0	2.9
产蛋鸡	1.4~1.8(1.6)	0.14~0.16(0.15)		0.14~0.16(0.15)	55(kg)		55(kg)
肉用仔鸡	0.04~2.8(1.4)		(0.13)	(0.13)	到10周龄 9.0 kg		

表 8-8　家畜粪便肥分含量　　　　　　　　　　　　%

项目	猪粪	羊粪	马粪	牛粪	鸡粪
含水量	72.23	64.4	71.3	84.75	50.20~80.78
全氮(N)	1.05~2.96	1.22~2.35	0.66~1.22	0.47~0.84	1.06~1.91
全磷(P_2O_5)	0.40~0.49	0.18	0.08	0.18~0.22	0.42~0.97
全钾(K_2O)	0.39~2.08	2.13	2.07	0.20~2.00	0.09~1.36
有机质	25	31.8	25.4	12.35	14.43~35.15
可溶性碳	1.91	—	—	1.28	1.58~1.60

家畜的粪便通过土壤、水和大气的理化及生物作用,其中的微生物可被杀死,并使各种有机物逐渐分解,变成植物可以吸收利用的状态,并通过动、植物的同化和异化作用,重新转化为构成动、植物体的糖类、蛋白质和脂肪等。换言之,在自然界的能量流动过程中,粪便经过土壤作物的作用可再度转变为饲料,成为家畜的食物。这种农牧结合,互相促进的处理办法,不仅是处理家畜粪便的基本途径,也是保

护环境,维护农业生态系统平衡的主要手段。

家畜的粪便由于饲养管理方式及设备等的不同,废弃物的形式也不同,可为纯粪尿、粪液或污水,因而处理的方法也应有所不同。目前国内外最主要处理利用方式,仍然是无害化处理后作为肥料供给作物、果蔬与牧草所必需的各种养分,同时亦可改良土壤。在我国,家畜的粪尿几乎全部施于农田,在英国,家畜粪便的85%~90%也用做肥料。把厩肥施于农田或牧地,是一种能够大量处理粪便的最经济而有效的方法。此外,粪便尚可做燃料或饲料使用。

在处理家畜的粪便、粪液或畜牧场污水方面,近些年来已经摸索了不少物理、化学、生物学及其综合处理的方法,这可以用各种高效率的设备,系统地处理畜牧场的废弃物以达到净化的目的,并使这些废弃物做到物尽其用,在场内解决,有效地防止其对人、畜健康造成的危害及对环境可能形成的污染。

妥善处理粪便主要从规划畜牧场,用做肥料、燃料、饲料等方面进行。

(一)畜牧生产过程减量化——合理规划畜牧场

合理规划畜牧场和畜牧场建筑物的合理布局是搞好环境保护的先决条件,否则,不仅会影响日后生产,并且会使畜牧场的环境条件恶化,或者为了保护环境而付出很高的代价。

为了在一个地区内合理地设置畜牧场的数量和饲养家畜的头数,使其废弃物尽可能地在本地区加以处理和利用,这就要根据所产废弃物的数量(主要是粪尿量)及土地面积的大小,规划各个畜牧场的规模,并使之科学、合理、较均匀地在本地区内布置,并设置相应的处理设备和设施。

一个农牧结合的畜牧场要处理好它与外界的关系:第一,家畜所产的粪便尽可能施用于本场土地,以减少外购化肥量;第二,收获的作物及牧草解决本场所需的大部分饲料,以减少外购饲料。这样既利于生产经营,也利于防止污染。例如,欧美不少国家规定,每饲养 30 头存栏猪必须有 1 hm² 土地,前苏联也有类似规定,以此来控制牧场规模和使畜牧业合理布局,并促进农牧结合,防止环境污染。

对一个非农牧结合的畜牧场,场内地面有限,为妥善地处理粪肥,在规划畜牧场时,必须根据具体情况作以下的各种选择:①与附近农业生产单位订立合同,全部运送交付给该单位使用;②建造沼气池;③安装处理粪液或污水的全套设备。粪液经后两者的处理,即经过微生物作用后,仍可做肥料使用。

采用合理的畜牧场生产工艺、科学地设计畜牧场建筑及设施、配套选用相应的饲养管理、环境调控和粪污处理利用设备,是做到牧场废弃物减量化的根本措施。如采用粪便和尿、污水分离的"干清粪"工艺、设置雨水和污水分流的排污管网、采用可对空气进行加热降温过滤消毒的正压通风系统、建设能使固体粪污完全腐熟并无害化的高温堆肥设备等,可有效地减少粪便、污水、恶臭、病原微生物等污染物。

(二)处理过程无害化——用做肥料

1. 土地还原法　把家畜粪尿作为肥料直接施入农田的方法称为"土地还原法"。

家畜粪尿不仅供给作物营养,还含有许多微量元素,能增加土壤中有机质含量,促进土壤微生物繁殖,改良土壤结构,提高肥力,从而使作物有可能获得高而稳定的产量。含有的微量元素如硼 20 mg/m³、锰 410 mg/m³、锌 120 mg/m³、钴 60 mg/m³等,其他成分见表 8-8 至表 8-10。

表 8-9　几种家畜粪便的化学成分　　　　　　　　　　　　%

项目	鸡 粪			猪粪	牛粪
	平均	笼养蛋鸡粪	肉仔鸡粪＋垫料		
粗蛋白	33.5	27	31~32	19	12.9
粗纤维	10	14.9	15	18	33.1
粗脂肪	2.4	1.8	2.8	5	1.0
无氮浸出物	22.5	35.5	32	41	47.8
灰分	26	26.5	18	17	5.2

表 8-10　不同处理的猪粪中氨基酸含量(为干物的%)

种类	新鲜猪粪	氧化池混合液	氧化池混合液
色氨酸	0.81	1.48	1.66
赖氨酸	0.60	1.42	1.60
精氨酸	0.44	1.28	1.42
苏氨酸	0.53	1.96	1.22
蛋氨酸	—	0.77	0.60
异亮氨酸	0.52	1.49	1.54
亮氨酸	0.92	2.79	2.13

土壤容纳和净化家畜粪便的潜力是很大的,有试验表明,即使每 666.7 m² 施放含氮量最高的禽粪 41 t,然后用犁耕,翻到地里,也未形成散发恶臭或招引苍蝇等问题。根据日本神奈川县农业试验场的报道,在 1 000.05 m² 土地上施新鲜牛粪 30 t(或新鲜猪粪尿 5 t 或新鲜鸡粪 2 t),采取条施或全面撒施,栽培饲料作物或蔬菜,结果都比标准化肥区增产,而且对土地无不良影响。粪便利用此种方法作为肥料时,应注意:一是无论用何种方法施用,均要在粪便施入土地后经过耕翻,使鲜粪尿在土壤中分解,不会造成污染,不会散发恶臭也不致招引苍蝇;二是家畜排出的新鲜粪尿须及时施用,否则应妥善堆放。

2. 腐熟堆肥法　是通过控制粪便的水分、酸碱度、碳氮比、空气、温度等各种环境条件,利用好气微生物分解家畜粪便及垫草中各种有机物,并使之达到矿质化和腐殖化的过程。此法可释放出速效性养分并造成高温环境(可达 60~70℃),能杀灭病原微生物、寄生虫卵等,与制沼气等厌氧发酵相比,较少产生臭气,最终生成无害的腐殖质类的肥料,可用做基肥和追肥,通常其施用量可比新鲜粪尿多 4~5 倍。高温堆肥的基本条件是通风供氧、控制水分和碳氮比,一般是在鲜粪(含水率70%以上)加入干燥含碳高的调理剂(秸秆、草炭、锯末、稻壳等),一是可调整水分,二是调节碳氮比,三是提高物料的空隙率,有利通风供氧。

粪肥腐熟过程要经过生粪→半腐熟→腐熟→过劲 4 个阶段,即粪肥中有机物质在微生物作用下进行矿质化和腐殖化的过程。矿质化是微生物将有机质变成无机养分的过程,也就是有速效养分的释放,腐殖化则是有机物再合成腐殖质的过程,也即是粪肥熟化的标志。

粪肥腐熟过程中微生物群落多而复杂,以好气腐生菌占多数,不同家畜粪便的微生物群落有较大的差异,猪粪以氮化细菌多,有机磷分解菌次之,反硝化菌和纤维分解菌较少,硝化细菌更少,马、牛粪亦不同,马粪中含大量高温纤维素分解菌,牛粪则没有,因此,马粪是热性肥料,牛粪则是凉性肥料。各种家畜粪肥种类不同,但所含有机物主要是碳水化合物和含氮化合物,它们的分解过程如下:

(1)碳水化合物。在有氧条件下,大部分分解为二氧化碳和水,并释放大量热能,而在无氧条件下,则大部分分解成甲烷、有机酸和各种醇类,并有少量二氧化碳。

(2)含氮化合物。主要是蛋白质在酶作用下分解成多肽、酰胺、氨基酸,氨基酸分解时产生氨,在有氧条件下进一步经硝化细菌氧化成硝酸,此作用都发生在堆肥的外层,于是使粪肥达矿质化,在堆肥内部由于水分过多或压紧形成局部厌氧条件,几乎没有硝酸盐产生,有机质变成腐殖质。所以此时粪肥既有大量速效氮被释放,能闻到臭味,又有腐烂黑色的腐殖质,这表明粪肥已腐熟,其腐熟度比较高。家畜尿中的含氮物质主要为尿素、尿酸等,其中以尿素分解速度最快,2 d 即可完全分解,尿酸次之,马尿酸最慢,24 d 只分解其全氮的 23%。

一般来说,粪便堆腐初期,温度由低向高发展。低于 50℃为中温阶段,堆肥内以中温微生物为主,主要分解水溶性有机物和蛋白质等含氮化合物。堆肥温度高于50℃时为高温阶段,此时以高温好热纤维素分解菌分解半纤维素,纤维素等复杂碳水化合物为主。高温期后,堆肥温度下降到 50℃以下,以中温微生物为主,腐殖化过程占优势,含氮化合物继续进行氨化作用,这时应采取盖土、泥封等保肥措施,防止养分损失。

腐熟堆肥初期应保持好气环境,加速粪肥的氨化、硝化作用进行,后期使堆内部分产生嫌气条件,以利于提高腐殖化和氨的保存。堆肥温度由低→中→高,在65℃时纤维素、半纤维素分解最快,如在堆肥中加入一定比例马粪,可加速有机质腐熟,水分保持在40%以上较适宜,如粪肥料太少或水分超过75%,或在寒冷季节,温度偏低,分解作用非常缓慢。一般堆肥的酸碱度不用调节,鲜牛粪的pH值为7左右,腐熟变化初期升到9.5左右,腐熟完成后又回降到7.5左右。

堆肥中微生物的生长需要有碳,其蛋白质的合成需要有氮,平均每利用30份碳需1份氮。适宜的堆肥物料碳氮比为26∶1～35∶1。碳氮比大于35,则分解效率低,需时长,低于26,则过剩氮会转变成氨逸散于大气而损失。各种畜粪的碳氮比大致为:猪粪7.14∶1～13.4∶1,羊粪为12.3∶1,牛粪为21.5∶1。

我国利用腐熟堆肥法处理家畜粪尿非常普遍,并有很丰富的经验,一般为传统的自然堆腐法,即将家畜粪便及垫料等清除至舍外单独设置的堆肥场地上,堆成条垛或圆堆,定期翻堆、倒垛,以通风供氧,控制堆温不致过高,如在平地铺秸秆、将玉米秸捆或带小孔的竹竿在堆肥过程中插入粪堆,向堆内提供氧气,则可提高腐熟效率和肥料质量。经4～5 d即可使堆肥内温度升高至60～70℃,2周即可达均匀分解,充分腐熟的目的。近些年,我国已普遍推广粪便与磷肥混合堆腐的方法。这种方法首先有增磷作用,其次有保磷及保氮作用,此外尚有一定解磷作用。

粪便经腐熟处理后,其无害化程度通常用两项指标来评定:①肥料质量。外观呈暗褐色,松软无臭。如测定其中总氮、磷和钾的含量,肥效好的,速效氮有所增加,总氮和磷、钾不应过多减少;②卫生指标。首先是观察苍蝇滋生情况,如成蝇的密度、蝇蛆死亡率和蝇蛹羽化率,其次是大肠杆菌值及蛔虫卵死亡率,此外尚需定期检查堆肥的温度(表8-11)。

表 8-11　高温堆肥法卫生评价标准(建议)

编号	项目	卫生标准
1	堆肥湿度	最高堆温达 50～55℃以上持续 5～7 d
2	蛔虫卵死亡率	95%～100%
3	大肠菌值	10^{-2}～10^{-1}
4	苍蝇	有效地控制苍蝇滋生

现代的人工堆肥,原理与自然堆腐相同,只是采用设施和设备更好地提供了堆肥所需的各种条件,使腐熟更快、效果更好。堆肥设施和设备多种多样,我国自行研制生产和外商经销的有槽式发酵机、发酵塔、发酵滚筒等,一般均可做到6 d基本完成有机物降解的腐熟过程,不会再产生臭气,继续堆放20 d左右可完成降解产

物的矿化、腐殖化过程,形成高效活性有机肥,不仅为植物提供肥分,为土壤提供有机质,其中活的微生物也对土壤改良、净化和促进植物生长有不可替代的重要作用。我国不少畜牧场已设置了堆肥设备,生产的有机肥是牧场的重要经济效益来源。

(三)处理后的物料资源化

1. 利用家畜粪便生产高效有机复合肥料的开发　家畜粪便富含 N、P、K 及多种微量元素,但畜粪含水量大,施用不方便,养分含量不平衡,农作物利用效率低。随着我国畜牧业规模化、集约化饲养水平的提高,家畜粪便的污染日益严重,而目前农作物大量使用化肥,造成土壤板结,盐碱化程度提高,有机质含量下降,而利用家畜粪便生产的高效有机复合肥料,适应了农业的可持续发展和绿色产品的要求,同时为畜牧业生产提高了附加值和经济效益。可根据当地土壤中 N、P、K 等多种微量元素的含量,以及不同植物在不同时期的营养需要,添加适当的补充成分,生产全价有机复合肥料,其工艺流程见图 8-1。

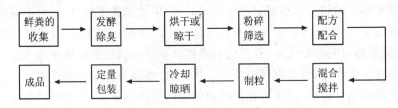

图 8-1　高效有机复合肥料工艺流程

(1)干燥。可采用机械烘干,高温 320℃ 瞬间干燥,如果温度过高会增加氮的损失,温度过低会延长烘干时间,不利于配合,因此以 320℃ 氮损失最少,也可自然晾晒干燥。

(2)粉碎。以 5～6 mm 网筛粉碎最好。过细易造成堵机,过粗不利于配合。

(3)配合。生产全价配方复合肥应根据以下几点综合考虑添加物的用量:①根据各种作物及花卉的需用肥特性配合;②根据土壤及其理化特性配合;③根据各种有机、无机肥料的特性配合;④根据作物所需微量元素的特性配合;⑤根据作物不同生长阶段及生育期配合;⑥微生物肥料的配合;⑦根据各种肥料的黏合度及色泽配合。

(4)混合搅拌。可采用双轴立式或卧式搅拌机,搅拌时间 2′30″ 或按机组要求进行,转速为 60～70 r/min。

(5)制粒。目前常采用的制粒方法主要有以下三种:挤压制粒、双辊制粒和圆盘制粒。制粒的关键是控制加水量和均匀度,以物料的干湿和尿素加量的多少而定,三种制粒方法一般加水量在 4%～5%,水加量过多,制粒速度快,硬度差,粹料多,成形度不好。加水量过少,影响制粒速度或无法制粒。

(6)冷却或晾晒。冷却应采用逆风式冷却,以提高冷却效果,也可采用自然晾晒。

2. 粪便的生物能利用　饲料是具有能量的有机物,这些潜在于饲料中的能量被微生物分解而释放,叫"生物能",家畜采食饲料后,可利用其中能量的 49%～62%,以维持生命活动,进行生产等,其余的部分随粪尿排出。利用家畜粪便与其他有机废弃物混合,在一定条件下进行厌气发酵而产生沼气,可作为燃料或供照明,以回收一部分生物能。试验结果,2 头肉牛或 3 头奶牛或 16 头肥猪或 330 只鸡的 1 d 粪便所产生的能量相当 1 L 汽油。

利用畜粪生产沼气回收能量,需要一定的投资,但沼气发酵残渣液中有大量的氨态氮,可做肥料、饲料等,其进行综合利用的价值,可能超过沼气所得。将粪便沼气发酵从单纯的能源利用转入综合利用也是解决环境污染,建立新的生态平衡,整体性良性循环的农业生产体系的发展方向。

(1)沼气的生产。沼气是一种无色,略带臭味的混合气体,可以与氧混合进行燃烧,并产生大量热能,每立方米沼气的发热量为 20～27 MJ。沼气的主要成分是一种简单的碳氢化合物,甲烷(CH_4)占总体积的 60%～76%,二氧化碳占 25%～40%,还含有少量的氧、氢、一氧化碳、硫化氢等气体。1 份甲烷与 2 份氧气混合燃烧,可产生大量热能,甲烷燃烧时最高温度可达 1 400℃。空气中甲烷含量达25%～30%时,对人、畜有一定麻醉作用。如在理想状态下,10 kg 的干燥有机物能产生 3 m³的气体,这些气体能提供 3 h 的炊煮,3 h 照明或供适当的冷冻设备工作 10 h。

甲烷的生产是一个复杂的过程,有若干种厌氧菌混合参与该反应过程。在发酵的初期,粪尿等含有的丰富有机物在氧气不足的环境中,可被沼气池中的厌气性菌分解,其过程大体上分为两个阶段:第一阶段为成酸阶段,由成酸细菌将碳水化合物、多糖、蛋白质等三类化合物分解成短链脂肪酸(乙酸、乳酸、丙酸)、氨气和二氧化碳;第二阶段是沼气和二氧化碳的生成过程。粪便厌气发酵生产沼气过程的主要反应为:

$$CH_3COOH \longrightarrow CH_4 + CO_2$$
$$CO_2 + 4H_2 \longrightarrow CH_4 + 2H_2O$$
$$4CH_3CH_2COOH + 2H_2O \longrightarrow 4CH_3COOH + CO_2 + 3CH_4$$

大约有 60%的碳素转为沼气,从水中冒出,积累到一定程度后产生压力,通过管道即可使用。

　　使粪便产生沼气的条件,首先是保持无氧环境。可以建造四壁不透气的沼气池,上面加盖密封;其次是需要充足的有机物,以保证沼气菌等各种微生物正常生长和大量繁殖,一般认为每立方米发酵池容积,每天加入 1.6~4.8 kg 固形物为适;第三是有机物中碳氮比适当,在发酵原料中,碳氮比一般以 25：1 时产气系数较高,这一点在进料时须注意,适当搭配、综合进料;第四是沼气菌的活动温度以35℃最活跃,因而此时产气快且多,发酵期约为 1 个月,如池温在 15℃时,则产生沼气少而慢,发酵期约为 1 年,沼气菌生存温度范围为 8~70℃;第五是沼气池保持在 pH 值为 6.4~7.2 时产气量最高,酸碱度可用 pH 值试纸测试。一般情况下发酵液可能过酸,可用石灰水或草木灰中和。总之,大规模甲烷生产就要对发酵过程中的温度、pH 值、湿度、振荡、发酵原料的输入及输出和平衡等参数进行严格控制和需要较高深的生物技术,才能获得最大的甲烷生产量。

　　家畜粪便的产气速度,以猪粪较快,牛粪次之(表 8-12),猪粪每吨干物质产沼气量为 600 m³,其中甲烷含量约 55％。发酵连续时间一般为 10~20 d,然后清除废料。在发酵时粪便应进行稀释,稀释不足会增加有害气体(如氨等)或积聚有机酸而抑制发酵,过稀耗水量增加并增大发酵池容积。通常发酵池干物质与水的比例以1：10为宜。在发酵过程中,对发酵液进行搅拌,能大大促进发酵过程,增加能量回收率和缩短发酵时间,搅拌可连续或间歇进行。

表 8-12　猪、牛粪的产气速度(占总产气量的％)

类别	时间(d)			
	0~15	15~45	45~75	75~135
猪粪	19.6	13.8	25.5	23.1
牛粪	11.0	33.8	20.9	34.3

　　(2)沼气发酵残渣的综合利用。家畜粪便经沼气发酵,其残渣中约 95％的寄生虫卵被杀死,钩端螺旋体、福氏痢疾杆菌、大肠杆菌全部或大部被杀死。同时残渣中还保留了大部分养分。养分的多少取决于粪便的组成,如粪便中碳水化合物分解成甲烷逸出,蛋白质虽经降解,但又重新合成微生物蛋白,使蛋白质含量增加,其中必需氨基酸也有所增加,如鸡粪在沼气发酵前蛋白质(占干物质％)为 16.08％,蛋氨酸为 0.104％,经发酵后前者为 36.89％,后者为 0.715％,使氨基酸营养更为平衡。因而畜粪经沼气发酵既回收了能量,减少了疾病的传播,还可做饲料、肥料等进行多层次的利用。

　　沼气发酵残渣做反刍家畜饲料效果良好,对猪如长期饲喂还能增强其对粗饲料的消化能力。可直接做鱼的饵料,同时还可促进水中浮游生物的繁殖,从而增加了鱼饵,可使淡水养鱼增产 25%～50%。发酵残渣还可做蚯蚓的饲料。

畜粪发酵分解后,约 60% 的碳素转变为沼气,而氮素损失很少,且转化为速效养分,因而肥效高。如鸡粪经发酵产气后,固形物还剩下 50%,这种废液呈黑黏稠状,无臭味,不招苍蝇,施于农田肥效良好。沼渣中尚含有植物生长素类物质,可使农作物和果树增产,沼渣还可做化肥,做食用菌培养料,增产效果亦佳。

二、粪水与污水的处理

由于地区及饲养方式的不同,牧场污水的性质也有差别。我国大型畜牧场由于密集饲养,家畜数量多,清粪方式一般分为三种:干法清粪(粪与尿、水分离)、水泡粪和水冲清粪。无论哪一种方式,畜牧场每日排出的污水量都很大。如 1 头成年牛每天的粪尿排泄量约为 31 kg,冲刷用水为其 2 倍,再加上其他污水,则 500 头成年牛的牛场,每天产生 46 t 含粪量很高的污水,不作处理,任意排放,会污染环境,如对其进行一定处理,除减少对环境的污染外,再循环使用,尚可节约用水和节省开支。

处理粪水或污水的方法,一般均须先经物理处理(机械处理),再进行生物处理,然后排放或循环使用。

(一)物理处理

用沉淀、分离等方法进行固液分离。

沉淀法可将粪水中的大部分固形物除去,其原理是利用重力作用,比重大于水的固形物逐渐下沉与水分离,这是一种净化粪水的有效手段。据报道,将鸡粪或牛粪以 3:1 或 10:1 的比例用水稀释,放置 24 h 后,其中 80%～90% 的固形物沉淀下来。牛粪用水(10:1)稀释,在 24 h 沉淀下来的固形物中的 90% 是头 10 min 沉淀的。猪粪用水(20:1)稀释后,静置 1 h,总固形物的 50% 可沉淀出来,其中 20% 是头 1 min 沉淀下来的,把 1 h 内沉淀的固形物去掉后,就能去掉原含氮素与磷的 40%,经 9 h 的沉淀,能去掉生化需氧量的 60%。这些试验结果表明,沉淀可以在较短的时间去掉高比例的可沉淀固形物。污水中的固形物一般只占 1/5～1/6,将这些固形物分出后,一般能成堆,便于储存,可做堆肥处理。即使施于农田,也无难闻的气味,剩下的是稀薄的液体,水泵易于抽送,并可延长水泵的使用年限。

液体中的有机物含量下降,可用于灌溉农田或排入鱼塘。如粪水中有机物含量仍高,有条件时,可再进行生物处理,经沉淀后澄清的水减轻了生物降解的负担,便于下一步处理。沉淀一段时间后,在沉淀池的底部,会有一些直径小于 10 μm 的较细小的固形颗粒沉降而成淤泥。这些淤泥无法过筛,可以用沥水柜再沥去一部分水。沥水柜底部的孔径为 50 mm 的焊接金属网,上面铺以草捆,淤泥在此柜沥干需1~2 周,剩下的固形物也可以堆起,便于储存和运输。粪水沉淀池可采用平流式或竖流式两种。

(1)平流式沉淀池是长方形,粪水在池一端的进水管流入池中,经挡板后,水流以水平方向流过池子,粪便颗粒沉于池底,澄清的水再从位于池另一端的出水口流出。池底呈 1‰~2‰坡度,前部设一个粪斗,沉淀于池底的固形物可用刮板刮到粪斗内,然后将其提升到地面堆积。

(2)竖流式沉淀池为圆或方形,粪水从池内中心管下部流入池内,经挡板后,水流向上,粪便颗粒沉淀的速度大于上升水流速度,则沉落于池底的粪斗中,清水由池周的出口流出。这种沉淀池处理粪水的方法,在我国目前各类型畜牧场中可采用。

国外许多畜牧场多使用分离机,将粪便固形物与液体分离。对分离机的要求是:粪水可直接流入进料口,筛孔不易堵塞,省电,管理简便,易于维修,能长期正常运转。

(二)生物处理

是利用污水中微生物的作用来分解其中的有机物,使水质达到排放要求。高浓度的有机废水必须先行酸化水解厌氧处理之后方可进行好氧或其他处理。

1. 稳定塘　稳定塘(stabilization pond)源于早期的氧化塘,故又称氧化塘。指污水中的污染物在池塘处理过程中反应速率和去除效果达到稳定的水平。稳定塘是粪液的一种简单易行的生物处理方法,可用于各种规模的畜牧场。稳定塘工程是在科学理论基础上建立的技术系统,是人工强化措施和自然净化功能相结合的新型净化技术,与原始的氧化塘技术相比,已发生根本性的变化。第一座人工设计的厌氧稳定塘是于 1940 年在澳大利亚的一处废水处理厂中建成的,目前全世界采用生物稳定塘处理污废水的共有 40 多个国家。到 1988 年止,我国已建成 85 座稳定塘,每天处理污水总量 170 万 t,占全国污水排放量的 2%,其中城市污水处理塘 49座,其他为处理工业有机废水塘。

稳定塘可以划分为兼性塘、厌氧塘、好氧高效塘、精制塘、曝气塘等。其去污原理是污水或废水进入塘内后,在细菌、藻类等多种生物的作用下发生物质转化反应,如分解反应、硝化反应和光合反应等,达到降低有机污染成分的目的。稳定塘的深度从十几厘米至数米,水力停留时间一般不超过 2 个月,能较好地去除有机污染成分(表 8-13)。通常是将数个稳定塘结合起来使用,作为污水的一、二级处理。稳定塘法处理污水、废水的最大特点是所需技术难度低、操作简便、维持运行费用少,但占地面积大是推广稳定塘技术的一大困难。

表 8-13　稳定塘的去污效果比较

参数项	好氧塘	兼性塘	厌氧塘	曝气兼性塘
塘深(m)	10.15～0.5	0.9～2.4	2.4～3.0	1.8～4.5
BOD 负荷(g/m³)	11.2～22.4	2.2～5.6	35.6～56.0	3.4～11.2
BOD 去除率(%)	80～95	75～95	50～70	60～80
停留时间(d)	2～3	7～50	30～50	7～20

(1)曝气塘。是利用曝气机将氧气充入生物塘,使粪便中好气微生物生长,繁殖,对其中有机物进行分解。生物塘的池深一般为 3～4 m,池面上设置曝气机,曝气机运转时充气并与塘水混合,因此可使氧气遍布塘内,但较重的固体物仍沉积于塘底,进行厌气分解。曝气机的设置位置有几种。一种是浮在水面上的曝气机,从塘中抽水向四周喷水携氧入水内,也可由曝气机的顶端抽气,然后喷气入池的中层;另一种是在池的一侧安装空气压缩机,将空气压入池底的扩散管中,从管上孔眼充氧入池。这几种设备都是在充气的同时使水混合,后两种即使在冰冻时仍适用。充气塘的深度至少 3 m,深些有利于水的混合,粪水在池中一般储存 10 d,结冰时为 20 d。这种充气生物塘无臭味,较适用于经沉淀处理后的牧场污水或稀释度较大的粪水。近些年来,在畜牧场使用的日趋增多。

(2)厌氧生物塘。无大气中氧的输入,有机物的分解分两步:第一步是水解,由嗜酸性细菌将有机物分解为不稳定的酸;第二步由甲烷菌发酵,产生二氧化碳与甲烷。使用厌气生物塘实质上是使之产生沼气或作沉淀池用,减少以后好气处理的负荷。

(3)兼性生物塘。即生物塘表层为好气带,底层为厌气带,好气菌与厌气菌均可对有机物进行分解发酵。在未结冰时期,塘内有一条界线分明的热分界线(themocline),可防止上下塘水混合。好气带中氧的含量随昼夜转换而变化,有阳光时可达饱和,夜间则为零,如好气带不能维持,有时可能有气味散发。由于粪便固形物可同时进行好气与厌气分解。因此,由塘中流出的水中没有细菌与藻类,这也是兼性生物塘的优点。兼性生物塘至少深 1 m,一般为 2 m,如表层设置动力机器,可增加表层水的混合,使兼性生物塘效能更好。

近些年来,越来越多的证据表明:如果在塘内播种水生高等植物,同样也能达到净化污水或废水的能力。这种塘称为水生植物塘(aquaticplantpond)。常用的水生植物有凤眼莲、灯心草、水烛、香蒲等。美国在水生大型植物处理系统方面研究的规模最大,在加州建成的水生植物示范工程占地 1.2 hm²,其工艺流程为:污水→

格栅→二级水生生物曝气塘→沙滤→反渗滤→粒状炭柱→臭氧消毒→出水。经过该系统的处理,出水可作为生活用水,水质达饮用水标准。在很多情况下,水生生物塘是与上述稳定塘相结合使用的,构成一种新型的稳定塘技术,即综合生物塘(multi-plicate biological pond)系统。综合生物塘具有污水净化和污水资源化双重功能,占地面积相对较小,净化效率较高,能做到"以塘养塘"。适合于中小城镇经济、技术和管理水平。

2. 氧化池　利用好气微生物发酵,分解粪便固形物产生单细胞蛋白。氧化池为长圆形,池内安装搅拌器,其中轴安装的位置略高于氧化池液面,搅拌器不断旋转,可使漏下的固体粪便加速分离,使分离的粒子悬浮于池液中,同时向池液供氧,并使池内的混合液沿池壁循环流动,使氧化池内有机物充分利用好气性微生物发酵,畜舍内无不良气味。搅拌器转速快则供氧多,一般以 80～100 r/min 为宜。

氧化池混合液中干物质的主要成分为氨基酸与矿物质,二者之和常占干物质的 9.0% 以上。由表 8-13 可见,经过微生物分解,氧化池中猪粪的生物学价值大为提高,其氨基酸含量提高 1～2 倍。除氨基酸外,氧化池混合液还富含钙和磷,且有各种微量元素。可利用氧化池混合液做营养液养猪,其饲喂结果表明:猪粪尿必须借助于微生物作用提高其生物学价值后,才能成为非反刍家畜有价值的饲料。

蛔虫卵在氧化池中仍可生存,如发现虫卵,先使氧化池处于缺氧状态 1 周,然后再开始通气,可消除虫卵,在此过程中虫卵为微生物所消化,多数病原菌能被消灭,池液中从未分离出沙门氏菌。

3. 人工湿地处理系统法　人工湿地处理系统法(artificial wetland treatment systems)是一种新型的废水处理工艺。自 1974 年前西德首先建造人工湿地以来,该工艺在欧美等国得到推广应用,发展极为迅速。目前欧洲已有数以百计的人工湿地投入废水处理工程,这种人工湿地的规模可大可小,最小的仅为一家一户排放的废水处理服务,面积约 40 m²;大的可达 5 000 m²,可以处理 1 000 人以上村镇排放的生活污水。该工艺不仅用于生活污水和矿山酸性废水的处理,而且可用于纺织工业和石油工业废水处理。其最大的特点是:出水水质好,具有较强的氮、磷处理能力,运行维护管理方便,投资及运行费低,比较适合于管理水平不高,水处理量及水质变化不大的城郊或乡村。

人工湿地由土壤和砾石等混合结构的填料床组成,深 60～100 cm,床体表面种上植物。水流可以在床体的填料缝隙间流动,或在床体的地表流动,最后经集水管收集后排出。人工湿地对废水的处理综合了物理、化学和生物三种作用。其成熟稳定后,填料表面和植物根系中生长了大量的微生物形成生物膜,废水流经时,固态悬浮物(SS)被填料及根系阻挡截留,有机质通过生物膜的吸附及异化、同化作用而得以去除。湿地床层中因植物根系对氧的传递释放，使其周围的微生物环境依次呈现出好氧、缺氧和厌氧状态，保证了废水中的氮、磷不仅能被植物和微生物作为营养成分直接吸收，还可以通过硝化、反硝化作用及微生物对磷的过量积累作用而从废水中去除，最后通过湿地基质的定期更换或收割，使污染物从系统中去除。特别需要指出的是：生长的水生植物，例如芦苇、大米草等还能吸收空气中有害气体，起到净化空气的作用；其本身又具有较高的经济价值。

人工湿地一般作为二级生物处理，一级处理采用何种方法视废水的性质而定。对于生活污水，可采用化粪池，其他工业废水可采用沉淀池作为去除 SS 的预处理。人工湿地视其规模大小可单一使用，或多种组合使用。还可与稳定塘结合使用。

下面为深圳白泥坑人工湿地处理的简单流程图。

污水→格栅→潜流湿地三个并联(种植芦苇和大米草)→潜流湿地两个并联(种植茳芏和芦苇)→稳定塘三个并联潜流湿地一个(种植茳芏和席草)→出水

4. 污水处理土地系统 污水处理土地系统(land systems for wastewater treatment)是 20 世纪 60 年代后期在各国相继发展起来的。它主要是利用土地以及其中的微生物和植物的根系，对污染物的净化能力来处理污水或废水，同时利用其中的水分和肥分来促进农作物、牧草或树木生长的工程设施。经过处理以后的水是洁净的，水质良好。这种处理方法过程简单，成本低廉，在我国广大的草原上，可以采用。污水处理土地系统具有投资少、能耗低、易管理和净化效果好的特点。主要分为三种类型，即慢速渗滤系统(SR)、快速渗滤系统(RI)和地表漫流系统(OF)。此外，也常采用将上述两种系统结合起来使用的复合系统。

污水处理土地系统一般由污水的预处理设施，污水的调节与储存设施，污水的输送、分流及控制系统，处理用地和排出水收集系统等组成。该处理工艺是利用土地生态系统的自净能力来净化污水。土地生态系统的净化能力包括土壤的过滤截留、物理和化学的吸附、化学分解、生物氧化以及植物和微生物的吸收和摄取等作用。主要过程是：污水通过流经一个稍倾斜的均衡坡面的土壤时，土壤将污水中处于悬浮和溶解状态的有机物质截留下来，在土壤颗粒的表面形成一层薄膜，这层薄膜里充满着细菌，能吸附污水中的有机物，并利用空气中的氧气，在好氧菌的作用下，将污水中的有机物转化为无机物，如二氧化碳、氨气、硝酸盐和磷酸盐等；土地上生长的植物，经过根系吸收污水中的水分和被细菌矿化了的无机养分，再通过光合作用转化为植物体的组成成分，从而实现有害的污染物转化为有用物质的目的，并使污水得到利用和净化处理。污水处理土地系统对几种污水成分的去除效率见表 8-14。

表 8-14　污水处理土地系统对几种污水成分的去除效率　　　　　　　　%

污水成分	慢速渗漏	快速渗漏	地表漫流
BOD	80～99	85～99	＞92
COD	＞80	＞50	＞80
SS	80～99	＞98	＞92
总 N	80～99	80	70～90
总 P	80～99	70～90	40～80
病毒	90～99	＞98	＞98
细菌	90～99	99	＞98
允许范围内的金属量	＞95	50～95	＞50

　　污水处理土地系统源自传统的污水灌溉,但又不同于传统的污水灌溉。首先处理系统要求对污水进行必要的预处理,对污水中的有害物质进行控制,避免对周围环境造成污染。其次,处理系统是按照要求进行精心施工,有完整的工程系统可以调控。最后,处理系统地面上种植的植物以有利于污水处理为主,多为牧草和林木等;而污灌土地常以粮食、蔬菜等农作物为主。

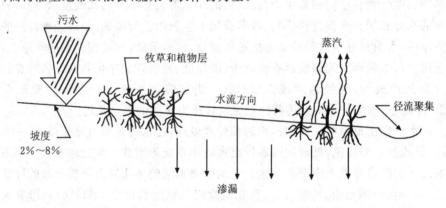

图 8-2　污水处理土地系统示意图

　　采用此种陆地漫流草地过滤处理污水时,土壤应是缓慢渗透的表土,土壤的渗透率每小时不超过 0.15 cm 较适宜,否则不起作用,污水如有 50％到达集水渠时,亦能产生较好效果。场地的坡度为 2％～8％,长度可在 45～100 m 范围内,坡面要平滑,以便使污水漫流在整个坡面上。在澳大利亚墨尔本一个农场处理污水即用此法,它是采用连续式供水,处理场地长 365 m,其上种植意大利黑麦草,污水从有闸门的配水渠引入处理场的一端,水流即慢慢在场地上流过,在流入量不变的情况下,流水深度均匀保持在 0.2 cm,流出量稳定在流入量的 80％。问题是连续供水会引起场地进水一端厌气面积的扩大,应在夏季将水放干,进行耕作并重新播种,在冬季时再使用。

5. 活性污泥处理法　活性污泥处理法(activated sludge process)最早由英国的 E. Ardem 和 W. T. Lockett 创立,至今已有近百年的历史,并衍生出多种多样的工艺流程,现广泛应用于城市污水和工业废水处理。

活性污泥是由具有生命活力的多种微生物类群组成的颗粒状絮绒物,有时称之为生物絮体。好氧微生物是活性污泥中的主体生物,其中又以细菌最多。同时还有酵母菌、放线菌、霉菌以及原生动物和后生动物等,它们共同构成一个平衡的生态系统。正常的活性污泥几乎无臭味,略有土壤的气味,多为黄色或褐色。活性污泥的粒径小,在 0.02～0.2 mm 之间,有较大的比表面积,利于吸附与净化处理废水中的污染物。其去除污染物的基本原理是:活性污泥与废水充分接触混合后,由于活性污泥颗粒有较大的比表面积,其表面的黏液层能迅速吸附大量的有机或无机污染物。吸附过程约在 30 min 内即可完成,可去除废水中 70% 以上的污染物。被吸附的有机或无机污染物又在微生物酶的作用下,进行分解或合成代谢作用,实现了物质的转化,从而使废水或污水得以净化。

活性污泥除污的系统工程是早期生物技术的范例。实际上从容积来看,对家庭污水或工业废水的生物处理是至今最大的生物技术工业。一个常用的污水处理装置见图 8-3。这个复杂的、但高度有效的系统包括一系列初级和次级处理过程,其三级过程可选择化学沉淀处理或其他方式。该系统中,初级处理主要是去除粗放的

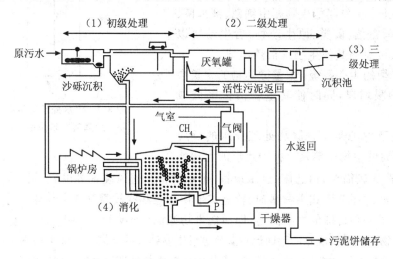

图 8-3　厌氧消化处理污水的各个阶段

颗粒和可溶性物,留下非溶性的有机物再在通气良好的、开放的生物反应器中经微生物降解或氧化。次级处理需要大量的能量输入以驱动机械的通风器,它可以有效地混合系统中的各种成分,保证微生物与基质和空气的正常接触。微生物大量繁殖形成群体或淤泥,既可去除,也可转移到厌氧消化器(生物反应器)中,降低固体容积,去除气味,减少病原微生物的数量。该系统还有一个有用的特征就是可生产甲烷或其他生物气体,以用做燃料。

深井发酵系统是由ICI发展形成的活性污泥除污技术的新工艺。废物(废水)、空气和微生物的循环和混合是在地下深达150 m的深井中进行的(图8-4)。与常规系统相比,这种系统在土地和能量利用方面最为经济,产生的淤泥较少,有广阔的利用前景。

6. 生物膜处理法 生物膜处理法(bio—film treatment process),又称为生物过滤法、固着生长法或简称为生物膜法。通过渗滤或过滤生物反应器进行废水好氧处理的方法。在这个系统中,液体流经不同的滤床表面。滤床填料可以是石头、沙砾或塑料网等,其表面附着的大量微生物群落可以形成一层黏液状膜,即生物膜。生物膜中的微生物与废水不断接触,能吸附去除有机物以供自身生长。生物膜的生物相由细菌、酵母菌、放线菌、霉菌、藻类、原生动物、后生动物以及肉眼可见的其他生物等群落组成,是一个稳定平衡的生态系统。大量微生物的生长会使生物膜增厚,同时使其生物活性降低或丧失。

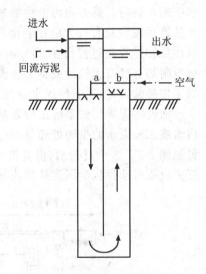

图 8-4　污水处理的深井发酵系统示意图

生物滤池是生物膜法处理废水的反应器。普通的生物滤池是一种固定形的生物滤床,构造比较简单,由滤床、进水设备、排水设备和通风装置等组成(图8-5)。其他的生物滤池还有塔式生物滤池、转盘式生物滤池和浸没曝气式生物滤池等。近年来还发展了一种特殊的生物滤池,即活性生物滤池(activated bio-filter)。它是一种将活性生物污泥随同废水一起回流到滤池进行生物处理的结构。活性生物滤池具有生物膜法和活性污泥法两者的运行特点,可作为好氧生物处理废水的发展方向之一。

7. 蚯蚓、甲虫等生物处理 蚯蚓是环节动物,生活在土壤中,喜欢吞食土壤和粪便等,可化废为肥。因此,用粪便饲喂蚯蚓,既可处理粪便,又可繁殖蚯蚓,提供富

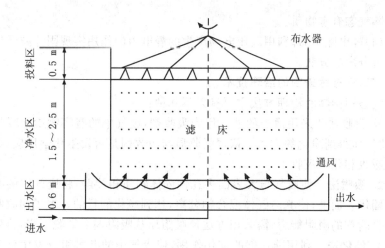

图 8-5　生物滤池的结构示意图

含动物性蛋白质的饲料。粪便经蚯蚓处理后,有机物、全氮、钾等稍有降低,而速效氮大大增加,因而使粪便的肥效也有所提高。

昆虫分解粪便的能力也是很惊人的,如金龟甲等,在牛排出粪便后,短时间内即有昆虫云集而来,有的钻入粪便破坏其结构,有的在表面解体粪便,有的则专门用头部"水铲"把粪便切成小块,然后滚成小球,推至远处埋入土内,一大堆粪便几小时就可清除掉。能分解畜粪的昆虫很多,如金龟甲、埋葬虫、隐翅虫、弹尾目昆虫等,分布面广,数量大,是自然界生物自净作用的宝贵资源。

三、大气污染物治理技术

(一)颗粒污染物的治理技术

从废气中将颗粒物分离出来并加以捕集、回收的过程称除尘。

1. 除尘装置的分类　按主要机制可分为机械式、过滤式、湿式、静电除尘器等四类;按除尘效率高低分:高效、中效和低效除尘器;综合几种除尘机制的新型除尘器主要有声凝聚器、热凝聚器、高梯度磁分离器等。

2. 各类除尘装置　可分为以下几类:

(1)机械除尘装置。通过质量力的作用达到除尘目的的除尘装置。

(2)过滤式除尘器。使含尘气体通过多孔滤料,把尘粒截留下来。

(3)湿式除尘器。洗涤除尘,用液体(水)洗涤含尘气体,使尘粒与液膜碰撞而被吸附,凝集变大,尘粒随液体排出,气体得到净化。由于洗涤液对气体有吸附作用,可脱除气态有害物质。

(4)静电除尘器。利用高压电场产生的静电力的作用实现固体粒子或液体粒子与气流分离的方法。

(二)气态污染物的治理技术

气态污染物的治理方法主要有以下几种：

1.吸收法　采用适当的液体作为吸收剂,废气中的有害物质被吸收于吸收剂中,使气体得到净化的方法。依据吸收质与吸收剂是否发生化学反应,可将吸收分物理吸收和化学吸收。

2.吸附法　使废气与大表面多孔性固体物质相接触,将废气中的有害组分吸附在固体表面上,使其与气体混合物分离,达到净化的目的。为了回收吸收质以及恢复吸附剂的吸附能力,需采用方法使吸附质从吸附剂上解脱下来,再生。

3.催化法　利用催化剂的催化作用,使废气中的有害组分发生化学反应并转化为无害物或易于去除物质的一种方法。

4.燃烧法　对含有可燃有害组分的混合气体进行氧化燃烧或高温分解,从而使这些有害组分转化为无害物质的方法。分为直接燃烧、热力燃烧与催化燃烧三种方法。

5.冷凝法　采用降低废气温度或提高废气压力的方法,使易于凝结的有害气体或蒸汽态的污染物冷凝成液体并从废气中分离出来的方法。

思 考 题

1. 畜牧场恶臭产生原因及消除方法有哪些？
2. BOD/COD 是什么？水体的净化表现在哪些方面？
3. 畜牧场动物废弃物的处理方法。
4. 畜牧场污水的基本处理方法。

（潘晓亮）

第九章　畜牧场环境管理

本章提要：本章重点介绍了畜牧场的环境消毒，包括消毒的种类、方法，畜牧场常用消毒剂、消毒器械。同时也介绍了畜牧场防鼠防害、绿化管理以及环境监测等工作。

畜牧场建成投产后，其生产管理的主要任务之一是搞好环境的管理，以保证畜牧场环境整洁和安全。绿化可改善场内小气候环境并减少污染，保持畜牧场的无病清洁则需进行环境的消毒，畜牧场的防害安全也是保证生产正常进行的必要措施之一。

第一节　畜牧场环境消毒

在现代化环境管理和畜牧场的兽医防疫体系中，环境消毒越来越受到畜牧兽医界的重视。环境管理的好坏直接影响到畜禽的健康、生产力的发挥以及养殖场的经济效益。环境清洁和安全是畜牧生产能否正常进行的前提，它不仅关系到畜禽的健康和生产力，同时也是畜牧生产中兽医防疫体系的基础。而维持环境卫生状况良好的重要手段就是消毒与防害相结合，消灭和根除畜牧场环境中的病原微生物和虫害，在标准化管理制度下严格实施，并使之符合无公害养殖的生产条件。

一、消毒有关的概念

消毒和灭菌是两个不同的概念，环境消毒指杀灭或清除被病原体污染的场内环境、畜体表面、设备、水源等的病原微生物，切断传播途径，使之达到无害化，防止疾病发生和蔓延。灭菌是指将所有的微生物，不论是病原微生物还是其他微生物全部杀灭或清除。消毒的保证水平是 10^{-3}（指一件物品经消毒处理后仍然有微生物存活的几率），灭菌的保证水平为 10^{-6}。因此消毒处理不一定能达到灭菌的要求，但灭菌一定可以达到消毒的目的。用于消毒的药物称为消毒剂。消毒剂不一定要求能杀灭所有的微生物,例如石炭酸、新洁尔灭等能杀死细菌的繁殖体但不能杀灭芽孢。用于灭菌的药物称为灭菌剂。灭菌剂必须具备杀灭一切类型微生物的能力。由于细菌芽孢的抵抗力最强,所以一般都以能否杀灭芽孢作为灭菌剂的标准。灭菌剂可以作为消毒剂使用。含氯消毒剂、环氧乙烷、过氧乙酸一类药物,既能杀灭各种繁殖体型的微生物,又能杀灭细菌芽孢,都是很好的灭菌剂。

在消毒、灭菌工作中常见的几个有关名词:

杀灭作用:指处理微生物时,使之彻底死亡,称为杀灭作用。

抑菌作用:仅使微生物停止生长与繁殖,一旦作用因素去除仍可复苏,则称为抑菌作用。

抗微生物作用:杀灭与抑制作用统称为抗微生物作用。有的消毒剂在浓度较高或作用时间较长时,对微生物有杀灭作用,而浓度较低或作用时间短暂,仅具有抑菌作用;有的则对细菌繁殖体有杀灭作用,而对芽孢却仅起抑制作用。畜牧场环境消毒时,要求的是"杀灭"病原微生物,不是抑制它们。因此,正确地选择消毒剂以及选择适当的浓度和作用时间就显得非常重要。

在对环境消毒过程中,一般要进行无害化处理,不仅消灭环境中的病原微生物,而且要消灭它感染动物后排出的有生物活性的毒素。

二、消毒的种类

消毒是保证家畜健康和正常生产必要的技术措施。消毒按其进行的时间及性质,可分为经常性消毒、定期消毒及突击性消毒。

(1)经常性消毒也叫预防性消毒。为预防疾病的发生,对畜牧场周围环境、畜舍、工艺设施、家畜以及家畜经常接触到的一些器物进行消毒,以免家畜受到病原微生物的感染而发病。经常性消毒一般是定期进行的,按照事先拟定的消毒计划,有目的有规律地进行。特别是在全进全出制的现代化养殖工艺中,一旦全群出栏,畜舍空出后,必须进行全面清洗和消毒,彻底地消灭微生物,保持畜舍环境清洁卫生。

工作衣、帽、靴的消毒是经常性消毒的另一个主要方面。出入场门、舍门时必须经过消毒,简单易行的办法是在场舍门处设消毒槽,人员、牲畜出入时,踏过消毒槽内之消毒液以杀死病原微生物。消毒槽须由兽医管理,定期清除污物,换新配制的消毒液。进场时经过淋浴并且换穿场内消毒后的衣帽,再进入生产区,这是一种行之有效的预防措施,即使对要求极严格的种畜场,采用淋浴的办法,预防传染病的效果也很好。

（2）疫源地紧急消毒。当发生畜禽传染病时,为及时消灭病畜排出的病原体、分泌物、排泄物,应对病畜接触过的圈舍、设备、物品、用具、被污染的场所以及病畜体、厂体等进行消毒。其日的是为了消灭出传染源排泄在外面的病原体,切断传染途径,防止传染病的扩散和蔓延,把传染病控制在最小的范围内。

（3）终末消毒。发生传染病后,根据我国相关法律法规,待全部家畜扑杀或处理完毕,对其所处周围环境最后进行的彻底消毒、杀灭和清除传染源遗留下的病原微生物,是解除对疫区封锁前的重要措施。

三、畜牧场的消毒方法

畜牧场的消毒方法包括三大类:物理消毒、化学消毒和生物性消毒。

（一）物理消毒

1. 机械性清除

（1）用清扫、铲刮、洗刷等机械方法清除降尘、污物及被污染的墙壁、地面以及设备上的粪尿、残余饲料、废物、垃圾等。这些工作多属于畜禽的日常饲养管理,只要按照日常管理规范认真执行,即可最大限度地减少畜舍内外的病原微生物。必要时舍外的表层土,也一齐清除,以减少感染疫病的机会。

另外机械性清扫在全进全出的管理模式中特别重要。当全群出栏后,整个畜舍要进行彻底的清扫,所用设备为高压水枪、火焰喷射器等。需要指出的是冲洗过程中最好使用消毒剂,特别是发生过传染病的畜舍,以免冲洗的污水不经处理成为新的传染源。

（2）通风换气。通风可以减少空气中微粒与细菌的数量,减少经空气传播疫病的机会。

2. 阳光及紫外线消毒　　直射阳光具有较强的消毒作用,是一种可普遍利用的天然消毒剂,其光谱中的紫外线,波长在240～280 nm,有较强杀菌能力。一般病毒和非芽孢的菌体,在直射阳光下,只需几分钟到1 h,如口蹄疫病毒经几小时、结核杆菌经3～5 h,就能被杀死。即使是抵抗力很强的芽孢,在连续几天的强烈阳光下,反复曝晒也可变弱或杀死,因此,利用直射阳光消毒牧场、运动场及可移出舍外、已清洗的设备与用具,既经济又简便。畜舍内的散射光也能将微生物杀死,但作用弱得多。阳光的灼热使水分蒸发引起的干燥亦有灭菌作用。

另一种是紫外线照射,紫外线对微生物的作用主要有两个方面:一方面它可以使细菌的酶、毒素等灭活;另一方面,紫外线能使细胞变性,进而引起菌体蛋白质和酶代谢障碍而导致微生物变异或死亡。因为这种射线穿透力甚微,只对表面光洁的物体才有较好的消毒效果,空气中的微粒能吸收很大部分紫外线,不能达到普遍灭菌的目的。紫外线对不同的微生物灭活所需的照射量不同。病毒对紫外线的抵抗力更大一些。需氧芽孢杆菌的芽孢对紫外线的抵抗力比其繁殖体要高许多倍。

3. 高温　高温消毒主要有火焰、煮沸与蒸汽三种形式。火焰可用于直接烧毁一切被污染而价值不大的用具、垫料及剩余饲料等。可以杀灭一般微生物及对高温比较敏感的芽孢,这是一种较为简单的消毒方法,因此对铁制设备及用具,对土墙、砖墙、水泥墙缝等均可用此方法,木制工具表面也可用烧烤的方法消毒。但对有些耐高温的芽孢,如破伤风梭状芽孢在 140℃时能活 15 min,炭疽杆菌芽孢在 160℃时能活 1.5 h,因此,使用火焰喷射器靠短暂高温来消毒,效果难以保证。煮沸与蒸汽消毒效果比较确实,主要消毒衣物和器械。

(二)化学消毒法

消毒药的作用机理:一是药物为菌体细胞壁所吸收,破坏菌体壁;二是药物渗入细胞的原生质或与细胞中一个或一个以上的成分起反应,使菌体的蛋白质变性;三是药物包围菌体表面,阻碍呼吸使之死亡。应用某些化学药物使其和微生物的蛋白质产生凝结、沉淀或变性等作用,引起细菌和病毒的繁殖发生障碍或死亡以达消毒目的。化学消毒剂多种多样,畜牧场应用化学消毒法进行消毒最为普遍。

1. 化学消毒剂的选择　①消毒剂必须消毒力强,性能稳定,消毒时的有效浓度低;②易溶于水、作用速度快;③毒性及刺激性小,对人、畜危害小,并对畜舍、器具等无腐蚀性;④不易受各种物理、化学因素的影响;⑤在畜产品中不易残留;⑥价廉易得,易配制和使用。所选择的消毒剂应根据消毒对象如场地、畜舍、设施、汽车、食槽等,还是对某种传染病进行消毒,不同情况下所用药剂也不相同。

2. 影响消毒效果的因素　现场消毒时要保证实效,达到彻底消毒的目的,必须注意以下问题:

(1)化学消毒剂的性质。各种化学消毒剂,由于其本身的化学特性和化学结构不同,故而其对微生物的作用方式也各不相同,所以,各类消毒剂的消毒效果也不一致。

(2)微生物的种类。由于微生物本身的形态结构及代谢方式等生物学特性的不同,其对化学消毒剂所表现的反应也不同。如革兰氏阳性细菌的等电点比革兰氏阴性菌低,所以,在一定的 pH 值下所带的负电荷较多,容易与带正电荷的离子结合。故革兰氏阳性菌较易与碱性染料的阳离子、重金属盐类的阳离子及去污剂结合而被灭活。细菌的芽孢因有较厚的芽孢壁和多层芽孢膜,结构坚实,消毒剂不易渗透进去,所以,芽孢对消毒剂的抵抗力比其繁殖体要强得多。

(3)有机物的存在。当微生物所处的环境中有有机物如粪便、痰液、脓汁、血液及其他排泄物存在时,所有消毒剂的作用都会大大减低甚至无效,其中以季铵化合物、碘制剂、甲醛所受的影响较大,而石炭酸类与戊二醛所受影响较小。因此,将欲消毒的对象先清沽后才施用消毒剂为最基本的要求,为此可借助于清洁剂与消毒剂的合剂来完成。

(4)消毒剂的浓度。在一定的范围内,化学消毒剂的浓度越大,其对微生物的毒性作用也越强。但势必造成消毒成本提高,对消毒对象的破坏也严重,因此各种消毒剂应按其说明书的要求,进行配制。而且有些药物浓度增加,杀菌力却可能下降。如70%酒精的杀菌作用比100%的纯酒精强。

(5)温度、湿度及时间。温度升高可增进消毒杀菌率。大多数消毒剂的消毒作用在温度上升时有显著增强,尤其是戊二醛类,但易蒸发的卤素类的碘剂与氯剂例外,加温至70℃时会变得不稳定而降低消毒效力。许多常用温和消毒剂,冰点温度时毫无作用。在寒冷时,最好是将消毒剂泡于温水(50～60℃)中使用,消毒效果会较佳。湿度在熏蒸消毒时,湿度可作为一个环境因素影响消毒效果。用过氧乙酸及甲醛熏蒸消毒时,相对湿度以60%～80%为最好。湿度太低,则消毒效果不良。在其他条件都一定的情况下,作用时间越长,消毒效果越好,消毒剂杀灭细菌所需时间的长短取决于消毒剂的种类、浓度及其杀菌速度,同时也与细菌的种类、数量和所处的环境有关。

(6)酸碱度(pH 值)。许多消毒剂的消毒效果均受消毒环境 pH 值的影响。如碘制剂、酸类、来苏儿等阴离子消毒剂,在酸性环境中杀菌作用增强;而阳离子消毒剂如新洁尔灭等,在碱性环境中杀菌力增强。另外,pH 值也影响消毒剂的电离度,一般来说,未电离的分子,较易通过细菌的细胞膜,杀菌效果较好。

3. 常用的消毒剂　消毒剂的种类很多,根据其化学特性不同分为:酚类、醛类、醇类、酸类、碱类、氯制剂、氧化剂、碘制剂、染料类、重金属盐类、表面活性剂等。应根据消毒对象和使用方法需要选择合适的药物,否则既造成经济上损失又达不到消毒的目的。

(1)酚类

①苯酚(酚、石炭酸)。为无色或淡红色针状结晶,有特异臭味,可溶于水,易溶于醇、甘油。苯酚能溶解胞浆膜类脂层,而使胞浆膜损伤,从而导致细菌死亡。本品是酚类化合物中最早的消毒剂,它对组织有腐蚀性和刺激性,故已被更有效且毒性低的酚类衍生物所代替。虽然本品已失去它在消毒药中的位置,但仍用它作为石炭酸系数来表示杀菌强度,如酚的石炭酸系数为1,当甲酚对伤寒杆菌的石炭酸系数为 2 时,则表示甲酚的杀菌能力是酚的 2 倍。苯酚在 0.5%～1%的浓度可抑制一般细菌,1%的浓度能杀死一般细菌。但要杀死葡萄球菌、链球菌需 3%的浓度,杀

死霉菌需 1.3％的浓度。苯酚对芽孢和病毒无效。因有特异臭味,肉、蛋的运输车辆及储藏肉、蛋品仓库不宜用本品消毒。一般消毒都需用 3％～5％浓度。多用于运输车辆、墙壁、运动场及畜禽舍内的消毒。

②煤酚皂溶液(甲酚皂溶液、来苏儿)为黄棕色至红棕色的黏稠液体,有甲酚的臭味,能溶于水或醇中。本品含甲酚 50％。本品的杀菌力强于苯酚,而腐蚀性与毒性则较低。对于一般繁殖型病原菌作用良好,但对芽孢和病毒作用不可靠。主要用于禽舍、用具与排泄物消毒。由于有臭味,不用于肉品、蛋品的消毒。禽舍、用具消毒的浓度为 3％～5％,排泄物消毒的浓度为 5％～10％。

③克辽林(臭药水)是粗制煤酚中加入肥皂、树脂和氢氧化钠少许,加温制成。为暗褐色液体,以水稀释时即成乳白色。其杀菌作用同来苏儿,常用以 3％～5％浓度消毒禽舍、用具及处理排泄物,以 10％浓度浸浴鸡脚治疗石灰脚。

(2)酸类。包括无机酸和有机酸两类。生产中常用有机酸。

①乳酸。对伤寒杆菌、大肠杆菌、葡萄球菌和链球菌具有杀灭抑制作用,它的蒸气或喷雾用于消毒空气,能杀死流感病毒及某些革兰氏阳性菌。乳酸空气消毒有价廉、毒性低的优点,但杀菌力不够强。蒸气或喷雾作空气消毒时用量:为每 100 m³ 空间用 6～12 mL,将本品加水 24～28 mL,使其稀释为 20％浓度,消毒 30～60 min。

②醋酸。为无色透明的液体,味极酸,能与水、醇或甘油任意混合。药典规定本品含 CH_3COOH(纯醋酸)36％～37％。临床常用的稀醋酸 5.7％～6.3％,食用醋含纯醋酸 2％～10％。本品的杀菌和抑菌作用与乳酸相同,但消毒效果不如乳酸。可实施带畜消毒,本品用于空气消毒,可预防感冒和流感。稀醋酸加热蒸发用于空气消毒,每立方米用 20～40 mL,如用食用醋,每立方米用 300～1 000 mL。

(3)碱类。强碱能水解蛋白质和核酸,使细菌的酶系统和细菌的结构受到损害,以致细菌体内的代谢被破坏而死亡。碱尤其对革兰氏阴性菌有效。对病毒作用较强,高浓度对芽孢也有作用。杀菌性能取决于氢氧离子浓度,其浓度越高,杀菌力越大。

①氢氧化钠(苛性钠)为白色的块状或棒状物质,易溶于水和醇,露置空气中因易吸收 CO_2 和湿气而潮解,故须密闭保存。本品的杀菌作用很强,常用于病毒性感染(如鸡新城疫等疾病)及细菌性感染(如禽出败等疾病)的消毒,还可用于炭疽芽孢的消毒,对寄生虫卵也有消毒作用。用于禽舍、器具和运输车船的消毒,也可在食品工厂使用,但须注意高浓度的碱液会灼伤组织,并对铝制品、纺织品、漆面等有损坏作用。2％的溶液用于病毒性与细菌性污染的消毒,5％的溶液用于炭疽的消毒。粗制烧碱含有氢氧化钠 94％左右,一般为工业用品,由于价格较低,故常代替精制

氢氧化钠做消毒药应用。

②氢氧化钾(苛性钾)与氢氧化钠大致相同。草木灰中因含有氢氧化钾及碳酸钾,故可代替本品使用。其用法为:在 30 kg 草木灰中加水湿透,然后再加若干水煮沸,去渣后再加至 100 L 即可,其温度宜在 70C 以上喷洒,隔 18 h 后再喷洒。

③石灰。为白色的块或粉,主要成分:是氧化钙(CaO)加水即成氢氧化钙,俗称熟石灰、消石灰,属强碱性,吸湿性很强。本品为价廉物美的消毒药,对一般细菌有效,对芽孢及结核杆菌无效。常用于墙壁、地面、粪池及污水沟等的消毒。常用石灰乳,因石灰必须在有水分的情况下,才会游离出 OH⁻ 离子而发挥消毒作用。石灰乳由石灰加水配成,消毒浓度为 10%～20%。石灰可从空气中吸收 CO_2 变成碳酸钙沉淀而失效,故石灰乳须现用现配,不宜久储。

(4)氧化剂。是一些含不稳定的结合态氧的化合物,遇有机物或酶即放出初生氧,破坏菌体蛋白质或酶蛋白而起杀菌作用,其中对厌氧菌作用最强,其次是革兰氏阳性菌和某些螺旋体。本类消毒剂应密闭保存。

①高锰酸钾(灰锰氧)。为暗紫色斜方形的结晶性粉末,无臭,易溶于水(1∶15),溶液呈粉红色乃至暗紫色。作为强氧化剂,遇有机物起氧化作用。氧化后分解出的氧,能使一些酶蛋白和原蛋白中的活性基团如巯基(—SH)氧化变为二硫键(—S—S—)而失活。本品作用后还原产生的二氧化锰,可与蛋白质结合成盐,因此低浓度时还有收敛作用。用 0.1%高锰酸钾溶液能杀死多数繁殖型细菌,2%～5%溶液能在 24 h 内杀死芽孢。本品在酸性溶液中杀菌作用增强,如含有 1.1%盐酸的 1%高锰酸钾溶液能在 30 s 内杀死炭疽芽孢。0.1%溶液可用于蔬菜及饮水消毒,但不宜用于肉食品消毒,因其能使表层变色,其与蛋白质结合的二氧化锰对食品卫生也有害。此外,常利用高锰酸钾的氧化性能来加速福尔马林蒸发而起到空气消毒作用。本品除杀菌消毒作用外,还有防腐、除臭功效。常用水溶液,要求现配现用。0.1%的水溶液用于皮肤、黏膜创面冲洗及蔬菜、饮水消毒;2%～5%的水溶液用于杀死芽孢的消毒及用具的洗涤。

②过氧乙酸。为无色透明液体,易溶于水和有机溶剂。呈弱酸性,易挥发,有刺激性气味,并带醋味。高浓度遇热易爆炸,20%以下浓度无此危险,故市售品为20%溶液,有效期为半年,但稀释液只能保持药效 3～7 d,故应现用现配。本品的杀菌作用在于本身有强大的氧化性能,亦可分解出酸和过氧化氢等产物起协同的杀菌作用。本品的杀菌作用具有快而强、抗菌谱广的特点,对细菌、病毒、霉菌和芽孢均有效。常用于耐酸塑料、玻璃、搪瓷和橡胶制品及用具的浸泡消毒,还可用于禽舍、仓库、食品车间的地面、墙壁、通道、食槽的喷雾消毒和室内空气消毒。由于本品的分解产物对人无毒,故可用于水果、蔬菜和肉品表面的浸泡消毒。使用中须注意

本品对组织有刺激性和腐蚀性,对金属也有腐蚀性。故消毒时必须注意保护,避免刺激眼、鼻黏膜。使用时,100~500 mg/L 的水溶液用于水果、蔬菜、肉品的浸泡消毒;400~2 000 mg/L 水溶液用于耐酸用具的浸泡消毒;500~5 000 mg/L 的水溶液用于环境、禽舍的喷雾消毒;室内消毒每立方米用 20％过氧乙酸 5~15 mL,稀释成 3％~5％溶液,加热熏蒸,室内相对湿度宜在 60％~80％,密闭门窗 1~2 h。

(5)卤素类。卤素和易放出卤素的化合物均有强大的杀菌能力。卤素对细菌原生质及其他结构成分有高度的亲和力,易渗入细胞与菌体原浆蛋白的氨基或其他基团相结合(卤化作用),使有机物分解或丧失功能呈现杀菌作用。在卤素中,氟、氯的杀菌力最强,依次为溴、碘。但氟和溴一般不用做消毒药。

①氯与含氯化合物。氯(C_{12})是气体,有强大的杀菌作用。氯遇到水以后,可生成盐酸和次氯酸,而次氯酸又可放出活性氯,并产生盐酸和初生态氧。次氯酸也很易于进入细胞内而发挥杀菌作用。水中含有 2 μL/L 浓度的氯即可杀死大肠杆菌、痢疾杆菌、亲脂性病毒、阿米巴原虫。通常是以液态氯加入水中,达 0.1~0.2 μL/L 的浓度做饮水或游泳池的水质消毒。由于氯是气体,其水溶液不稳定,故杀菌作用不持久,使用也不方便。通常情况下一般多使用能释放出游离氯的含氯化合物。以含氯化合物制成的含氯消毒剂,目前在市场上应用很广泛。

所谓含氯消毒剂是指在消毒剂中起作用的是那些含氯的离子、自由基、分子等,该类消毒剂称为含氯消毒剂。含氯消毒剂大多是高效、广谱的杀菌剂。其种类主要包括液氯、漂白粉、漂粉精、次氯酸钠(钙)、氯胺、二氧化氯、二氯异脲酸(钠)(优氯净)、三氯异腈脲酸(钠)(强氯精)等等。它们根据作用机制分两类:氯化剂型消毒剂——溶水时产生次氯酸,并在消毒过程中与有机分子产生氯化作用(氯代作用、加成作用),目前所说的含氯消毒剂实际上就指氯化型消毒剂。氧化型的消毒剂——二氧化氯。根据它们的化学性质不同上述含氯消毒剂也可按无机类含氯消毒剂和有机类含氯消毒剂进行分类。本类消毒剂应用中注意对金属用具(尤其是铁制品)有腐蚀作用,对纺织品有退色作用。

含氯消毒剂的作用机制主要有以下几个方面:

● 形成的次氯酸作用于菌体蛋白质,干扰、破坏病原微生物的酶系统;

● 消毒剂中的有效氯直接作用于菌体蛋白质,改变病原微生物细胞膜的通透性,使病原微生物的蛋白质凝固、变性;

● 二氧化氯在消毒过程中,通过释放初生态氧,表现出强氧化能力,达到氧化分解微生物蛋白质、抑制微生物生长和杀灭微生物。

含氯消毒剂的评价方法是进行有效氯含量测定,有效氯含量越高,其消毒作用越强。有效氯含量用百分率表示。有效氯含量多依据卫生部 1991.12 颁发的《消毒技术规范》有效氯含量测定——碘量法进行测定。也可以采用试纸法和蓝墨水法。详情参见消毒剂含量测定内容。

ⓐ漂白粉类。即含氯石灰，氯化石灰，属于无机氯消毒剂，主要品种有漂白粉、三合二和漂白粉精。其有效成分都是次氯酸钙。它们的共同特点是生产工艺简单，成本低，毒、副作用小，但稳定性较差，遇日光、热、潮湿等加快分解。同时它们均对金属有一定的腐蚀性。

漂白粉主要成分为次氯酸钙，含量 32%～36%，其余为氯化钙、氧化钙、氢氧化钙、水等。漂白粉的有效氯含量一般为 25%～32%，常以 25% 计算其用量。为白色粉末，有氯的气味。能溶于水，由于含有氢氧化钙，其水溶液呈碱性。pH 值随浓度增加而升高。按卫生消毒标准，一般不准使用有效氯含量低于 15% 的漂白粉。在酸性条件下，可迅速分解产生大量氯气。其抗菌性能强，是广谱杀菌剂，对细菌繁殖体、病毒、真菌孢子及细菌芽孢均有杀灭作用，可破坏肉毒杆菌毒素。储存过程中漂白粉的有效氯含量每月减少 1%～3%，遇光或吸潮后，其分解速度加快。通过嗅气味，用手抓看是否成团，看出厂时间等方法，可大致判断出漂白粉的优劣：氯气味淡、手抓成团及出厂时间长的漂白粉有效氯含量一般都较低，反之，则有效氯含量较高。

三合二的化学名称是三次氯酸钙合二氢氧化钙。其中次氯酸钙为 56%～60%，氢氧化钙为 20～24%，氯化钙为 6%～8%，还有少量的结晶水和碳酸钙等不溶成分。性质与漂白粉相似。但有效氯含量较高，较漂白粉稳定。

漂白粉精又称次氯酸钙，它是由次氯酸钙、氢氧化钙、氯化钙或氯化钠组成的混合物。有效氯含量大于 55%，其中，有效氯大于 65% 的为优级品，有效氯大于 60% 的为一等品，有效氯大于 55% 的为合格品。三合二与漂白粉精有效氯含量虽基本相当，但稳定性相对好些。

漂白粉类消毒剂可用于饮水、禽舍、用具、车辆及排泄物等的消毒。使用时可以粉剂 6～10 g 加入 1 t 水中拌匀，30 min 后饮用；1%～3% 澄清液可用于饲料槽、饮水槽及其他非金属用具的消毒；10%～20% 乳剂可用于禽舍和排泄物的消毒，将干粉剂与粪便以 1∶5 比例均匀混合，可进行粪便消毒。

ⓑ二氧异氰尿酸钠（优氯净）。白色的结晶粉末，氯气味道浓，二氯异氰尿酸钠有效氯的含量 60%～64.5%，溶解度 25%，溶液呈弱酸性，pH 值为 5.8～6.0，而且随着浓度升高，pH 值变化范围很小。原粉的稳定性好，便于储藏，有效氯含量高。用本品的水溶液，通过喷洒、浸泡、擦拭等方法消毒。其用量如下：0.5%～1% 浓度用于杀灭细菌与病毒，5%～10% 浓度用于杀灭细菌芽孢。本品的干粉用量：消毒粪便，用量为粪便的 1/5；场地消毒，每平方米用 10～20 mg，作用 2～4 h，而冬季

0℃以下时,每平方米用 50 mg,作用 16～24 h 以上;用本品消毒饮水,每升水用 4 mg,作用 30 min。

ⓒ次氯酸钠。别名高效漂白粉。纯品为白色粉末,通常为灰绿色结晶,在空气中不稳定。工业上将氯气通入氢氧化钠溶液中,制出白色次氯酸钠乳状液,含有效氯 5%,具氯臭,25℃使用中含有一定的腐蚀性。目前市场上已有多种型号的次氯酸钠发生器,采用电解食盐水法制取次氯酸钠溶液,有效氯含量多为 0.5%～0.6%(5 000～6 000 ppm),有氯的气味,能与水混溶,随着溶液稀释浓度的增加,pH 值可降至 7～9,一般现用现制,避免了含氯消毒剂稳定性差的劣势。

ⓓ二氧化氯。属无机氯消毒剂。目前市场上二氧化氯制剂多为二元型粉剂,即主原料与活化剂分开包装。二元型制剂的有效氯含量较高,一般约 60%。活化剂有固体和液体两种。液体多为无机酸,固体一般为有机酸。同时市场上一元型的二氧化氯液体不分开包装,有效氯的含量一般较低,多为 5%～10%。这种二氧化氯实际上是将纯二氧化氯气体溶入水中。

我国从 20 世纪 80 年代开始引进。广泛用于食品加工器械、饮用水及食品保鲜及畜牧水产养殖等诸多领域。因其安全高效,联合国世界卫生组织 1948 年将其列为 AI 级安全消毒剂,以后又被世界粮农组织定为食品添加剂。如果氯化型消毒剂有效氯化合价为正 1 价,二氧化氯的氯则为正 4 价。二氧化氯高效、广谱,杀灭病原微生物的效果也比其他含氯消毒剂强。

作用机制:二氧化氯作用于细菌细胞间可溶性部分酶而快速抑制蛋白质合成,也能迅速氧化、破坏病毒衣壳上蛋白质的酪氨酸,抑制病毒的特异性吸附,阻止其对宿主细胞的感染。二氧化氯与细菌及其他微生物蛋白质中的部分氨基酸发生氧化还原反应,使氨基酸分解破坏,进而抑制微生物蛋白质合成,最终导致细菌死亡。与氯化型消毒剂比较,二氧化氯有明显的优势:①广谱高效、快速无毒、用量小、杀病毒(比臭氧作用强);②杀菌能力不受 pH 值和有机物的影响;③杀菌的同时由于其反应极具选择性,对动物表皮细胞没有影响,因此非常适合日常管理以及带鸡消毒和饮水消毒。其使用效果优于漂白粉,并具有以下优点:受酸碱度影响小;在水体中无残留,无污染;能降解一些有毒物质,符合环保要求。使用中二氧化氯主要用于饮水消毒,5～10 mg/L;如果用于器材消毒,一般以含二氧化氯1 000～3 200 mg/L 的溶液浸泡 15～30 min。

ⓔ消毒液机及其生产的复合消毒液。所谓消毒液机是采用了国际领先的 BIVT 技术,生产以次氯酸钠及二氧化氯为主的复合消毒液的设备。它以盐和水为原料,通过 BIVT 技术,以电化学方法生产复合消毒液。

消毒液机可以在养殖场现用现制快速生产复合消毒液。由于消毒液机使用的原料只是食盐、水、电,操作简便,具有短时间内就可以生产出大量消毒液的能力,另外用消毒液机电解生产的复合消毒剂是一种无毒无刺激的高效消毒剂,北京市疾控中心用大白兔的眼睛和皮肤做试验,结论是无刺激性,其主要为生产次氯酸钠、二氧化氯以及初生态氧等复合消毒剂成分,次氯酸钠、二氧化氯形成了协同杀菌作用,从而具有更高的杀菌效果。

表 9-1　由消毒液机生产的复合消毒液对病原微生物的杀灭效果

项目内容	有效浓度 (mg/L)	稀释倍数	作用时间 (min)	悬浮液	杀灭率 (%)	检测单位
枯草杆菌黑色变种芽孢	500	12	1	灭菌蒸馏水	99.98	北京市疾病预防控制中心（北京市卫生防疫站）
	250	24	5	灭菌蒸馏水	99.91	
	125	48	5	灭菌蒸馏水	99.92	
乙肝表面抗原	250	24	5	灭菌蒸馏水	灭活	
	500	12	2	灭菌蒸馏水	灭活	
口蹄疫病毒	60	100	30	无离子水	全部杀死	中国农业科学院兰州兽医研究所
猪水疱病毒	300	20	30	无离子水	全部杀死	
炭疽芽孢杆菌	600	10	5	灭菌蒸馏水	99.99	中国兽药监察所
	200	30	5	5%鸡粪水	99.99	
多杀性巴氏杆菌	25	240	5	5%鸡粪水	99.99	
鸡大肠杆菌	25	240	5	5%鸡粪水	99.99	
金黄色葡萄球菌	100	60	5	灭菌蒸馏水	99.99	
	50	120	5	5%鸡粪水	99.99	
鸡白痢、鸡伤寒沙门氏菌	25	240	5	2%牛奶水	99.99	
	50	120	5	5%鸡粪水	99.99	
鸡法氏囊病毒	300	20	10	CEF悬液	100	中国人民解放军农牧大学
	200	30	20	CEF悬液	100	

②碘。为灰黑色、有金色光泽的薄片结晶,质重而脆,极难溶于水(1∶2 950),能溶于醇(1∶13)。碘在常温下有挥发性,故须密闭保存。本品具有强大的杀菌、杀病毒和杀霉菌作用。其杀菌机理是碘化和氧化细菌原浆蛋白质,抑制细菌代谢酶。其消毒作用几乎无选择性,对所有各种微生物的有效浓度相同。因本品与碱能生成盐类而失去作用,故在碱性环境及有机物存在时,其杀菌作用减弱。本品的制剂以碘酊为最常用和最有效的皮肤消毒药,也可作饮水消毒用。而碘甘油因无刺激性,常用于消毒黏膜、治疗鸡白喉症。碘酊,药典规定含碘 1.95%～2.05%,含碘化钾 1.45%～1.55%。浓碘酊含碘 9.2%～10.2%,含碘化钾 5.8%～6.2%。用于皮肤消毒为 2%～5%浓度。用于饮水消毒,可在 1 L 水中加入 2%碘酊 5～6 滴,能杀灭

病菌及原虫,15 min 可供饮用。碘甘油,为含碘 1％ 的甘油制剂,用于黏膜炎症涂擦,也可用于鸡痘、鸽痘的局部涂擦。

(6)表面活性剂。带有典型亲水基和亲脂基组成的化合物,具有明显降低表面张力的特殊性能,这类物质称为表面活性剂。表面活性剂可分为离子型和非离子型两大类。离子型又可分为:阴离子型表面活性剂,如肥皂、合成洗涤剂(烷基苯磺酸钠);阳离子型表面活性剂,如新洁尔灭、洗必泰等。非离子型表面活性剂有:聚乙二醇、吐温 80 等。其中只有阳离子表面活性剂具有强大的抗菌作用,作为临床常用的消毒剂。阳离子表面活性剂具有抗菌作用,主要是由于其结构中的亲脂基与亲水基团,分别渗入到胞浆膜的类脂质层与蛋白质层,从而改变细菌胞浆膜的通透性,甚至使细胞浆膜崩解,使胞内物质外渗而显杀菌作用。或者以薄层包围在胞浆膜上,从而干扰了对其他化合物的吸收而起作用。这些阳离子表面活性剂在碱性环境下其作用最强,在酸性环境中会显著降低其杀菌效力,因为在碱性环境中,有利于菌体蛋白质形成阴离子状态,而容易与表面活性剂阳离子结合。阳离子表面活性剂具有杀菌范围广的特点,对革兰氏阳性菌、阴性菌以及多种真菌、病毒有作用。同时还具有杀菌效力强、作用迅速、刺激性小、毒性低、用量少、可长期保存和价格便宜等优点。可以代替碘酊做外科防腐消毒药,用于皮肤、手指和器械的消毒,还可用于黏膜、创伤的防腐。阳离子表面活性剂忌与阴离子表面活性剂配合应用,因它们会中和而失效。

①碘伏。为棕红色液体,具有亲水、亲脂两重性。是碘与表面活性剂络合的产物,由于碘伏中的碘在表面活性剂中缓慢释出,故杀菌作用比较持久,刺激性较小,着色作用也基本消失。本品含碘量为 50 mg/L 时,10 min 能杀灭各种细菌,如金黄色葡萄球菌、化脓性链球菌、绿脓杆菌、大肠杆菌、沙门氏杆菌、坏死杆菌、肺炎双球菌、巴氏杆菌等,适用于由这些细菌引起的传染病。含碘量为 150 mg/L 时,90 min 可杀灭芽孢和病毒。络合碘具有很强的杀菌、杀病毒和杀霉菌作用。在酸性环境中杀菌力更强。80～100 mg/kg 的络合碘水溶液可用于畜禽圈舍的环境用具的喷雾消毒。40 mg/kg 的络合碘水溶液可用于种蛋的浸洗消毒(10 min)。80 mg/kg 络合碘溶液可用于孵化器的洗刷消毒。200～500 mg/kg 的络合碘溶液可用于新城疫、鸡传染性法氏囊炎的预防和紧急消毒,可带鸡喷雾;还可直接涂擦治疗鸡痘和鸡癣。

②新洁尔灭又名溴苄烷胺。是一种常用的阳离子表面活性剂,兼有杀菌和去污效力。新洁尔灭为无色或淡黄色的胶状液体,有芳香味。易溶于水,性质稳定,可长期保存。本品对肠道菌、化脓性病原菌及部分病毒有较好的杀灭作用,对细菌芽孢一般只能起抑制作用。新洁尔灭作为常用消毒防腐药,应用较广,0.1％溶液用于皮

肤、黏膜及器械消毒,本品也用于畜禽场的用具和种蛋清毒。如可用 0.1％水溶液喷雾消毒蛋壳、孵化器及用具等;0.15％～0.2％水溶液可用于圈舍内喷雾消毒。

③百毒杀。为双链季铵盐消毒剂,无色、无臭液体,比一般单链季铵盐化合物强数倍。能溶于水。它能迅速渗透入胞浆膜脂质体和蛋白质体,改变细胞膜通透性,具有较强的杀菌力。对沙门氏菌、多杀性巴氏杆菌、大肠杆菌、金黄色葡萄球菌、鸡新城疫病毒、法氏囊炎病毒以及霉菌、真菌、藻类等微生物有杀灭作用。可用于饮水消毒、带禽消毒、种蛋与孵化室消毒、肉品与乳品机械用具消毒、饲养用具及室内外环境消毒。应严格按剂量应用,避免中毒。百毒杀(50％)饮水消毒用 50～100 mg/L,带畜消毒用 300 mg/L。百毒杀(10％)饮水消毒用 250～500 mg/L,带畜消毒用 1 500 mg/L。在病毒细菌性传染病发生时,百毒杀(50％)可用 100～200 mg/L,百毒杀(10％)可用 500～1 000 mg/L。

(7)挥发性烷化剂。挥发性烷化剂在室温下,由于化学性质很活泼,可与菌体蛋白、核酸、羧基和羧基的不稳定氢原子发生烷基化反应,使细胞浆中的蛋白质变性或核酸功能改变而起作用。因此,本类药物的杀菌作用强,对细菌、芽孢、病毒、霉菌,甚至昆虫及虫卵均有杀灭能力。本类药物主要用做气体消毒,消毒那些不适用于液体消毒的物品和设备。常用的药物有环氧乙烷和甲醛。

①环氧乙烷。又名氧化乙烯,属于挥发性烷化剂。环氧乙烷的气体在空气中浓度达 3％以上时,遇火极易引起爆炸。所以,储存或消毒时,禁止有火源。一般将 1份环氧乙烷和 9 份二氧化碳或氟氯烷的混合物储存于高压钢瓶中备用。

环氧乙烷是一种高效、广谱的杀菌消毒气体。对细菌及其芽孢、立克次氏体、真菌和病毒等各种微生物以及某些昆虫和虫卵都有杀灭作用。适用于精密仪器、医疗器械、生物制品、皮革、皮裘、羊毛、橡胶、塑料制品、图书、谷物、饲料等忌热、忌湿物品的消毒,也可用于仓库、实验室、无菌室等的空间消毒。由于它极易扩散,所以,消毒后很易被消除。本品不腐蚀金属,不污损物品,但价格贵,消毒时间长。对人及畜禽有一定毒性作用,一次大量吸入可引起恶心呕吐,大脑抑制,接触皮肤可引起水疱,若刺激呼吸道可引起肺水肿。所以,使用时一定要注意安全防护。

用环氧乙烷消毒要注意掌握温度和时间。最适的相对湿度是 30％～50％,最适宜的温度是 38～54℃,不能低于 18℃。且消毒的时间越长效果越好,杀灭繁殖型细菌,每立方米用 300～400 g,作用 8 h;用于芽孢和霉菌污染物品的消毒,每立方米用 700～ 950 g,作用 24 h,或按每立方米 800～1 700 g 用量,消毒 6 h。消毒后应将物品取出放于通风处 1 h 才能使用。消毒时必须在密闭室、密闭箱、聚乙烯薄帐篷和消毒袋内进行。消毒过程中严禁烟火。

②甲醛。为无色气体,易溶于水,其水溶液为无色或几乎无色的澄明液体;有刺

激性特臭;甲醛有极强的还原活性,能与蛋白质中的氨基发生烷化反应。甲醛由于与蛋白质发生烷化反应而使蛋白质变性,呈现强大的杀菌作用。本品为广谱杀菌剂,0.25%～0.5%的甲醛溶液在6～12 h能杀死细菌、芽孢及病毒。主要用于禽舍、仓库、孵化室的消毒以及器械、标本和尸体的消毒防腐,还可用于雏鸡、种蛋消毒。

福尔马林一般含甲醛40%,不得少于36%。以2%福尔马林(0.8%甲醛)用于器械消毒;10%福尔马林(4%甲醛)用于固定解剖标本及保存疫苗、血清等。熏蒸消毒法用量:每立方米的房间空间需福尔马林15～30 mL,加等量水,然后加热蒸发;或加高锰酸钾(按2:1的比例)氧化蒸发,采用此法1 m³所用的福尔马林应增加到70 mL,高锰酸钾35 g;如用于杀死芽孢的消毒,1 m³用福尔马林需增加到250 mL。消毒时间12 h。消毒结束后打开门窗通风。为消除甲醛的刺激性气味,可用浓氨水中和,每立方米用2～5 mL加热蒸发,使其变为无刺激性的六甲烯胺。甲醛熏蒸消毒必须有较高的气温和相对湿度,一般室内温度不低于20℃,相对湿度应为60%～80%。种蛋熏蒸消毒时,每立方体积的空间用福尔马林14 mL,高锰酸钾7 g,水7 mL。消毒孵化机内的蛋(入孵12 h的蛋不要熏蒸消毒),先将高锰酸钾放置于玻璃皿内并置于熏蒸处,再加入福尔马林,立即关闭孵化机门及气孔道,熏蒸20 min后,将残余气体排出。

(三)生物学(生物热)消毒法

是利用微生物分解有机质而释放出的生物热,温度可达60～70℃,各种病菌、病毒及虫卵等经数日即可相继死亡。这是一种最经济、简便有效的粪便消毒方法,常用于对患传染病和寄生虫病的家畜粪便的消毒。详情见本章第五节。

(四)消毒剂使用方法

常用的有浸泡法、喷洒法、熏蒸法,近年来气雾法也普遍采用。

1. 浸泡法　主要用于消毒器械、用具、衣物等。一般洗涤干净后再行浸泡,药液要浸过物体,浸泡时间以长些为好,水温以高些为好。场区进门处以及在圈舍进门处消毒槽内,可用浸泡消毒或用浸泡消毒药物的草垫或草袋对人员的靴鞋进行消毒。

2. 喷洒法　喷洒地面、墙裙、舍内固定设备等。如对圈舍空间消毒,则用喷雾器。喷洒要全面,药液要喷到物体的各个部位。喷洒地面时,每平方米喷洒药液2 L;喷墙壁、顶棚时,每平方米1 L。

3. 熏蒸法　是在畜舍密闭的情况下产生气体,使各个角落都能消毒。这种方法简便、省钱,对房舍结构无损,驱散消毒后的气体较简便,因而是牧场欢迎使用的方法,但在实际操作中要严格遵守基本要点,否则会无效:①畜舍及设备必须进行清洗,因为气体不能渗透到鸡粪或污物中去,所以不能发挥应有的效力;②畜舍须无漏气处,因此应将进气口、排气扇等空隙处用纸条糊严,否则熏蒸法不会收效。

4. 气雾法　气雾粒子是悬浮在空气中气体与液体的微粒,直径小于 200 nm,分量极轻,能悬浮在空气中较长时间,可到处飘移穿透到畜舍内各物体的周围及其空隙间。气雾是消毒液倒进气雾发生器后喷射出的雾状微粒,是消灭气携病原微生物的理想办法。如全面消毒畜舍空间,每立方米用 5％过氧乙酸溶液 2.5 mL。

四、畜牧场常用的消毒设备

畜牧场的消毒方法主要有物理消毒、化学消毒和生物消毒。消毒设备也根据消毒的方法、消毒的性质有不同的种类。消毒工作中,由于消毒方法的种类很多,要根据具体的消毒对象的特点和消毒要求确定。消毒过程中,除了了解上述内容以及选择适当的消毒剂外,还要了解进行消毒时采用适当的设备,操作中的注意事项等。

同时,无论采取哪种消毒方式,都要注意消毒人员的自身防护。

消毒中的自身防护中,首先要严格遵守操作规程和注意事项,其次要注意消毒人员以及消毒区域内其他人员的防护。防护措施要根据消毒方法的原理和操作规程有针对性。例如进行喷雾消毒和熏蒸消毒就应穿上防护服,戴上眼镜、口罩;进行紫外线直接的照射消毒,室内人员都应该离开,避免直接照射。

常用的个人防护用品可以参照国家标准进行选购,防护服应配帽子、口罩、鞋套,防护服应做到:①防酸碱。可使服装在消毒中耐腐蚀,工作完毕或离开疫区时,用消毒液高压喷淋、洗涤消毒,达到安全防疫的效果。②防水。好的防护服材料在 1 m² 的防水气布料薄膜上就有 14 亿个微细孔,一颗水珠比这些微细孔大 2 万倍,因此水珠不能穿过薄膜层而润湿布料,不会被弄湿,可保证操作中的防水效果。③防寒、挡风、保暖。防护服材料极小的微细孔应呈不规则排列,可阻挡冷风及寒气的侵入。④透气。材料微孔直径应大于汗液分子 700～800 倍,汗气可以从容穿透面料,即使在工作量大、体液蒸发较大时感到干爽舒适。目前先进的防护服已经在市面上存在,选购时可按照上述标准,参照防 SARS 时采用的标准。

(一)物理消毒使用的设备及使用方法

畜牧场物理消毒主要有紫外线照射、机械清扫、洗刷、通风换气、干燥、煮沸、蒸汽消毒、火焰焚烧等。依照消毒的对象、环节不同需要配备相应的消毒设备。

1. 机械清扫、冲洗设备

高压清洗机的用途。主要是冲洗畜牧场场地、畜舍建筑、畜牧场设施、设备、车辆、喷洒等。高压清洗机设计上应非常紧凑,电机与泵体可采用一体化设计;现以最大喷洒量为 450 L/h 的产品为例对主要技术指标和使用方法进行介绍。它主要由带高压管及喷枪柄、喷枪杆、三孔喷头、洗涤剂液箱以及系列控制调节件组成。内藏式压力表置于枪柄上；三孔喷头药液喷洒可在强力、扇形、低压三种喷嘴状态下进行。操作时连续可调的压力和流量控制，同时设备带有溢流装置及带有流量调节阀的清洁剂入口，使整个设备坚固耐用，方便操作。

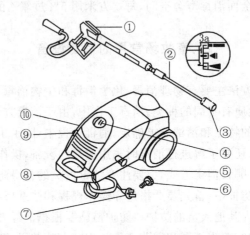

图 9-1　高压清洗机结构示意图

①机器主开关(开/关)；②进水过滤器；③联结器；
④带安全棘齿(防止倒转)的喷枪杆⑤高压
管；⑥(带压力控制的)喷枪杆；⑦电源连
接插头；⑧手柄；⑨带计量阀的洗
涤剂吸管；⑩高压出口

技术参数、操作中的注意事项：详见说明书。

2. 紫外线照射　紫外线灯(低压汞灯)用途：进行空气及物体表面的消毒。

工作基本原理：通过紫外线对微生物进行一定时间的照射，用以维持细菌或病毒生命的核蛋白核酸分子因大量吸收紫外线而发生变性，从而破坏了其生理活性，使其吸收的能量达到致死量，细菌或病毒便大量死亡。紫外线杀菌效率与其能量的波长有关，一般能量在波长为 250～260 nm 范围内的紫外线杀菌效率最高。

热阴极低压汞灯：用钨制成双螺旋灯丝，涂上碳酸盐混合物，通电后发热的电极使碳酸盐混合物分解，产生相应的氧化物，并发射电子，电子轰击灯管内的汞蒸气原子，使其激发产生波长为 253.7 nm 的紫外线。国内消毒用紫外线灯光的波长绝大多数在 253.7 nm 左右。有较强的杀灭微生物的作用,普通紫外线灯管由于照射时辐射部分 184.9 nm 波长的紫外线,故可产生臭氧,也称有臭氧紫外线灯。而低臭氧紫外线灯,由于灯管玻璃中含有可吸收波长小于 200 nm 紫外线的氧化钛,所以产生的臭氧量很小。高臭氧紫外线灯在照射时可辐射较大比例 184.9 nm 波长的紫外线,所以产生较高浓度的臭氧。目前市售的紫外线灯有多种形式,如直管形、H 形、U 形等,功率从数瓦到数十瓦不等,使用寿命在 3 000 h 左右。

使用方法:

①固定式照射。将紫外线灯悬挂、固定在天花板或墙壁上,向下或侧向照射。该方式多用于需要经常进行空气消毒的场所,如兽医室、进场大门消毒室等。一般在无人状态下,房间内每立方米空间所装紫外线灯管的功率达到 2～2.5 W 时,照射 1 h 以上,可达到一定的消毒效果。有人时应加强对人的防护,照射强度小于 1 W/m^3,每 2 h 间隔 1 h 或 40 min 间隔 1 h。

②移动式照射。将紫外线灯管装于活动式灯架上,适于不需要经常进行消毒或不便于安装紫外线灯管的场所。消毒效果依据照射强度不同而异,如达到足够的辐射度值,同样可获得较好的消毒效果。

空气消毒时,许多环境因素会影响消毒效果,如空气的湿度和尘埃能吸收UV,如空气尘粒为 800～900 个/m^3 时,杀菌效果将降低 20%～30%,因此在湿度较高和粉尘较多时,应适当增加 UV 的照射强度和剂量。

注意事项:

①消毒时,应关闭门窗。一般情况下人员应该离开房间,不要直接暴露于紫外线下,以免伤害眼睛和皮肤。消毒后待臭氧分解后再进人。

②使用时,不要频繁开闭紫外线灯,以延长紫外线灯的使用寿命。

③选用合适反光罩,增强紫外线灯光的辐照强度。

④注意保持灯管的清洁,定期清洁灯管。

3. 干热灭菌设备

(1)热空气灭菌设备——电热鼓风干燥箱。

用途:对玻璃仪器如烧杯、烧瓶、试管、吸管、培养皿、玻璃注射器、针头、滑石粉、凡士林以及液体石蜡等灭菌。按照兽医室规模进行配置。

使用中注意在干热的情况下,由于热的穿透力低,灭菌时间要掌握好。一般细菌繁殖体在 100℃经 1.5 h 才能杀死;芽孢 140℃经 3 h 杀死;真菌孢子 100～115℃经 1.5 h 杀死。灭菌时也可将待灭菌的物品放进烘箱内,使温度逐渐上升到 160～180℃,热穿透至被消毒物品中心,经 2～3 h 可杀死全部细菌及芽孢。

(2)火焰灭菌设备。

用途:直接用火焰灼烧,可以立即杀死存在于消毒对象的全部病原微生物。

产品分火焰专用型和喷雾火焰兼用型两种。产品特点是使用轻便,适用于大型机种无法操作之地方;易于携带,适宜室内外,小及中型面积处理,方便快捷;操作容易;采用全不锈钢,机件坚固耐用。兼用型除上述特点外,还有节省药剂,可根据被使用的场所和目的,用旋转式药剂开关来调节药量;节省人工费用,用 1 台烟雾消毒器能达到 10 台手压式喷雾器的作业效率;消毒器喷出的直径 5～30 μm 的小粒子形成雾状浸透在每个角落,可达到最大的消毒效果。

图 9-2　火焰灭菌设备

4. 湿热灭菌设备　常用的湿热消毒方法主要有以下几种:

(1)消毒锅——煮沸消毒。

用途:适用于消毒器具、金属、玻璃制品、棉织品等。消毒锅一般使用金属容器。这种方法简单、实用、杀菌能力比较强、效果可靠,是最古老的消毒方法之一。煮沸消毒时要求水沸腾后 5～15 min。一般水温能达到 100℃,细菌繁殖体、真菌、病毒等可立即死亡。而细菌芽孢需要的时间比较长,要 15～30 min,有的要几个小时才能杀灭。

煮沸消毒时应注意:应清洗被消毒物品后再煮沸消毒;除玻璃制品外,其他消毒物品应在水沸腾后加入;被消毒物品应完全浸于水中,一般不超过消毒锅总容量的 3/4;消毒时间从水沸腾后计算;消毒过程中如中途加入物品,需待水煮沸后重新计算时间;棉织品的消毒应适当搅拌;消毒注射器材时,针筒、针头等应拆开分放;经煮沸灭菌的物品,"无菌"有效期不超过 6 h;一些塑料制品等不能煮沸消毒。

(2)手提式下排气式压力蒸汽灭菌器。

用途:畜牧生产中兽医室、实验室等部门常用的小型高压蒸汽灭菌器。容积约18 L,重 10 kg 左右,这类灭菌器的下部有个排气孔,用来排放灭菌器内的冷空气。

操作方法:在容器内盛水约 3 L(如为电热式则加水至覆盖底部电热管);将要消毒物品连同盛物桶一起放入灭菌器内,将盖子上的排气软管插于铝桶内壁的方管中；盖好盖子，拧紧螺丝；加热，在水沸腾后 10～15 min，打开排气阀门，放出冷空气，待冷气放完关闭排气阀门，使压力逐渐上升至设定值，维持预定时间，停止加热，待压力降至常压时，排气后即可取出被消毒物品；若消毒液体时，则应慢慢冷却，以防止因减压过快造成液体的猛烈沸腾而冲出瓶外，甚至造成玻璃瓶破裂。

压力蒸汽灭菌的注意事项：

①消毒物品的预处理。消毒物品应先进行洗涤，再用高压灭菌。

②压力蒸汽灭菌器内空气应充分排除。如果压力蒸汽灭菌器内空气不能完全排除，此时尽管压力表可能已显示达到灭菌压力，但被消毒物品内部温度低、外部温度高，蒸汽的温度达不到要求，导致灭菌失败。所以空气一定要完全排除掉。

③灭菌时间应合理计算。压力蒸汽灭菌的时间，应由灭菌器内达到要求温度时开始计算，至灭菌完成时为止。灭菌时间一般包括以下三个部分：热力穿透时间、微生物热死亡时间、安全时间。热穿透时间即从消毒器内达到灭菌温度至消毒物品中心部分达到灭菌温度所需时间，与物品的性质、包装方法、体积大小、放置状况、灭菌器内空气残留情况等因素有关。微生物热死亡时间即杀灭微生物所需时间，一般用杀灭嗜热脂肪杆菌芽孢的时间来表示，115℃为 30 min，121℃为 12 min，132℃为 2 min。安全时间一般为微生物热死亡时间的一半。一般下排式压力蒸汽灭菌器总共所需灭菌时间是 115℃需 30 min，121℃为 20 min，126℃为 10 min。此处的温度是根据灭菌器上的压力表所示的压力数来确定的。当压力表显示 6.40 kg/6.45 cm²（15 磅/吋²），灭菌器内温度为 121℃；9.07 kg/6.45 cm²（20 磅/吋²），为 126℃。

④消毒物品的包装不能过大，以利于蒸汽的流通，使蒸汽易于穿透物品的内部，使物品内部达到灭菌温度。另外，消毒物品的体积不超过消毒器容积的 85%；消毒物品的放置应合理，物品之间应保留适当的空间利于蒸汽的流通，一般垂直放置消毒物品可提高消毒效果。

⑤加热速度不能太快。加热速度过快，使温度很快达到要求温度，而物体内部尚未达到（物品内部达到所需温度需要较长时间），致使在预定的消毒时间内达不到灭菌要求。

⑥注意安全操作。由于要产生高压，所以安全操作非常重要。高压灭菌前应先检查灭菌器是否处于良好的工作状态，尤其是安全阀是否良好；加热必须均匀，开启或关闭送气阀时动作应轻缓；加热和送气前应检查门或盖子是否关紧；灭菌完毕后减压不可过快。

（二）化学消毒时使用的设备

1. 喷雾器

（1）背负式手动喷雾器

用途：喷雾消毒。包括对场地、畜舍、设施、特别是带畜消毒。

产品特点：结构简单，保养方便，喷洒效率高。主要技术指标见相关产品说明书，产品结构如图 9-3。

喷雾消毒时的注意事项：操作者应穿戴防护服，避免对现场第三方造成伤害。每次使用后，及时清理和冲洗喷雾器的容器和有关与化学药剂相接触的部件以及喷嘴、滤网、垫片、密封件等易耗件，以避免残液造成的腐蚀和损坏。

（2）高压机动喷雾器

用途：场地消毒以及带畜消毒中使用。按照喷雾器的动力来源可分为手动型、机动型；按使用的消毒场所可分背负式、可推式、可背可推式等。产品特点是带有高效发动机；重量轻，振动小，噪声低；高压喷雾、高效、安全、经济、耐用；用少量的液体即可进行大面积消毒，且喷雾迅速。

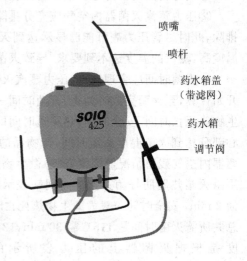

图 9-3　背负式手动喷雾器

设备主要结构是喷管、药水箱、燃料箱、高效二冲程发动机，使用中需注意配戴下列保护装备：用防护面具或安全护目镜。操作者应戴合适的防噪声装置。

（3）手扶式喷洒机。

用途：大面积喷洒环境消毒，尤其在场区环境消毒中、疫区环境消毒防疫中使用。

产品特点：手扶式喷洒机械技术，二冲程发动机强劲有力不仅驱动着行驶，而且驱动着辐射式喷洒，及活塞膜片式水泵。进、退各两档使其具有爬坡能力及良好的地形适应性。快速离合及可调节手闸保证在特殊的山坡上也能安全工作。主要结构是较大排气量的二冲程发动机；带有变速装置如前进/后退，药箱容积相对较大，适宜连续消毒作业。每分钟喷洒量大，同时具有较大的喷洒压力，可短时间胜任大量的消毒工作。

2. 消毒液机和次氯酸钠发生器

用途:现用现制快速生产含氯消毒液。适用于畜禽养殖场、屠宰场、运输车船,人员防护消毒以及发生疫情的病原污染区的大面积消毒。由于消毒液机使用的原料只是食盐、水、电,操作简便,具有短时间内就可以生产出大量消毒液的能力,另外用消毒液机电解生产的含氯消毒剂是一种无毒低刺激的高效消毒剂,不仅适用于环境消毒、带畜消毒,还可用于食品的消毒、饮用水的消毒、洗手消毒等防疫人员进行的自身消毒防护,对环境造成污染小。消毒液机的这些特点对需要进行完全彻底的防疫消毒,对人畜共患病疫区的综合性消毒防控,减少运输、仓储、供应等环节的意外防疫漏洞具有特殊的使用优势。

工作原理:消毒液机的工作原理是以盐和水为原料,通过电化学方法生产含氯消毒液。

目前市场上早已存在消毒液机类产品。其主要结构如图 9-4 所示。

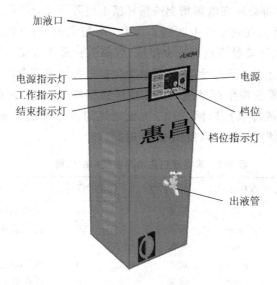

加液口

电源指示灯
工作指示灯
结束指示灯

电源

档位

档位指示灯

惠昌

出液管

图 9-4　消毒液机

(1)消毒机分类。因其科技含量不同,可分成消毒液机和次氯酸钠发生器两类。

消毒液机和次氯酸钠发生器都是以电解食盐水来生产消毒药的设备。这两类产品的显著区别在于,次氯酸钠发生器是采用直流电解技术来生产次氯酸钠消毒药;消毒液机采用了更为先进的电解模式 BIVT 技术,生产的是次氯酸钠、二氧化氯复合消毒剂,其中的二氧化氯高效、广谱,安全、且持续时间长,是联合国世界卫生组织 1948 年将其列为 AI 级安全消毒剂。次氯酸钠、二氧化氯形成了协同杀菌作用,从而具有更高的杀菌效果。例如,次氯酸钠杀灭枯草芽孢需要 2 000 mg/kg (2 000 ppm)、10 min;消毒液机生产的复合含氯消毒剂只需要 250 mg/kg(250 ppm)、5 min。

(2)消毒机的选择。由于消毒机产品整体的技术水平参差不齐,畜牧场在选择消毒机类产品时,主要注意三个方面:一方面是消毒机是否能生产复合消毒剂。另一方面要特别注意消毒机的安全性。畜牧场在选择时应了解有关消毒机的国家标准——GB 12176—90 的有关规定,在满足安全生产的前提下,选择安全系数高,药液产量、浓度正负误差小,使用寿命长的优质产品。按国标规定,消毒液机特别是排氢气量要精确到安全范围以内,"产率大于 25 g/h 的设备所使用的电解槽和储液箱,必须采取封闭式结构,并设置与通往室外排气管路连接的标准接口、并具有附属盐水调配装置及加注装置相连接的互换性标准接口、必须设置电解电流、电解电压检测仪表,其精度不低于 2.5 级,连续式运转的设备必须设置电解液流量计量仪表,间歇式运转的设备必须在电解槽上或循环槽上设置液位计"等。换句话说,"产率 25 g/h"对消毒液机在安全性上区别非常大。一般来说,消毒机在连续生产时,超过产率 25 g/h,氢气排量将超出安全范围,容易引起爆炸等安全事故,因此必须加装排氢气装置以及其他调控设备,才能避免生产过程中出现危险。如果产率小于 25 g/h 的消毒液机要选择生产精度高的浓度能控制在 5% 范围内的产品,防止生产操作误差而造成的排氢量超标。第三方面是好的消毒液机的使用寿命可高达 3 万 h,相当于每天使用 8 h 可以使用 10 年时间。

表 9-2   消毒液机在消毒防疫中的使用

消毒对象	浓度(mg/L)	使用方法	作用时间(min)	效 果
空圈舍消毒	300	喷雾	30	杀灭病原微生物
带畜消毒	200	喷雾	20	控制传染病
发病期带畜消毒	300	喷雾	30	
饮用水消毒	6~12	对水	20	控制肠道病
环境消毒	300	喷雾	20	净化环境、消除传染源
养殖用具消毒	200	浸泡洗刷	30	杀灭病菌、防止接触传播
工作服消毒	100	浸泡洗涤	30	预防带菌服传播疫病
道口车辆消毒	100	喷雾	20	
种蛋消毒	100	浸泡洗涤	5	控制垂直传播
炊具容器具、食具	250	浸泡洗涤	5	杀灭病原微生物
生菜、凉拌菜	100	浸泡洗涤	5	杀灭病原微生物
生鸡、鱼、肉		浸泡洗涤	5	杀灭病原微生物
洗手消毒	60	洗手	10	控制接触传播

续表 9-2

消毒对象	浓度(mg/L)	使用方法	作用时间(min)	效　果
人员地板、环境	60	沾墩布擦拭	5	净化环境
孵化厅、室	100	喷雾	30	净化孵化环境
孵化器具	100	浸泡	30	杀灭病原、切断传播
消毒池、槽	300	每天更换		切断传播途径
病畜	300	喷雾	30	杀灭病原、控制蔓延

（三）臭氧空气消毒机

产品用途主要在养殖场的兽医室、大门口消毒室的环境空气的消毒,生产车间的空气消毒,如屠宰行业的生产车间、畜禽产品的加工车间及其他洁净区的消毒。

臭氧是一种强氧化杀菌剂,消毒时呈弥漫扩散方式,因此消毒彻底、无死角,消毒效果好。三氧稳定性极差,常温下 30 min 后自行分解。因此消毒后无残留毒性,公认为"洁净消毒剂"。工作原理:产品多是采用脉冲高压放电技术将空气中一定量的氧电离分解后形成三氧(O_3,俗称臭氧),并配合先进的控制系统组成的新型消毒器械。其主要结构由臭氧发生器、专用配套电源、风机和控制器等部分组成,臭氧消毒为气相消毒,与直线照射的紫外线消毒相比,不存在死角。由于臭氧极不稳定,其发生量及时间要视所消毒的空间内各类器械物品所占空间的比例及当时的环境温度和相对湿度而定。根据需要消毒的空气容积,选择适当的型号和消毒时间。

第二节　畜牧场的绿化

畜牧场的绿化,不仅可以改变自然面貌,改善和美化环境,还可以减少污染,在一定程度上能够起到保护环境的作用。

一、环境绿化的卫生学意义

（一）改善场区小气候

绿化可以明显改善畜牧场内的温度、湿度、气流、太阳辐射等状况。在冬季,绿地的平均温度及最高温度均比没有树木低,但最低温度较高,因而减小了场区冬季的温度日较差,使气温变化不致太大。夏季,一部分太阳辐射热被树木稠密的树冠所吸收,而树木所吸收的辐射热量,又绝大部分用于蒸腾和光合作用,从而显著减低绿化地带的气温,一般绿地夏季气温比非绿地低 3～5℃,草地的地温比空旷裸露地表温度低得多。

绿化可增加空气的湿度,绿化区风速较小,空气的乱流交换较弱,土壤和树木蒸发的水分不易扩散,空气中绝对湿度普遍高于未绿化地区,由于绝对湿度大,平均气温较低,因而相对湿度高于未绿化地区10%～20%,甚至可达30%。绿化树木对风速有明显的减弱作用,因气流在穿过树木时被阻截、摩擦和过筛等作用,将气流分成许多小涡流,这些小涡流方向不一,彼此摩擦可消耗气流的能量,故即使冬季也能降低风速20%,其他季节可达50%～80%。因此,畜牧场植树和绿化裸露地表对改善小气候确有明显效果。

(二)净化空气

据调查,有害气体经绿化地区后,至少有25%被阻留净化,煤烟中的二氧化硫可被阻留60%。

畜牧场由于牲畜集中,饲养量大,密度高,在一定的区域内耗氧量大而由畜舍内排出的二氧化碳也比较集中,与此同时,尚有少量氨等有害气体一起排出。如果绿化畜牧场环境,由于绿色植物等进行光合作用,吸收大量的二氧化碳,同时又放出氧,所以绿化畜牧场的树木或周围的农作物均能净化空气。每公顷阔叶林,在生长季节,每天可以吸收约1 000 kg的二氧化碳,生产约730 kg的氧。许多植物且能吸收氨,生长中的植物能使畜牧场中污染大气中氨的浓度下降,这些被吸收的氨,在生长中的植物群落所需要的总氮量中占很大比例,有的可达10%～20%,因而可减少对这些植物的施肥量。畜牧场附近的玉米、大豆、棉花或向日葵都会从大气中吸收氨而促其生长,植物尚能吸收大气中的二氧化硫、氟化氢等。

(三)减少微粒

大型畜牧场空气中的微粒含量往往很高,在畜牧场内及其四周,如有高大树木的林带,能净化、澄清大气中的粉尘。植物叶子表面粗糙不平,多绒毛,有些植物的叶子还能分泌油脂或黏液,能滞留或吸附空气中的大量微粒。当含微粒量很大的气流通过林带时,由于风速降低,可使直径大的微粒下降,其余的粉尘及飘尘可为树木枝叶滞留或为黏液物质及树脂所吸附,使大气中含微粒量大为减少,空气因而较为洁净。在夏季,空气穿过林带时,微粒量下降35.2%～66.5%,微生物减少21.7%～79.3%。由于树木总叶面积大,吸滞烟尘的能力也很大,好像是空气的天然滤尘器。

树叶的气孔多在叶子的背侧,叶正面只有少量的气孔。叶子吸附微粒时,光合作用受到影响,但不致使气孔完全堵塞而死亡。蒙尘林木经雨水淋洗后,又可以再起净化微粒的作用。草地减少微粒的作用也很显著,除其可吸附空气中微粒外,尚可固定地面的尘土。

(四)减弱噪声

树木与植被等对噪声具有吸收和反射的作用,可以减弱噪声的强度,树叶的密度越大,则减音的效果也越显著。栽种树冠大的树木,可减弱家畜鸣声,对周围居民不会造成明显的影响。

(五)减少空气及水中细菌含量

森林可以使空气中含微粒量大为减少,因而使细菌失去了附着物,数目也相应减少,同时,某些树木的花、叶能分泌一种芳香物质,可以杀死细菌、真菌等。含有大肠杆菌的污水,若从宽 30～40 m 的松林流过,细菌数量可减少为原有的 1/18。

(六)防疫、防火作用

畜牧场外围的防护林带和各区域之间种植隔离林带,都可以防止人畜任意往来,减少疫病传播的机会。由于树木枝叶含有大量的水分,并有很好的防风隔离作用,可以防止火灾蔓延,故在畜牧场中进行绿化,可以适当减小各建筑物的防火间隔。

二、绿化植物的选择

我国地域辽阔,自然条件差异很大,植物树木种类多种多样,可供环境保护绿化树种除要适应当地的水土环境以外,尚要具有抗污染、吸收有害气体等功能。现列举一些常见的绿化及绿篱树种供参考。

(一)树种

槐树、梧桐、小叶白杨、毛白杨、加拿大白杨、钻天杨、旱柳、垂柳、榆树、榉树、朴树、泡桐、红杏、臭椿、合欢、刺槐、油松、侧柏、雪松、樟树、大叶黄杨、榕树、桉树等。

(二)绿篱植物

常绿绿篱可用侧柏、杜松、小叶黄杨等。落叶绿篱可用榆树、鼠李、水腊、紫穗槐等。花篱可用连翘、太平花、榆叶梅、珍珠梅、丁香、锦带花、忍冬等。刺篱可用黄刺梅、红玫瑰、野蔷薇、花椒、山楂等。蔓篱则可用地锦、金银花、蔓生蔷薇和葡萄等。绿篱植物生长快,要经常整形,一般高度以 100～120 cm、宽度以 50～100 cm 为宜。无论何种形式都要保证基部通风和足够的光照。

畜牧场周围应栽植平行的 2～4 排树木,尤其是在冬季主风向侧应密栽,并距场内主要建筑 40～50 m 处为宜,其他方向为 30～40 m。在饲料库与畜舍或运动场之间也要种植树木和绿篱。树木间行距 3～6 m,株距 1～1.5 m 为宜。

第三节　畜牧场的防害

一、防止昆虫滋生

畜牧场的家畜以及饲料、粪便、污水等易于滋生或招引蝇蚊及牛虻等，这些昆虫是传播疾病的媒介，并骚扰家畜，不利生产，还可污染环境，影响附近居民的正常生活，亦会传播疾病。为防止昆虫的滋生，可采取以下一些措施：

（一）保持环境的清洁、干燥

填干所有的积水坑、洼地。排污管道采用暗沟，粪池加盖，粪堆加土覆盖。堆粪场远离居民区与畜舍，最好用腐熟堆肥法处理粪便。

（二）防止昆虫在粪便中繁殖、滋生

每天将舍内的粪便清除出舍至粪池或堆积储存，如定期清粪，舍内堆积一个时期，须防止供水系统漏水，以保持粪便干燥，当粪便中的水分低于 50％时，蛆即不易滋生。

（三）使用化学杀虫剂，定期喷洒杀虫药剂

近年来我国已生产多种低毒高效的杀虫药剂，对家畜健康及生产性能无影响，如用适量的"溴氰菊酯"溶液喷洒在畜舍内外可有效地灭蝇。近年在美国还试用合成的昆虫激素，将其混于料中喂给家禽，这种药物对家禽的健康与生产性能无影响，食后由消化道与粪便一齐排出，蛆吃了这些药物即被杀死，因此粪便不会生蝇。

（四）使用电气灭蝇灯

这种灯的中部安有荧光管，放射对人类与家畜无害而对苍蝇有高度吸引的紫外线。荧光管的外围有栏栅，其中通有将 220 V 变成 5 500 V 的 10 mA 电流，当苍蝇爬经电灯时，则接通电路而被杀死，落于悬吊在灯下的盘中。

二、灭　　鼠

鼠类在畜牧场可窃食饲料、咬坏器物，有时甚至破坏电路，造成断路，影响生产的正常进行，鼠还是许多疾病的传播者，危害甚大。鼠不易被毒死，捕捉也很困难。我国现在灭鼠的方法主要是用药物（毒鼠强）毒杀，器械捕捉等。世界各国对灭鼠工作也进行了不少研究，新的方法是使用持续而无规律的高频振荡，使鼠产生无法克服的混乱,最终无力活动被捕捉。总之,对于灭鼠应给以足够的重视,从堵塞鼠洞、组织捕捉等各方面进行工作,只要坚持定期防鼠巡查,是可以基本上免除鼠害的。

对于其他兽害如野狗、猫等应防范其进入场内、以免传播疾病,故畜牧场应建造围墙,严守场门,加强管理,如本场需饲养牧犬,须定期检疫,严格训练、管理。

第四节　环境卫生监测

一、环境监测的目的和任务

环境卫生监测是进行畜牧场环境保护工作的科学基础,它是指对环境中某些有害因素进行调查和测量。其目的是为了查明被监测环境受到污染的状况,以便采取有效的防治措施。通过环境卫生监测及时了解畜舍及牧场内环境的状况,掌握环境中出现了什么污染物,它的污染范围有多大,污染程度如何,影响怎样,根据测定的数据和环境卫生标准(环境质量标准),以及畜体的健康和生产状况进行对比检查,做出环境质量评定,针对问题及时采取措施,使场内舍内保持良好的环境。

近年,我国对环境保护的问题日益重视,人大常委会通过了《中华人民共和国环境保护法》,国务院及各级地方人民政府也设立了环境保护机构,有的大学还开设了环境保护系。随着畜牧业生产的迅速发展,对畜牧场的各项卫生监测工作已经提上日程。

目前,我国尚未制定出畜牧场的环境质量标准,通过大量的生产单位实测资料的积累,可为制定我国畜牧的环境卫生标准提供依据。

二、环境监测的基本内容

环境监测的内容或项目的确定,取决于监测的目的,这应根据本场已知或预计可能出现的污染物质来决定。因而,监测工作的第一步是确定污染物质的项目及浓度的限制标准,根据家畜对环境质量的要求所制定的环境卫生标准,是以保障家畜的健康和正常生产水平而确定的各种污染物在环境中的允许水平。

它包括两个方面:①家畜所必需的某些因素的"最低需要标准"(minimum requirement);②对家畜有害的某些因素的"最高容许量标准"(maximum permissible level)。有毒物质则用"最高容许浓度"(maximum permissible concentration)

来表示。其卫生学原则：一是无传播传染病的可能，即无病原微生物及寄生虫卵等；二是从各项成分上看，不会引起中毒病症；三是要求无特殊臭味，感官性状良好，并尽可能不受有机物的污染。目前我国畜牧业的各项卫生标准，一些已有规定，尚无明文规定的可参照有关工矿企业及居民区的一些卫生标准，如工业企业设计卫生标准中已有对饮用水、地面水、大气、废气等的卫生标准，在畜牧场的各项环境卫生监测中均可参照执行，因其对人畜的健康直接有关。

就畜牧场来讲，查明畜牧场环境的污染物及畜牧生产所排出的污染物亦应包括两方面：①对畜牧生产所利用的畜舍、水源、土壤、空气，饲料等进行监测；②对畜牧生产所排放的污水、废弃物以及畜产品（人类食品）进行监测，以防污染影响人体健康。前者是家畜所处的环境，后者为家畜对环境的污染。

一般情况下，对牧场、畜舍以及场内舍内的空气，水质、土质、饲料及畜产品的品质应给予全面监测，但在适度规模经营的饲养条件下，家畜的环境大都局限于圈舍内，其环境范围较小，环境质量应着重监测空气环境的理化指标，水土质量相对稳定，特别是土质很少对家畜发生直接作用，可放在次要地位。

（一）空气环境监测

主要包括温度、湿度、气流方向及速度、通风换气量、照度等，氨气、硫化氢、二氧化碳等也是必须进行测定的项目。必要时尚可测定噪声、灰尘等。场内尚可测定二氧化硫及飘尘，这就把大气环境与舍内小气候指标结合起来，如果有条件还可测定臭气。

对牧场空气环境进行监测时，尚要了解牧场周围有无排放有害物质的工厂，再根据工厂性质有选择性地测定一些特异指标，如氯碱工厂可选氯作检测指标，磷肥厂和铝厂可选氟化物作指标，钢铁厂可测二氧化硫、一氧化碳和灰尘等指标，炼焦厂、化纤厂，造纸厂、化肥厂须检测硫化氢、氨等。

（二）水质监测

水质监测内容应根据供水水源性质而定，如为自来水或地下水时，主要参照一般评定参数。地下水水量和水质都比较稳定，一般在选场时进行感官性状观测，化学指标分析主要有以下几种：pH 值、总硬度、悬浮固体物，BOD、DO、氨氮、氯化物、氟化物等，有毒物质中卫生部规定有五项污染物（酚、氰化物、汞、砷、六价铬），但许多研究者认为这五大毒物污染的水体只是局部地带，不带普遍性，应不受其限制，可因地制宜地确定测定项目。一般来说监测项目不应过多，要合乎实际情况和突出重点，特别是对地面水进行监测时，更应根据当地具体情况决定。此外，细菌学指标可测定大肠菌群数和细菌总数，以间接判断水体受到人、畜粪便等污染的情况。

(三)土壤监测

土壤可容纳大量污染物,因此其污染状况日益严重,但在集约化饲养条件下,由于家畜很少直接接触土壤,其直接危害作用减少,但间接危害增多,主要表现为在其上种植的植物受到污染,通常作为饲料来危害家畜。土壤监测项目为硫化物、氟化物、五大毒物、氮化合物、农药等。

(四)饲料品质监测

家畜采食品质不良的饲料可以引起营养代谢性病,不良饲料有:①有害植物以及结霜、冰冻、混入机械性夹杂物的物理性品质不良饲料;②有毒植物以及在储存过程中产生或混入有毒物质的化学性品质不良饲料;③感染真菌、细菌及害虫的生物学品质不良饲料,其中以饲料中毒最为严重;④添加剂中有害物质超标,如磷酸氢钙中氟的超标引起的氟中毒。

(五)畜产品品质监测

主要是畜产品的毒物学检验,其中有害元素为砷、铅、铜、汞,防腐剂为苯甲酸和苯甲酸钠、山梨酸和山梨酸钾、水杨酸(定性试验),其他尚有磺胺药、生物碱、氢氰酸、安妥、敌百虫和敌敌畏等的检验。

三、环境监测的一般方法

环境监测工作所采取的方法和应用的技术,对于监测数据的正确性和反映污染状况的及时性有着重要的关系。目前,我国畜牧场的环境监测工作仍以人工操作,化学分析方法为主。

(一)空气环境监测方法

测定时间根据观测目的和条件而定。

1. 经常性观测　通过定点设置的仪器随时观测,以了解各环境因素的变化情况。

2. 定期定点观测　全年中每月或每旬或每季各进行一次调查监测。测定之日全天间隔一定时间观测及采样3～4次,观测及采样时间应包括全天空气环境状况最清新、中等及最朽浊时刻,如计算平均气温,气湿,风速等,则可以一天24 h每隔1 h观测1次的平均值计;或一天内2:00、8:00、14:00和20:00时观测4次的平均值,或观测9:00、14:00、20:00时3次,将8:00时的观测值乘2后与其他次数值相加除以4作为日平均值。旬,月,年平均值可根据日平均值推算。

3. 临时性测定　根据家畜健康状况或环境中污染物剧增时进行测定。如家畜发生呼吸道疾患,或清粪时有害气体剧增,或寒流、热浪来临时,需要进行这种短时间的临时性测定,以确定污染危害程度。

4. 测定方法 首先须调查研究,应了解畜舍的类型、使用情况、畜群管理方式及头数,以及其生产性能健康状况等,其次要在舍内外选择能代表环境状况的位点,如使用交叉法和均匀分布法等,最后确定时间进行观测。畜牧场环境温度、湿度的测定可用普通干湿球温度表或通风干湿球温度表或自记温湿度计进行。气流速度可用热球式电风速计测定,舍外可用微风表测定,有害气体需收集空气样品,再用化学方法分析测定。以上测定一般以地面、畜体及距地面 2 m 高处等分别定点进行。照度的测定,如为有窗畜舍用 1 万～10 万 lx 的普通照度计,密闭无窗舍需用 0.01 万～10 万 lx 的照度计进行。测定位置在畜群的饲槽处,畜舍内通风换气情况同样使用热球式电风速计,测定进气口风速、舍内气流有无死角、抗风性能及换气量、舍内有害气体含量及其排至舍外的距离。场内其他污染源(粪池、堆肥场地、病畜隔离舍、尸坑等)的四周亦应进行有害气体的测定。可以污染源为中心,在半径为 5,10,20,40,80,150,300 和 500 m 以内测定各点的污染物质浓度,检查其是否对人畜健康有危害。测定时要注意当地主风向,附近地形等具体情况选择设点。

(二)水质、土壤环境监测的方法

一般在选场时进行,牧场投产后须根据水质或土壤污染状况,一般一年测 1～2 次即可。水质是利用化学分析法测定,土壤可利用其水浸出液进行化学分析。

环境监测的速度与监测的方法和使用的仪器有关。由于出现现代分析仪器,监测的方法也从人工操作逐步趋向自动化的仪器分析,监测技术正朝着快速、简便、灵敏、准确的方向发展。

四、环境污染监测与评价的生物技术

当今世界面临着从数量到种类都日益增多的污染物的直接威胁和长期的潜在影响。一个地方环境状况如何直接关系到人们的身心健康。污染存在与否? 污染物的危害如何? 怎样又才能消除或减少污染物的有害影响? 这一切都是人们日益关注的焦点。这里主要就与环境污染的监测与评价有关的生物技术做一个简单介绍。

传统的环境监测和评价技术侧重于理化分析和试验动物的观察。随着现代生物技术的发展,一类新的快速准确监测与评价环境的有效方法相继建立和发展起来,这种新的技术能对环境状况做出快捷、有效和全面的回答,逐渐成为环境监测评价的重要手段。主要包括:利用新的指示生物监测评价环境,利用核酸探针和PCR 技术监测评价环境,利用生物传感器及其他方法等监测评价坏境。

(一)指示生物

传统的指示生物常采用试验动物。但是试验动物存在周期长、费用高、结果有较大偶然性等不足之处。为了获得大量准确有效的毒理数据,人们建立了多种多样的短期生物试验法,分别用细菌、原生动物、藻类、高等植物和鱼类等作为指示生物。

细菌的生长和繁殖极为迅速,作为指示生物具有周期短、运转费用低、数据资料可靠等特点。根据污染物对细菌的作用不同,可分别选用细菌生长抑制试验、细菌生化毒理学方法、细菌呼吸抑制试验和发光细菌监测技术等监测污染状况。

细菌生长抑制试验是依据污染物对细菌生长的数量、活力等形态指标来判断环境;细菌生化毒理学方法测定的是污染物作用下,微生物的某些特征酶的活性变化或代谢产物含量的变化,常用的酶包括脱氢酶、ATP 酶、磷酸化酶等;细菌呼吸抑制试验采用氧电极、气敏电极和细菌复合电极,来测定细菌在环境中的呼吸抑制情况,从而反映环境状况;发光细菌监测技术的主要原理是污染物的存在能改变发光菌的发光强度。1966 年,发光菌首次被用于检测空气样品中的毒物。20 世纪70 年代末期,第一台毒性生物检测器问世,并投放市场,相应地发展起来的发光菌毒性测试技术,引人注目。

为了大量获得慢性毒性的数据,从 20 世纪 70 年代起,国外开始对慢性毒性的短期试验方法进行了研究。其中一种方法是采用鱼类和两栖类胚胎幼体进行存活试验。鱼类的胚胎期是发育阶段中对外界环境最敏感的时期,许多重要的生命活动过程,如细胞分化增殖、器官发育和定形等都发生在这一生活阶段。因此由胚胎幼体试验得到的毒理数据,能够有效预测污染物对鱼类整个生命周期的慢性毒性作用。与传统的慢性毒性试验相比,鱼类或两栖类胚胎幼体试验具有操作简捷有效的优点,不需要复杂的流水式试验设备,反应终点易于观测和检测等。

藻类和高等植物也能作为污染的指示生物。例如,一些藻类不能存活在某种污染物环境中,因此如果在环境中检测到这些藻类大量存在,相应地可以说明环境中没有该种污染物。

(二)核酸探针和 PCR 技术

核酸探针杂交和 PCR 技术等是基于人们对遗传物质 DNA 分子的深入了解和认识的基础上建立起来的现代分子生物学技术。这些新技术的出现也为环境监测和评价提供了一条有效途径。

核酸杂交指 DNA 片断在适合的条件下能和与之互补的另一个片段结合。如果对最初的 DNA 片断进行标记,即做成探针,就可监测外界环境中有无对应互补的片断存在。利用核酸探针杂交技术可以检测水环境中的致病菌,如大肠杆菌、志贺式菌、沙门氏菌和耶尔森氏菌等;也可用于检测微生物病毒,如乙肝病毒、艾滋病病毒等。目前利用 DNA 探针检测微生物成本较高,因此无法用此技术对饮用水进行常规性的细菌学检验;此外,检测的微生物数量微少时,用此技术分析有困难,必须先对微生物进行分离培养扩增后方能进行检测。

PCR 技术是特异性 DNA 片断体外扩增的一种非常快速而简便的新方法,有极高的灵敏度和特异性。对于微量甚至常规方法无法检测出来的 DNA 分子通过 PCR 扩增后,由于其含量成百万倍地增加,从而可以采用适当的方法予以检测。它可以弥补 DNA 分子直接杂交技术的不足。采用 PCR 技术可直接用于土壤、废物和污水等环境标本中的细胞进行检测,包括那些不能进行人工培养的微生物的检测。例如利用 PCR 技术可以检测污水中大肠杆菌类细菌,其基本过程为:首先抽提水样中的 DNA;然后用 PCR 扩增大肠杆菌的 *LacZ* 和 *LamB* 基因片段;最后分别用已知标记过的 *LacZ* 和 *LamB* 基因探针进行检测。该法灵敏度极高,100 mL 水样中只要有一个指示菌时即能测出,且检测时间短,几小时内即可完成。

PCR 技术还可用于环境中工程菌株的检测。这为了解工程菌操作的安全性及有效性提供了依据。有人曾将一工程菌株接种到经过过滤灭菌的湖水及污水中,定期取样并对提取的样品 DNA 进行特异性 PCR 扩增,然后用 DNA 探针进行检测,结果表明接种 10～14 d 后仍能用 PCR 方法检测出该工程菌菌株。

(三)生物传感器及其他

近年来,生物传感器技术发展很快,有的传感器已应用在环境监测上。生物传感器是以微生物、细胞、酶、抗原或抗体等具有生物活性的生物材料作为分子识别元件。日本曾研制开发出可测定工业废水 BOD 的微生物传感器,此种传感器测定法可以取代传统的 5 d BOD 测定法。还有人研制出用酚氧化酶作生物元件的生物传感器,来测定环境中的对甲酚和联苯三酚等。另外根据活性菌接触电极时产生生物电流的工作原理,国外研制出可测定水中细菌总数的生物传感器。生物传感器具有成本低、易制作、使用方便、测定快速等优点,作为一种新的环境监测手段具有广阔的发展前景。

酶学和免疫学测定法在环境监测上也常被采用。例如美国利用酶联免疫分析法原理,采用双抗体夹心法,研制出微生物快速检验盒,用此检验盒检测沙门氏菌、李斯特菌等 2 h 即可完成(不包括增菌时间)。近年来,日本、英国和美国等都在研究 3-葡聚糖苷酸酶活性法检测饮用水和食品中的大肠杆菌,做法是:以 4-甲香豆基 p-1)⋯⋯葡聚糖苷酸为荧光底物掺入到选择性培养基中,样品液中如有大肠杆菌,此培养基中的 4-甲香豆基 p-1)⋯⋯葡聚糖苷酸将分解产生甲基香豆素,后者在紫外光中发出荧光,故可用来测定大肠杆菌。

总之,利用基因工程和细胞工程等生物技术构建的工程菌或其他转基因生物进行环境污染的治理是环境生物技术发展的方向,有着广阔的应用前景。

思 考 题

1. 畜牧场环境消毒的种类、方法。常用的消毒剂、消毒器械有哪些?
2. 畜牧场的绿化管理内容。
3. 畜牧场的环境监测内容。

（刘凤华、潘晓亮）

附　录

见附表1至附表8。

附表1　畜舍小气候参数

畜　舍	温度 (℃)	相对湿度 (%)	噪声允许强度 (dB)	微生物允许含量 (10³ 个/m³)	尘埃允许含量 (mg/m³)	有害气体允许浓度		
						CO₂ (%)	NH₃ (mg/m³)	H₂S (mg/m³)
一、牛舍								
1. 成乳牛舍，1岁以上青年牛舍								
拴系或散放饲养	10(8~12)	70(50~85)	70	<70		0.25	34	4
散放厚垫草饲养	6(5~8)	70(50~85)	70	<70		0.25	34	4
2. 产间	16(14~18)	70(50~85)	70	<50		0.15	17	2
3. 0~20日龄犊牛预防室	18(16~20)	70(50~80)	70	<20		0.15	17	2
4. 犊牛舍：								
20~60日龄	17(16~18)	70(50~85)	70	<50		0.15	17	2
60~120日龄	15(12~18)	70(50~85)	70	<40		0.25	26	4
5. 4~12月龄幼牛舍	12(8~16)	75(50~85)	70	<70		0.25	34	4
6. 1岁以上小公牛及小母牛舍	12(8~16)	70(50~85)	70	<70		0.25	34	4
二、猪舍								
1. 空杯，妊娠前期母猪舍	15(14~16)	75(60~85)	70	<100		0.2	34	4
2. 公猪舍	15(14~16)	75(60~85)	70	<60		0.2	34	4

续附表 1

畜　舍	温度 (°C)	相对湿度 (%)	噪声允 许强度 (dB)	微生物允 许含量 (10³个/m³)	尘埃允 许含量 (mg/m³)	有害气体允许浓度		
						CO₂ (%)	NH₃ (mg/m³)	H₂S (mg/m³)
3. 妊娠后期及母猪舍	18(16~20)	70(60~80)	70	<60		0.2	34	4
4. 哺乳母猪舍	18(16~18)	70(60~80)	70	<50		0.2	26	4
哺乳仔猪	30~32	70(60~80)	70	<50		0.2	26	4
5. 后备猪舍	16(15~18)	70(60~80)	70	<50		0.2	34	4
6. 育肥猪舍								
断奶仔猪	22(20~24)	70(60~80)	70	<50		0.2	34	4
165 日龄前	18(14~20)	75(60~85)	70	<80		0.2	34	4
165 日龄后	16(12~18)	75(60~85)	70	<80		0.2	34	4
三、羊舍								
1. 公羊舍;母羊舍,断奶后及势后的小羊舍	5(3~6)	75(50~85)	70	<70		0.3	34	4
2. 产间暖棚	15(12~16)	70(50~85)		<50		0.25	34	4
3. 公羊舍内的采精间	15(13~17)	75(50~85)		<70		0.3	34	4
四、禽舍								
1. 成年禽舍								
鸡舍:笼养	20~18	60~70	90		2~5	0.15~0.2	17	2
地面平养	12~16	60~70	90		2~5	0.15~0.2	17	2
火鸡舍	12~16	60~70	90		2~5	0.15~0.2	17	2
鸭舍	7~14	70~80	90		2~5	0.15~0.2	17	2
鹅舍	10~15	70~80	90		2~5	0.15~0.2	17	2

续附表 1

畜　舍	温度(℃)	相对湿度(%)	噪声允许强度(dB)	微生物允许含量(10³个/m³)	尘埃允许含量(mg/m³)	有害气体允许浓度 CO₂(%)	NH₃(mg/m³)	H₂S(mg/m³)
2. 雏鸡舍：								
1~30日龄：笼养	31~20	60~70	90		2~5	0.2	17	2
地面平养	31~24(伞下35~22)	60~70	90		2~5	0.2	17	2
31~60日龄：笼养	20~18	60~70	90	2~5		0.2	17	2
地面平养	18~16	60~70	90	2~5		0.2	17	2
61~70日龄：笼养	18~16	60~70	90	2~5		0.2	17	2
地面平养	16~14	60~70	90	2~5		0.2	17	2
71~150日龄：笼养	16~14	60~70	90	2~5		0.2	17	2
地面平养	16~14	60~70	90	2~5		0.2	17	2
3. 雏火鸡舍：								
1~20日龄：笼养	37~35	60~70	90	2~5		0.2	17	2
地面平养	27~22(伞下35~22)	60~70	90	2~5		0.2	17	2
21~120日龄：笼养	22~18	60~70	90	2~5		0.2	17	2
地面平养	20~18	60~70	90	2~5		0.2	17	2
4. 雏鸭舍：								
1~10日龄：笼养	31~22	65~75	90	2~5		0.2	17	2
地面平养	22~20(伞下35~26)	65~75	90	2~5		0.2	17	2
11~30日龄	20~18(伞下26~22)	65~75	90	2~5		0.2	17	2
31~55日龄	16~14	65~75	90	2~5		0.2	17	2

续附表 1

畜　舍	温度 (℃)	相对湿度 (%)	噪声允许强度 (dB)	微生物允许含量 (10³ 个/m³)	尘埃允许含量 (mg/m³)	有害气体允许浓度 CO₂ (%)	NH₃ (mg/m³)	H₂S (mg/m³)
5. 雏鹅舍								
1~30 日龄：笼养	20	65~75	90	2~5		0.2	17	2
地面平养	22~20 (伞下 30)	65~75	90	2~5		0.2	17	2
31~65 日龄	20~18	65~75	90	2~5		0.2	17	2
66~240 日龄	16~14	70~80	90	2~5		0.2	17	2

注：1. 畜舍的通风和光照参数另列他表，见附表 2，附表 7 和附表 8；

2. 表中温度、相对湿度栏中括号中数值为允许内数值的波动范围，各类雏禽舍温度括号中数字为育雏保温伞下温度；

3. 各类牛舍夏季最高允许温度应不超过 25~27℃，最低湿度不小于 50%，哺乳仔猪的温度应为，第 1 周 30℃，第 2 周 26℃，第 3 周 24℃，第 4 周 22℃；各类猪夏季最高允许温度（除哺乳仔猪）应不高于 25℃，最低湿度不小于 50%，各类禽舍夏季最高允许温度达 75%，最低不小于 85%，最高允许 60%。鸭舍最高允许相对湿度不小于 50%；鸡舍和火鸡舍允许个别季节相对湿度达 75%，最低不小于 85%，最高允许 60%。开放和半开放式鸡舍没有制定标准。

附表 2　畜舍通风参数表

畜舍	换气量[m³/(h·kg)]			换气量[m³/(h·头)]			气流速度(m/s)		
	冬季	过渡季	夏季	冬季	过渡季	夏季	冬季	过渡季	夏季
牛舍									
成年乳牛舍									
拴系或散养	0.17	0.35	0.70				0.3~0.4	0.5	0.8~1.0
散养,厚垫草	0.17	0.35	0.70				0.3~0.4	0.5	0.8~1.0
产间	0.17	0.35	0.70				0.2	0.3	0.5
0~20日龄犊牛预防室				20	30~40	80	0.1	0.2	0.3~0.5
犊牛舍									
20~60日龄				20	40~50	100~120	0.1	0.2	0.3~0.5
60~120日龄				20~25	40~50	100~120	0.2	0.3	<1.0
4~12月龄幼牛舍				60	120	250	0.3	0.5	1.0~1.2
1岁以上青年牛舍	0.17	0.35	0.70				0.3	0.5	0.8~1.0
猪舍									
空怀及妊娠前期母猪舍	0.35	0.45	0.60				0.3	0.3	<1.0
种公猪舍	0.45	0.60	0.70				0.2	0.2	<1.0
妊娠后期母猪舍	0.35	0.45	0.60				0.2	0.2	<1.0
哺乳母猪舍	0.35	0.45	0.60				0.15	0.15	<0.4
哺乳仔猪舍	0.35	0.45	0.60				0.15	0.15	<0.4
后备猪舍	0.45	0.55	0.65				0.3	0.3	<1.0
育肥猪									
断奶仔猪	0.35	0.45	0.60				0.2	0.2	<0.6
165日龄前	0.35	0.45	0.60				0.2	0.2	<1.0
165日龄后	0.35	0.45	0.60				0.2	0.2	<1.0

续附表2

畜　舍	换气量[m³/(h·kg)]			换气量[m³/(h·头)]			气流速度(m/s)		
	冬季	过渡季	夏季	冬季	过渡季	夏季	冬季	过渡季	夏季
羊舍									
公羊舍。母羊舍。断奶后及去势后的小羊舍				15	25	45	0.5	0.5	0.8
产间暖棚				15	30	50	0.2	0.3	0.5
公羊舍内的采精同				15	25	45	0.5	0.5	0.8
禽舍									
成年禽舍									
蛋鸡舍（笼养）	0.70		4.0					0.3～0.6	
肉鸡舍（地面平养）	0.75		5.0					0.3～0.6	
火鸡舍	0.60		4.0					0.3～0.6	
鸭舍	0.70		5.0					0.5～0.8	
鹅舍	0.60		5.0					0.5～0.8	
雏禽舍									
蛋用雏鸡（周龄）									
1～9	0.8～1.0		5.0					0.2～0.5	
10～22	0.75		5.0					0.2～0.5	
肉用雏鸡（周龄）									
1～9	0.75～1.0		5.5					0.2～0.5	
10～26	0.70		5.5					0.2～0.5	
肉用仔鸡（周龄）									
1～8（笼养）	0.70～1.0		5.0					0.2～0.5	
1～9（地面平养）	0.70～1.0		5.0					0.2～0.5	
雏火鸡，雏鸭									
雏鹅（周龄）									
1～9	0.65～1.0		5.0				0.2～0.5		
9以上	0.60		5.0				0.2～0.5		

附表3　家禽每千克活重每小时产生热量、水汽量和二氧化碳量

家禽种类及年龄	活重 (kg)	产显热量 (kJ)	产水汽量 (g)	产二氧化碳量 (g)
一、成年禽				
1. 笼养蛋鸡	1.5~1.7	24.62	4.50	1.54
2. 平养肉鸡	3.0~3.5	21.26	3.75	1.44
3. 火鸡	6.0~7.0	17.42	4.20	1.32
4. 鸭	3.5	28.30	5.70	1.11
5. 鹅	5.0~6.0	10.34	3.00	1.00
二、幼禽				
1. 蛋用雏鸡及育成鸡(周龄)				
1	0.06	63.80	11.85	2.70
2~4	0.25	51.24	5.55	2.20
5~8	0.60	30.14	3.30	1.53
9~17	1.14	27.83	3.12	1.26
10~22	1.45	26.41	3.00	1.02
2. 肉用雏鸡及育成鸡(周龄)				
1	0.08	56.31	4.20	2.37
2~4	0.48	42.79	3.30	2.20
5~9	1.40	29.10	3.30	1.74
10~20	2.30	19.55	3.30	1.40
21~26	2.80	20.35	3.00	1.28
3. 肉用仔鸡(周龄)				
1~8(笼养)	1.30	28.64	3.30	1.44
1~9(平养)	1.40	30.98	3.45	1.63
4. 雏火鸡及育成火鸡(周龄)				
1	0.10	43.88	11.18	2.00
2~4	0.60	33.66	8.50	2.10
5~17	4.00	24.49	3.90	1.43
18~34	6.00	26.12	4.20	1.52
5. 肉火鸡(周龄)				
1~10(轻型杂交种)	2.20	36.63	5.57	1.82
1~8(中型及重型杂交种)	1.90	36.63	5.57	1.82
9~16(中型及重型杂交种)	4.00	22.61	3.90	1.32
9~23(重型杂交种)	7.00	19.59	3.75	1.20
6. 鸭黄和中鸭				
1	0.2~0.3	62.05	15.15	3.10
2~4	1.0~1.5	40.32	8.70	1.80
5~7(8)	2.2~2.8	21.23	4.50	0.92
8(9)~28	3.0~3.5	19.05	4.05	0.89

续附表 3

家禽种类及年龄	活重 (kg)	产显热量 (kJ)	产水汽量 (g)	产二氧化碳量 (g)
7. 1～8周龄的肉鸭	2.2～2.5	21.52	4.50	1.23
8. 鹅(周龄)				
1～3(4)	1.30	40.28	11.07	2.77
4(5)～9	1.00	22.65	4.47	1.32
10～34	6.00	10.89	3.00	0.78
35～39	6.50	11.43	3.15	0.78
9. 肉鹅(周龄)				
1～4	1.70	40.28	11.07	2.00
5～9	4.00	22.86	4.50	1.43

注：①热量单位 kJ(千焦耳)与 W 的换算关系为：1 kJ＝0.277 78 W。

②表中各种幼禽的产热量、产水汽和二氧化碳量，均指各年龄阶段结束时。实际计算中，各年龄阶段的日龄之间按无差异计。

③家禽夜间睡眠时，按表中各项数值60%计。

④表中幼禽的显热产量是指地面平养，如为笼养，应乘以系数0.9。

⑤表中各项数值是在适宜相对湿度、30日龄以前的幼禽在24℃、30日龄以上及成年禽在16～18℃条件下得出的。不同温度下应分别乘以校正系数。各种家禽的校正系数如附表4。

(资料来源同附表9,приложеНие 3.)

附表 4   在不同温度下家禽产生热量、水汽和二氧化碳量校正系数

空气温度 (℃)	30 日龄以上幼禽和成年禽		30 日龄以下的幼禽	
	显热	水汽和二氧化碳	显热	水汽和二氧化碳
4	1.15	0.85	—	—
8	1.10	0.90	—	—
12	1.05	0.90	—	—
16	1.00	1.00	—	—
20	1.00	1.00	1.00	1.00
24	1.05	1.05	1.00	1.00
26	1.07	1.13	1.03	1.03
28	1.10	1.22	1.05	1.05
32	1.15	1.34	1.10	1.20
36	0.80	1.45	0.90	1.30

说明:所有附表选自李震钟主编．家畜环境卫生学附牧场设计．农业出版社,1993。

附表 5　家畜每千克活重每小时产生热量、水汽量和二氧化碳量

家畜种类	活重 (kg)	产热量(kJ)		产水汽量 (g)	产二氧化碳量(g)
		总热量	显热量		
一、牛(在 10℃,湿度 70%时)					
1. 妊娠干奶母牛及妊娠 2 个月	300	2 780	2 000	319	99.6
至产犊的初产母牛	400	3 300	2 380	380	118.5
	600	4 260	3 070	489	152.7
	800	5 000	3 610	574	179.4
2. 泌乳期奶牛					
日产奶 10 L	300	2 970	2 140	340	106.2
	400	3 520	2 540	404	126.1
	500	3 960	2 860	455	142.0
	600	4 510	3 140	505	157.6
日产奶 15 L	300	3 420	2 460	392	122.6
	400	4 000	2 880	458	143.1
	500	4 550	3 180	507	158.4
	600	4 800	3 450	549	171.5
3. 肥育阉牛	400	4 300	3 090	493	153.7
	600	5 220	3 760	599	187.0
	800	6 250	4 500	715	223.5
	1 000	7 460	5 310	846	264.4
4. 犊牛：					
1 月龄前	30	460	330	53	16.5
	40	650	470	74	23.2
	50	800	575	92	28.6
	80	1 180	847	135	42.1
1~3 月龄	40	675	490	78	24.3
	60	990	712	113	35.4
	100	1 150	1 130	117	55.5
	130	1 760	1 260	202	63.0
3~4 月龄	90	1 140	820	131	40.9
	120	1 700	1 250	195	60.9
	150	1 760	1 260	202	63.0
	200	2 480	1 670	265	88.9
5. 4 月龄以上的育成及青年牛	120	1 480	1 070	170	53.1
	180	1 840	1 360	216	67.5
	250	2 280	1 380	261	81.7
	350	3 000	2 160	344	107.4

续附表 5

家畜种类	活重 (kg)	产热量(kJ)		产水汽量 (g)	产二氧化碳量 (g)
		总热量	显热量		
二、猪(在 10℃,湿度 70%～75%时)					
1. 种公猪	100	1 235	890	142	44.3
	200	1 700	1 220	194	60.8
	300	2 165	1 560	250	77.6
2. 母猪					
空怀及妊娠前期	100	1 020	733	117	36.5
	150	1 175	846	135	42.2
	200	1 355	957	156	48.5
妊娠后期	100	1 220	870	139	43.2
	150	1 420	1 040	164	50.8
	200	1 620	1 155	180	57.6
带仔哺乳期	100	2 440	1 760	282	87.6
	150	2 780	2 100	320	99.8
	200	3 220	2 360	370	115.2
3. 2 月龄以前的仔猪	1	29.8	21.4	3.4	1.1
	2	57.0	41.0	6.55	2.0
	5	204	146	23.25	7.3
	7	257	188	30.00	9.4
	10	383	261	41.63	13.0
	15	460	330	53.0	16.5
断奶仔猪	20	505	363	59.5	18.1
	30	600	436	69.5	21.7
	40	706	512	81.0	25.3
4. 后备猪和架子猪	50	725	557	89	27.8
	60	930	675	107	33.3
	80	1 080	775	124	38.7
	90	1 120	822	132	41.0
	100	1 200	863	138	43.0
	110	1 270	910	145	45.3
	120	1 320	947	151	47.1
5. 成年猪和肥猪	100	1 360	955	153	47.6
	200	1 760	1 270	202	63.0
	300	2 320	1 660	267	83.0

续附表 5

家畜种类	活重(kg)	产热量(kJ)		产水汽量(g)	产二氧化碳量(g)
		总热量	显热量		
三、羊(在 10℃,湿度 70%时)					
1. 种公羊和试情公羊	50	707.7	510.3	79	25
	80	929.5	669.9	104	33
	100	1 038.3	745.3	116	37
2. 母羊					
空怀	40	523.4	376.8	59	19
	50	607.1	435.4	69	22
	60	690.8	498.2	77	25
妊娠	40	619.7	448.0	69	22
	50	707.6	510.3	79	25
	60	774.6	556.8	87	28
哺乳	40	653.1	468.9	74	23
	50	774.6	556.8	87	28
	60	862.5	619.7	97	31
3. 羔羊及后备羊	5	167.5	121.4	18	6
	10	251.2	180.0	28	9
	20	401.9	288.9	45	14
	30	510.8	368.4	57	18
四、兔(在10℃,湿度70%~75%时)					
1. 公兔	3.5	67.32	48.48	7.69	2.41
	4.0	71.76	51.66	8.20	2.57
2. 母兔	3.5	77.87	56.06	8.90	2.79
3. 妊娠母兔	4.0	83.07	59.79	9.48	2.98
4. 幼兔	0.05	5.23	3.77	0.60	0.19
	0.10	10.13	7.28	1.16	0.36
	0.20	17.58	12.64	2.01	0.63
	0.30	21.23	15.28	2.42	0.76
	0.40	25.33	18.25	2.89	0.91
	0.50	28.97	20.85	3.31	1.04
	0.75	36.80	26.50	4.20	1.32
	1.00	44.00	31.69	5.02	1.58
	2.00	49.32	35.50	5.64	1.77
	2.50	58.24	41.91	6.66	2.08
	3.00	62.72	45.17	7.17	2.25

注:①热量单位 kJ(千焦耳)与 W 的换算关系为:1 kJ=0.277 78 W;
　　②牛、猪、兔在夜间产生的热量比表中所列数值少 20%;
　　③羊的产热量、产水汽量和二氧化碳量,在相对湿度高于 70%时,应比表中数值增加 3%;
　　④家畜体重处于表中数字之间时,可用内插法求产热、水汽和二氧化碳量;
　　⑤表中产热量和产水汽量在不是表中标明的温、湿度状况下,须乘以校正系数,各种家畜的校正系数
如附表 6。

附表 6 在不同温度下家畜产生热量和水汽量的校正系数

空气温度(℃)	校 正 系 数		
	总热量	显热量	水汽量
一、牛			
−10	1.81	1.59	0.61
−5	1.19	1.48	0.67
0	1.08	1.21	0.76
5	1.05	1.12	0.86
10	1.00	1.00	1.00
15	0.96	0.85	1.24
20	0.98	0.63	1.70
25	0.89	0.30	2.24
30	0.92	0.11	3.00
二、猪			
−5	1.34	1.59	0.72
0	1.14	1.25	0.85
5	1.06	1.08	0.98
10	1.00	1.00	1.00
15	0.94	0.86	1.13
20	0.90	0.67	1.50
25	0.86	0.42	2.00
30	0.87	0.24	2.50
三、羊			
0	1.12	1.25	0.80
5	1.05	1.08	0.96
10	1.00	1.00	1.00
15	0.94	0.80	1.20
20	0.88	0.60	1.50
25	0.84	0.40	2.00
四、兔			
−5	1.34	1.59	0.72
0	1.14	1.25	0.85
5	1.06	1.08	0.98
10	1.00	1.00	1.00
15	0.94	0.86	1.13
20	0.90	0.67	1.50
25	0.86	0.42	2.00
30	0.87	0.24	2.50

说明:所有附表选自李震钟主编．家畜环境卫生学附牧场设计．农业出版社,1993。

附表7 各种畜舍的采光系数

畜 舍	采光系数	畜 舍	采光系数	畜 舍	采光系数
种猪舍	1:10~1:12	奶牛舍	1:12	成绵羊舍	1:15~1:25
肥猪舍	1:12~1:15	肉牛舍	1:16	羔羊舍	1:15~1:20
成鸡舍	1:10~1:12	犊牛舍	1:10~1:14	母马及幼驹厩	1:10
雏鸡舍	1:7~1:9			种公马厩	1:10~1:12

附表8 畜舍人工光照标准

畜 舍	光照时间 (h)	照 度(lx)	
		荧光灯	白炽灯
牛舍			
乳牛舍、种公牛舍、后备牛舍	16~18		
饲喂处		75	30
休息处或单栏、单元内		50	20
产间			
卫生工作间		75	30
产室		150	
犊牛预防室			100
犊牛室		100	50
犊牛舍		100	50
带犊母牛或保姆牛的单栏或隔间		75	30
青年牛舍(单间或群饲栏内)	14~18	50	20
肥育牛舍(单栏或群饲栏)	6~8	50	20
饲喂场或运动场		5	5
挤奶厅、乳品间、洗涤间、化验室		150	100
猪舍			
种公猪舍、育成猪舍、母猪舍、断奶仔猪舍	14~18	75	30
肥猪舍			
瘦肉型猪	8~12	50	20
脂用型猪	5~6	50	20
羊舍			
母羊舍。公羊舍。断奶羔羊舍	8~10	75	30
育肥羊舍		50	20
产房及暖圈	16~18	100	50
剪毛站及公羊舍内调教场		200	150
马舍			
种马舍、幼驹舍		75	30
役用马舍		50	20

续附表 8

畜　舍	光照时间 (h)	照　度(lx)	
		荧光灯	白炽灯
鸡舍			
0～3 日龄	23	50	30
4 日龄～19 周龄	23 渐减或突减为 8～9		5
成鸡舍	14～17		10
肉用仔鸡舍	23 h 或 3 明：1 暗		0～3 日龄 25, 以后减为 5～10
兔舍及皮毛兽舍			
封密式兔舍、各种皮毛兽笼、棚	16～18	75	50
幼兽棚	16～18	10	10
毛长成的商品兽棚	6～7		

说明:所有附表选自李震钟主编．家畜环境卫生学附牧场设计．农业出版社,1993。

参 考 文 献

1. 李如治. 家畜环境卫生学. 第 3 版. 北京:中国农业出版社,2003
2. 李震钟. 家畜生态学. 第 2 版. 北京:中国农业出版社,2002
3. 姚瑞旦. 家畜环境卫生学. 上海:上海科学技术文献出版社,1988
4. 钱易,唐孝炎. 环境保护与可持续发展. 北京:高等教育出版社,2000
5. 李震钟. 家畜环境生理学. 北京:中国农业出版社,1999
6. 金惠铭. 病理生理学. 第 4 版. 北京:人民卫生出版社,1996
7. 丁桑岚. 环境评价概论. 北京:化学工业出版社,2001
8. 李玉文. 环境分析与评价. 哈尔滨:东北林业大学出版社,1999
9. 黄昌澍. 家畜气候学. 南京:江苏科学技术出版社,1989

图书在版编目(CIP)数据

家畜环境卫生学/刘凤华主编 . —北京:中国农业大学出版社,2004.10(2018.5 重印)

ISBN 978-7-81066-659-6

Ⅰ. 家… Ⅱ. 刘… Ⅲ. 家畜卫生—环境卫生学 Ⅳ. S851.2

中国版本图书馆 CIP 数据核字(2004)第 106555 号

书　　名	家畜环境卫生学		
作　　者	刘凤华　主编		
策划编辑	张秀环	责任编辑	孟　梅
封面设计	郑　川	责任校对	王晓凤
出版发行	中国农业大学出版社		
社　　址	北京市海淀区圆明园西路 2 号	邮政编码	100193
电　　话	发行部 010-62731190,2620	读者服务部	010-62732336
	编辑部 010-62732617,2618	出　版　部	010-62733440
网　　址	http://www.cau.edu.cn/caup	**E-mail**	caup @ public.bta.net.cn
经　　销	新华书店		
印　　刷	涿州市星河印刷有限公司		
版　　次	2004 年 10 月第 1 版　2018 年 5 月第 5 次印刷		
规　　格	787×980　16 开本　19.25 印张　349 千字		
定　　价	38.00 元		

图书如有质量问题本社发行部负责调换